TRAITÉ ÉLÉMENTAIRE

DE

CONCHYLIOLOGIE.

Paris. — Imprimerie de L. MARTINET, rue Mignon, 2.
(Quartier de l'École-de-Médecine.)

TRAITÉ ÉLÉMENTAIRE

DE

CONCHYLIOLOGIE

AVEC

LES APPLICATIONS DE CETTE SCIENCE

A LA GÉOLOGIE,

Par G.-P. DESHAYES.

EXPLICATION DES PLANCHES.

PARIS.

VICTOR MASSON, LIBRAIRE,

17, PLACE DE L'ÉCOLE-DE-MÉDECINE.

1839-1853.

1850

AVERTISSEMENT DE L'AUTEUR.

Quelques personnes ont témoigné la crainte de rencontrer dans notre Traité élémentaire des parties moins complétement traitées les unes que les autres, à cause de la longue interruption qu'a nécessitée notre voyage en Algérie, et la publication d'une partie de nos travaux sur les Mollusques de cette contrée; cette crainte n'est point entièrement fondée. Deux parties de l'ouvrage étaient commencées : la première, l'introduction, comprenant l'histoire de la science et les éléments de terminologie conchyliologique, n'est pas susceptible de vieillir ; tout ce qu'elle contient a toujours son utilité actuelle. L'histoire de la science s'arrête à un millésime déterminé ; il sera facile de la compléter un peu plus tard si les souscripteurs en témoignent le désir. La seconde partie, celle qui contient l'histoire des familles et des genres, était heureusement peu avancée ; les trois premières familles étaient seules terminées, et dès la neuvième feuille d'impression, en reprenant notre publication, nous avons fait tous nos efforts pour maintenir l'ouvrage au niveau des progrès les plus récents de la science. Ce que nous disons a sa preuve matérielle dans l'ouvrage lui-même, puisque des planches supplémentaires ont été livrées aux souscripteurs pour venir se ranger dans le commencement de la série générale. Déjà, dans l'examen des familles qui ont suivi les premières, nous avons ajouté incidemment ce que nous avons pu pour combler les lacunes que le temps y a faites, et plus tard nous ajouterons un petit complément pour ce qui a rapport au nombre des espèces, soit vivantes, soit fossiles, et à leur distribution.

Nos travaux en Algérie auront été profitables à l'ensemble de notre ouvrage; nous avons étudié sur le vivant un grand nombre d'animaux de genres qui étaient peu connus ou tout à fait inconnus, et sur lesquels nous pouvons actuellement donner d'utiles renseignements. Nous n'avons rien négligé non plus pour rendre plus complètes les applications de la conchyliologie à la géologie; nous mettons en œuvre les matériaux rassemblés et étudiés avec patience depuis plus de vingt ans. Nous avons procédé au dépouillement de tous les ouvrages, nous avons vérifié la synonymie du plus grand nombre des espèces vivantes ou fossiles, nous avons sans cesse comparé les auteurs entre eux, les descriptions et les figures avec les espèces elles-mêmes, et de ce grand travail il est résulté des observations, des rectifications, qui, nous l'espérons, auront leur utilité pratique, surtout lorsque nous aurons pu les résumer en tableaux synoptiques.

Le 30 mars 1850.

TRAITÉ ÉLÉMENTAIRE

DE

CONCHYLIOLOGIE.

EXPLICATION DES PLANCHES,

PLANCHE 1.

Arrosoir de Java. *Aspergillum Javanum.* Brug.

Fig. 1. Coquille de grandeur naturelle, vue du côté du dos. On remarque au dessous de la couronne formée par les tubes, deux petites valves soudées d'où partent, sous forme de crochets, deux impressions symétriques qui sont celles des muscles au moyen desquels l'animal est attaché à son tube.

Fig. 2. Portion antérieure du tube de la même espèce, vue de profil.

Fig. 3. L'extrémité antérieure du même tube, vue de face. Le disque est percé d'un grand nombre de petits tubes courts, d'une fente longitudinale, et de la circonférence s'élève une rangée de tubes dichotomes.

Clavagelle bacillaire. *Clavagella bacillaris.* Desh.

Fig. 4. Valve libre de cette espèce, appartenant à un grand individu et vue en dessus.

Fig. 5. Tube complet terminé postérieurement par des accroissemens en entonnoir ou en forme de manchette. Ce tube est de grandeur naturelle; il est vu de profil, et à sa surface sont adhérens des grains de sable et des fragmens de coquilles.

Fig. 6. Extrémité antérieure du tube vue de face, la circonférence présente des tubes dichotomes assez irréguliers. Au centre B se montre une fente étroite, transverse, qui se prolonge presque à angle droit avec une autre fente latérale qui se dirige vers le crochet des valves.

Fig. 7 et 8. Valve libre, provenant du tube, vue en dedans et en dehors.

Fig. 9. Extrémité antérieure du tube, vue du côté postérieur pour présenter la valve adhérente et la fente postérieure du tube.

Fig. 10. La valve libre vue de profil du côté du crochet.

1

Clavagelle couronnée. *Clavagella coronata*. Desh.

Fig. 11. Petit individu de grandeur naturelle montrant sa valve libre en partie engagée dans le tube.

Clavagelle élargie. *Clavagella lata*. Desh.

Fig. 12. Cavité habitée par l'animal, prolongée par un tube dilaté en entonnoir. Cette cavité est creusée dans l'épaisseur de la masse madréporique.

Fig. 13. La valve libre, vue en dessus.

Fig. 14. La même vue en dedans.

PLANCHE 2.

Gastrochène momie. *Gastrochœna mumia*. Spengler.

Fig. 1. Le tube, de grandeur naturelle.

Fig. 2. La valve droite, vue en dedans.

Fig. 3. Les valves réunies montrant leur bâillement antérieur.

Gastrochène modioline. *Gastrochœna dubia*. Desh.

Fig. 4. Valve gauche, de grandeur naturelle, vue en dedans.

Fig. 5. Les valves réunies, montrant le bâillement antérieur.

Gastrochène géant. *Gastrochœna gigantea*. Desh.

Fig. 6. Valve gauche de grandeur naturelle vue en dedans.

Fig. 7. Valve droite, vue en dessus.

Fig. 8. Les valves réunies, vues du côté antérieur et montrant leur bâillement.

Cloisonnaire de la Méditerranée. *Septaria mediterranea*. Math.

Fig. 9. Extrémité postérieure du tube : ce fragment, de grandeur naturelle, forme à-peu-près la moitié d'un individu entier.

Fig. 10. Extrémité postérieure du tube, vue de face pour montrer les deux ouvertures pour le passage des siphons.

Teredine masquée. *Teredina personata*. Lamk.

Fig. 11. Le tube et la coquille de grandeur naturelle, vues du côté postérieur. Dans l'individu représenté, les crochets de la coquille sont recouverts par l'écusson, et le tube est terminé à son extrémité postérieure par une portion subcornée et noirâtre.

Fig. 12. La valve droite, vue en dessus.

Fig. 13. Extrémité postérieure du tube, coupée en deux, pour faire voir la manière dont s'adapte à la portion blanche la portion noirâtre de ce tube.

Fig. 14. Extrémité postérieure d'un autre tube divisée à l'intérieur en six arceaux réguliers par des crêtes aiguës.

Taret nucivore. *Teredo nucivorus*. Speng.
(*Fistulana gregarea*. Lamk.)

Fig. 15. Un tube détaché, de grandeur naturelle.

Fig. 16. Les valves de grandeur naturelle réunies; ces valves sont tellement étroites qu'elles ne forment qu'un simple cercle osseux sur lequel le manteau de l'animal est inséré.

Fig. 17 et 18. La valve gauche grossie, vue de profil du côté antérieur et du côté postérieur.

PLANCHE 3.

Taret commun. *Teredo navalis*. Sellius. Lin.

Fig. 1. Des tubes engagés dans un morceau de bois. Cette figure est réduite de moitié.
Fig. 2. Tube détaché, de petite taille et de grandeur naturelle.
Fig. 3. La coquille de grandeur naturelle ayant les valves réunies.
Fig. 4 et 5. Valve droite, grossie, vue en dedans et en dessus.
Fig. 6 et 7. Palettes au moyen desquelles l'animal ferme son tube ; elles sont de grandeur naturelle.
Fig. 8 et 9. Ces mêmes palettes grossies.

Pholade grande taille. *Pholas costata*. Lin.

Fig. 10. Valve gauche, réduite d'un tiers, vue en dedans.

Pholade ligamentine. *Pholas ligamentina*. Desh.

Fig. 11. Valve gauche, de grandeur naturelle, vue en dedans.
Fig. 12. Valve droite, vue en dessus.

Pholade scabelle. *Pholas candida*. Lin.

Fig. 13. Valve droite, de grandeur naturelle, vue en dessous.
Fig. 14. Coquille ayant les valves réunies, vue du côté postérieur et portant leur écusson sur les crochets.

Solemye de la Méditerranée. *Solemya mediterranea*. Lamk.

Fig. 15. Valve gauche, de grandeur naturelle, vue en dedans.
Fig. 16. La même, vue en dessus.
Fig. 17. Charnière grossie.

PLANCHE 4.

Glycimère silique. *Glycimeris siliqua*. Lamk.

Fig. 1. Valve droite, vue en dessus.
Fig. 2. Les valves réunies pour montrer leur grand écartement.
Fig. 3. Valve gauche, vue en dedans.

Pholadomye blanche. *Pholadomya candida* Sow.

Fig. 4. Valve droite, vue en dessus.
Fig. 5. Les valves réunies, vues en avant.
Fig. 6. Valve gauche, vue en dedans. Cette valve a ordinairement le crochet perforé.

Pholadomye à côtes aiguës. *Pholadomya acuticosta*. Sow.

Fig. 7. Petit individu, vu en dessus.
Fig. 8. Les valves réunies, vues du côté antérieur.

Pholadomye donaciforme. *Pholadomya donaciformis*. Brong.

Fig. 9. Les valves réunies, vues du côté antérieur.
Fig. 10. Individu de grandeur naturelle, vu en dessus.

PLANCHE 5.

Pholadomye à grands crochets. *Pholadomya umbonata*. Desh.
Fig. 1. Coquille de grandeur naturelle, vue en dessus.

Pholadomye rétuse. *Pholadomya retusa*. Desh.
Fig. 2. Individu de grandeur naturelle, vu en avant.
Fig. 3. Le même, vu en dessus.

Pholadomye en lyre. *Pholadomya fidicula*. Sow.
Fig. 4. Coquille réduite d'un tiers, vue en dessus.

Pholadomye treillissée. *Pholadomya decussata*. Agas.
Fig. 5. Individu réduit d'un tiers, vu en dessus.

Pholadomye semicostulée. *Pholadomya semicostata*. Desh.
Fig. 6. Individu de grandeur naturelle, vu en dessus.

Mye pseudomye. *Mya pseudomya*. Desh.
Fig. 7. Coquille de grandeur naturelle, vue en dessus.

Solecurte rétréci. *Solecurtus coarctatus*. Desh.
Fig. 8. Coquille de grandeur naturelle. La valve gauche est vue en dessus; la valve droite montre la charnière.

PLANCHE 6

Solen silique. *Solen siliqua*. Lin.
Fig. 1. Valve droite, réduite d'un tiers, vue en dessus.
Fig. 2 et 3. Coquille vue en dedans et présentant la charnière.

Solen gaine. *Solen vagina*. Lin.
Fig. 4. Valve droite, réduite d'un tiers, vue en dessus.
Fig. 5 et 6. Valves vues en dedans et montrant la charnière.

Solen petite gaine. *Solen vaginalis*. Desh.
Fig. 7. Coquille de grandeur naturelle, vue en dessus.

Solen gousse. *Solen legumen*. Lin.
Fig. 8. Valve droite, de grandeur naturelle, vue en dessus.
Fig. 9 et 10. Valves vues en dedans, montrant la charnière.

Solecurte blanc. *Solecurtus candidus*. Renieri.
Fig. 11. Valve droite, de grandeur naturelle, vue en dessus.
Fig. 12. et 13. Valves vues en dedans et montrant la charnière.

Solecurte de Lamarck. *Solecurtus Lamarckii*. Desh.
Fig. 14. Valve droite, de grandeur naturelle, vue en dessus.
Fig. 15 et 16. Valves vues en dedans et montrant la charnière.

PLANCHE 7.

Panopée d'Aldrovande. *Panopæa glycimeris*. Desh.

Fig. 1. Coquille réduite au quart de la grandeur naturelle. Valve droite, vue en dedans.

Panopée de Menard. *Panopæa Menardi*. Desh.

Fig. 2. Valve droite réduite d'un tiers, vue en dedans.
Fig. 3. Valve gauche, vue en dessus.

Panopée de Deshayes. *Panopæa Deshayesii*. Valenc.

Fig. 4. Valve droite de grandeur naturelle, vue en dedans.
Fig. 5. La même, vue en dessus.

Mye tugon. *Mya tugon*. Adans.

Fig. 6. Valve droite de grandeur naturelle, vue en dedans.
Fig. 7. Valve gauche, vue en dessus.
Fig. 8. Les valves réunies, vues du côté postérieur de manière à montrer l'ouverture pour le passage des siphons.

Corbule dent rouge. *Corbula erythrodon*. Lamk.

Fig. 9. Individu entier. Les valves réunies et de grandeur naturelle.
Fig. 10 et 11. Les valves, vues en dedans.

PLANCHE 8.

Mye tronquée. *Mya truncata*. Lin.

Fig. 1. Valve gauche, de grandeur naturelle, vue en dedans.
Fig. 2. Individu entier ayant les siphons allongés.
Fig. 3 et 4. La charnière, vue de profil dans les deux valves.

Corbule aplatie. *Corbula complanata*. Sow.

Fig. 5. Valve droite, de grandeur naturelle, vue en dessus.
Fig. 6. Valves, vues en dedans et montrant la charnière.

Corbule noyau. *Corbula nucleus*. Lamk.

Fig. 7. Individu entier, vue en dessus et montrant la valve gauche.
Fig. 8. Valve droite, vue en dessus.
Fig. 9. La charnière un peu grossie.

Pandore rostrée. *Pandora rostrata*. Lamk.

Fig. 10. Valves réunies, de grandeur naturelle, vues en dessus.
Fig. 11. Les valves, vues en dedans et montrant la charnière.

Osteodesme corbuloïde. *Osteodesma corbuloïdes*. Desh.

Fig. 12. Coquille de grandeur naturelle. Les valves réunies.
Fig. 13. Valve droite, vue en dedans.
Fig. 14. Charnière un peu grossie. On remarque sur la valve droite un osselet quadrangulaire retenu par une portion du ligament.

Periplome trapézoïde. *Periploma trapezoides*. Desh.

Fig. 15. Coquille de grandeur naturelle. Les valves réunies.
Fig. 16. Valve droite, vue en dedans.
Fig. 17. La charnière un peu grossie.
Fig. 18 et 19. Osselet cardinal, subcordiforme, vu de chaque côté.

Anatine lanterne. *Anatina laterna*. Lamk.

Fig. 20. Valve gauche vue en dedans. On remarque sous le cuilleron de la charnière un arc-boutant, saillant en dedans et destiné à donner à cette pai tie plus de solidité. Dans cette coquille, le crochet est naturellement fendu et cette fente est fermée par une fine membrane.
Fig. 21. Valve droite, vue en dessus.
Fig. 22. Cette figure représente une coupe longitudinale de la coquille, faite en avant de la charnière; par ce moyen on voit la position des cuillerons, leur écartement et la manière dont l'osselet tricuspide s'insère dans la charnière ainsi que dans la profondeur des crochets où il consolide la fente dont nous avons parlé.
Fig. 23. Osselet tricuspide, détaché et un peu grossi.

PLANCHE 9.

Thracie corbuloïde. *Tracia corbuloïdes*. Desh.

Fig. 1. Valve droite, de grandeur naturelle, vue en dedans. On y remarque l'échancrure naturelle du crochet.
Fig. 2. Coquille entière, vue en dessus. Cette figure montre que la valve gauche est beaucoup plus petite que la droite.
Fig. 3. Valve gauche, vue en dedans.

Thracie phaséoline. *Thracia phaseolina* Kien.

Fig. 4. Les valves réunies, de grandeur naturelle, vues en dessus.
Fig. 5. Les valves réunies mais écartées, de manière à laisser voir l'osselet cylindroïde de la charnière.
Fig. 6. Charnière grossie, montrant en place, sur l'extrémité du ligament, l'osselet cardinal.

Ostéodesme en coin. *Osteodesma cuneata*. Desh.

Fig. 7. Les valves, vues en dedans.
Fig. 8. Valve gauche, vue en dessus.

Lutraire solénoïde. *Lutraria solenoïdes*. Lamk.

Fig. 9. Individu réduit d'un tiers. Les valves, vues en dedans.
Fig. 10. Valve gauche, vue en dessus.

PLANCHE 10.

Lutraire calcinelle. *Lutraria piperata*. Lamk.

Fig. 1 et 2. Les valves, vues en dedans.
Fig. 3. Valve droite, vue en dessus.

Mactre trigone. *Mactra triangula.* Broc.

Fig. 4. Valve gauche, de grandeur naturelle, vue en dessus.
Fig. 5. Valve droite, vue en dedans.
Fig. 6. Charnière grossie.

Lutraire ridée. *Lutraria rugosa.* Lamk.

Fig. 7. Les valves disjointes, la gauche montrant la charnière et la droite vue en dessus.
Fig. 8. Charnière du *mactra helvacea.* Chemn.

Gnathodon en coin. *Gnathodon cuneata.* Gray.

Fig. 9 et 10. Les valves, vues en dedans.
Fig. 11. Valve gauche, vue en dessus.
Fig. 12. Les valves réunies, vues de profil.

Mesodesme de Quoy. *Mesodesma Quoyi.* Desh.

Fig. 13. Les valves, vues en dedans.
Fig. 14. Valve gauche, vue en dessus.

PLANCHE 11.

Crassatelle enflée. *Crassatella tumida.* Lamk.

Fig. 1. Petit individu de grandeur naturelle. Valve droite, vue en dessus.
Fig. 2 et 3. Valves, vues en dedans.

Crassatelle lamelleuse. *Crassatella lamellosa.* Lamk.

Fig. 4. Valve droite, vue en dessus.
Fig. 5. La même, vue en dedans.

Erycine cycladiforme. *Erycina cycladiformis.* Desh.

Fig. 6. Valve droite grossie, vue en dedans.
Fig. 7. La même, vue en dessus.
Fig. 8. Valve gauche, vue en dedans.
Fig. 9. Coquille de grandeur naturelle.

Amphidesme épaisse. *Amphidesma solida.* Gray.

Fig. 10. Valve droite, de grandeur naturelle, vue en dessus.
Fig. 11 et 12. Valves, vues en dedans.

Galeome de Turton. *Galeoma Turtoni.*

Fig. 13. Coquille de grandeur naturelle.
Fig. 14. Les valves réunies montrant le grand bâillement du bord inférieur.
Fig. 15 et 16. Valves, vues en dedans.
Fig. 17. Valve droite, vue en dessus.

PLANCHE 12.

Saxicave gallicane. *Saxicava gallicana.* Lamk.

Fig. 1. Valve droite, de grandeur naturelle, vue en dessus.

Fig. 2. Valve gauche, vue en dedans.
Fig. 3. Coquille engagée dans la pierre calcaire qu'elle a perforée.
Fig. 4. Les valves réunies, vues du côté antérieur.

Saxicave de Guérin. *Saxicava Guerini.* Payr.

Fig. 5. Valve droite, de grandeur naturelle, vue en dedans.
Fig. 6. La même, vue en dessus.

Petricole roccellaire. *Petricola roccellaria.* Lamk.

Fig. 7. Coquille entière engagée dans la pierre qu'elle a creusée. Il est à remar-
quer que la cavité de cette coquille a exactement la même forme qu'elle,
et qu'il est impossible à l'animal de se déranger de la position qu'il
occupe.

Saxicave arctique. *Saxicava arctica.* Desh.

Fig. 8. Valve gauche, vue en dessus.
Fig. 9. Les deux valves, vues en dedans.

Petricole rariflamme. *Petricola rariflamma.* Desh.

Fig. 10. Valve droite, vue en dessus.
Fig. 11 et 12. Valves, vues en dedans.

Petricole ochroleuque. *Petricola ochroleuca.* Lamk.

Fig. 13. Valve gauche, vue en dessus.
Fig. 14 et 15. Valves, vues en dedans.

Vénérupe lamelleuse. *Venerupis irus.* Lamk.

Fig. 16. Valve droite vue en dessus.
Fig. 17 et 18. Valves, vues en dedans.

Vénérupe poulette. *Venerupis pullastra.* Desh.

Fig. 19. Valve droite, vue en dessus.
Fig. 20 et 21. Valves, vues en dedans.

PLANCHE 13.

Sanguinolaire ridée. *Sanguinolaria rugosa.* Lamk.

Fig. 1. Valve droite, de grandeur naturelle, vue en dedans.
Fig. 2. Charnière de la valve droite.
Fig. 3. Valve gauche, vue en dedans.

Psammobie écailleuse. *Psammobia squamosa.* Lamk.

Fig. 4. Valve droite, vue en dessus.
Fig. 5. Valve gauche, vue en dedans.

Psammobie maculée. *Psammobia maculosa.* Lamk.

Fig. 6. Valve droite, vue en dessus.
Fig. 7. Charnière de la valve droite.
Fig. 8. Valve gauche, vue en dedans.

Psammobie boréale. *Psammobia feroensis*. Lamk.

Fig. 9. Valve droite vue en dessus.
Fig. 10. Valve gauche vue en dedans.

Telline zonelle. *Tellina strigosa*. Gmel.

Fig. 11. Valve droite vue en dessus.
Fig. 12. Charnière de la valve droite.
Fig. 13. Valve gauche vue en dedans.

PLANCHE 14.

Telline donacée. *Tellina donacina*. Lin.

Fig. 1. Valve gauche, de grandeur naturelle, vue en dessus.
Fig. 2. Charnière de la valve gauche.
Fig. 3. Valve droite vue en dedans.

Telline obronde. *Tellina subrotunda*. Desh.

Fig. 4. Valve gauche vue en dessus.
Fig. 5. Valve droite vue en dedans.

Telline de Timor. *Tellina Timoriensis*. Desh.
(*Tellinides Timoriensis.* Lamk.)

Fig. 6. Valve gauche vue en dessus.
Fig. 7. Charnière de la valve droite.
Fig. 8. Valve gauche vue en dedans.

Donace des canards. *Donax anatinum*. Lamk.

Fig. 9. Charnière de la valve droite.
Fig. 10. Valve gauche vue en dedans.
Fig. 11. Valve droite vue en dessus.

Donace bec de flûte. *Donax scortum*. Lin.

Fig. 12. Valve droite, vue en dessus.
Fig. 13. Charnière de la valve droite.
Fig. 14. Valve gauche, vue en dedans.
Fig. 15. Les valves réunies et vues de profil, du côté postérieur.

Donace transverse. *Donax transversa*. Desh.

Fig. 16. Coquille de grandeur naturelle, la valve gauche vue en dessus.
Fig. 17. Cette même valve, vue en dedans.

Donace irrégulière. *Donax irregularis*. Bast.
(*Gratelupia.* Des moul.)

Fig. 18. Valve gauche, vue en dessus.
Fig. 19. La même, vue en dedans.

PLANCHE 15.

Donace du Brésil. *Donax brasiliensis*. Desh.

(*Capsa brasiliensis*. Lamk.)

Fig. 1. Valve droite, vue en dessus.
Fig. 2. Charnière de la valve droite.
Fig. 3. Valve gauche, vue en dedans.

Lucine colombelle. *Lucina columbella*. Lamk.

Fig. 4. Valve droite, vue en dessus.
Fig. 5. Charnière de la valve droite.
Fig. 6. Valve gauche, vue en dedans.

Corbeille élégante. *Corbis elegans*. Desh.

Fig. 7. Coquille réduite d'un tiers. Valve droite, vue en dessus.
Fig. 8. Charnière de la valve droite.
Fig. 9. Valve gauche, vue en dedans.

Corbeille pétoncle. *Corbis petunculus*. Lamk.

Fig. 10. Coquille réduite de moitié. Les valves croisées, l'une montrant le dehors, l'autre la charnière.

Lucine allongée. *Lucina oblonga*. Desh.

(*Ungulina oblonga*. Lamk.)

Fig. 11. Valve droite, vue en dessus.
Fig. 12. Charnières grossies.
Fig. 13, 14. Les valves, vues en dedans.

PLANCHE 16.

Lucine bord rose. *Lucina punctata*. Desh.

Fig. 1. Coquille réduite de moitié. Valve droite, vue en dessus.
Fig. 2. Charnière de la valve droite.
Fig. 3. Valve gauche, vue en dedans.

Lucine tigérine. *Lucina tigerina*. Desh.

Fig. 4. La valve gauche, montrant la charnière.
Fig. 5. Valve droite, vue en dessus.

Lucine changeante. *Lucina mutabilis*. Lamk.

Fig. 6. Valve gauche, réduite d'un tiers, vue en dedans.

Lucine des rochers. *Lucina scopulorum*. Bast.

Fig. 7. Valve gauche, de grandeur naturelle, vue en dedans.
Fig. 8. La même, vue en dessus.

Lucine divergente. *Lucina divaricata*. Lamk.

Fig. 9. Valve droite, vue en dessus.
Fig. 10. Charnières un peu grossies.
Fig. 11. Valve gauche, vue en dedans.

Lucine arrondie. *Lucina rotundata*. Desh.

Fig. 12. Charnières grossies.
Fig. 13. Valve droite, vue en dessus.
Fig. 14. Valve gauche, vue en dedans.

PLANCHE 17.

Lucine lactée. *Lucina lactea*. Lamk.

Fig. 1. Coquille de grandeur naturelle. Valve droite, vue en dessus.
Fig. 2. Charnière de la valve droite et de la valve gauche, vue en dedans.

Lucine graine de lupin. *Lucina lupinus*. Brocchi.

Fig. 3. Coquille grossie, valve gauche, vue en dedans.
Fig. 4. La même, vue en dessus.
Fig. 5. De grandeur naturelle.

Iridine du Nil. *Iridina nilotica*. Cailliaud.

Fig. 6. Individu réduit de plus d'un tiers. La valve droite en dessus.
Fig. 7. La valve gauche, vue en dedans.

Cyclade des rivières. *Cyclas rivicola*. Lamk.

Fig. 8. Valve gauche, vue en dedans.
Fig. 9. Valve droite, vue en dessus.
Fig. 10. Charnière grossie.

Galathée à rayons. *Galathæa radiata*. Lamk.

Fig. 11. Petit individu, la valve droite, vue en dessus.
Fig. 12, 13. Les valves, vues en dedans.

PLANCHE 18.

Cyrène violette. *Cyrena violacea*. Lamk.

Fig. 1. Coquille réduite de moitié, valve gauche, vues en dedans.
Fig. 2. Valve droite, vue en dessus.
Fig. 3. Charnière de grandeur naturelle.

Cyrène de graves. *Cyrena gravesii*. Desh.

Fig. 4. Les valves sont écartées, la gauche montre la charnière, la droite est vue
en dessus.

Cyrène antique. *Cyrena antiqua*. Fer.

Fig. 5. Charnière de la valve droite.
Fig. 6. Valve gauche, vue en dedans.
Fig. 7. Valve droite, vue en dessus.

Cyprine d'Islande. *Cyprina islandica*. Lamk.

Fig. 8. Individu réduit de moitié, la charnière de la valve droite.
Fig. 9. Valve gauche, vue en dedans.
Fig. 10. Valve droite, vue en dessus.

Vénus citrine. *Venus citrina*.

(*Cytherea* Lamk.)

Fig. 11. Charnière de la valve droite.
Fig. 12. Valve gauche, en dedans.
Fig. 13. Valve droite, en dessus.

Vénus vénitienne. *Venus venetiana*.

(*Cytherea* Lamk.)

Fig. 14. L'écartement des valves permet de voir la charnière de la valve gauche
et la valve droite en dessus.

PLANCHE 19.

Cyprine scutellaire. *Cyprina scutellaria*. Desh.

Fig. 1. Coquille réduite de moitié, valve droite, en dedans.
Fig. 2. La même, vue en dessus.

Vénus cedo-nulli. *Venus erycina*. Lin.

(*Cytherea* Lamk.)

Fig. 3. Coquille réduite d'un quart. Les valves sont écartées, la gauche montre
la charnière, la droite est vue en dessus.

Vénus fauve. *Venus chione*. Lin.

(*Cytherea* Lamk.)

Fig. 4. Coquille réduite d'un tiers. Valve gauche, vue en dedans.
Fig. 5. Valve droite, vue en dessus.

Vénus érycinoïde. *Venus erycinoides*. Desh.

Fig. 6. Valve gauche, vue en dedans.
Fig. 7. Valve droite, vue en dessus. Ces figures sont de grandeur naturelle.

Vénus deltoïde. *Venus deltoidea*. Desh.

(*Cytherea* Lamk.)

Fig. 8. Coquille de grandeur naturelle. Valve gauche, vue en dedans.
Fig. 9. Valve droite, vue en dessus.
Fig. 10. Charnière grossie.

Vénus élégante. *Venus elegans*.

(*Cytherea* Lamk.).

Fig. 11. De grandeur naturelle. Valve gauche, vue en dedans.
Fig. 12. La même, vue en dessus.

PLANCHE 20.

Vénus nitidule. *Venus nitidula*.

(*Cytherea* Lamk.)

Fig. 1. Charnière de la valve droite.
Fig. 2. Valve gauche, vue en dedans.
Fig. 3. Valve droite, vue en dessus.

Vénus fasciée. *Venus fasciata*. Donov.

Fig. 4. Valve gauche, en dedans.
Fig. 5. Valve droite, en dessus.

Arthémis concentrique. *Arthemis concentrica*. Desh.

(*Cytherea* Lamk.)

Fig. 6. Coquille réduite de moitié. Charnière de la valve droite.
Fig. 7. Valve gauche, en dedans.
Fig. 8. Valve droite, en dessus.

Arthémis exolète. *Arthemis exoleta*. Poli.

(*Cytherea* Lamk.).

Fig. 9. De grandeur naturelle. Charnière de la valve droite.
Fig. 10. Valve gauche, vue en dedans.
Fig. 11. Valve droite, vue en dessus.

Arthémis luisante. *Artemis lincta*. Desh.

Fig. 12. Valve gauche, vue en dedans.
Fig. 13. Valve droite, vue en dessus.

Vénus ridée. *Venus rugosa*. Gmel.

Fig. 14. Charnière de la valve droite.
Fig. 15. Valve gauche, en dedans.
Fig. 16. Valve droite, vue en dessus.

Vénus pectinule. *Venus radiata*. Brocchi.

Fig. 17. Valve gauche, vue en dedans.
Fig. 18. Valve droite, vue en dessus.

PLANCHE 21.

Vénus à verrues. *Venus verrucosa*. Lin.

Fig. 1. Portion cardinale de la valve droite et valve gauche, vues en dedans.
Fig. 2. Valve droite, vue en dessus.

Vénus poule. *Venus gallina*. Lin.

Fig. 3. Portion cardinale de la valve droite et valve gauche, vues en dedans.
Fig. 4. Valve droite, vue en dessus.

Vénus de bastérot. *Venus basteroti*. Desh.

Fig. 5. Coquille de la grandeur naturelle. Valve gauche, vue en dedans.
Fig. 6. Valve droite, vue en dessus.

Vénus croisée. *Venus decussata*. Lin.

Fig. 7. Charnière de la valve droite, et valve gauche, vues en dedans.
Fig. 8. Valve droite vue en dessus.

Vénus casinoïdes. *Venus casinoides*. Bast.

Fig. 9. Valve gauche, vue en dessus.
Fig. 10. La même, vue en dedans.

Vénus pectinée. *Venus pectinata*. Desh.

Fig. 11. Coquille de grandeur naturelle. Valve droite, vue en dessus.
Fig. 12. La même, grossie.

Vénus belles lames. *Venus plicata*. Gmel.

Fig. 13. Coquille réduite de moitié, portion cardinale de la valve droite et valve gauche en dedans.
Fig. 14. Valve droite, vue en dessus.

PLANCHE 22.

Vénus ridée. *Venus vetula*. Bast.

Fig. 1. Coquille réduite d'un tiers. Valve droite, vue en dessus.
Fig. 2. La même, vue en dedans.

Vénus à sinus profond. *Venus major* Desh.

(*Tethis major*. Sow.)

Fig. 3. Le moule intérieur, de grandeur naturelle, présentant la valve gauche.
Fig. 4. Le moule intérieur, vu du côté postérieur.

Mulette subtrigone. *Unio subtrigona*. Desh.

(*Astarte subtrigona*. Münst. Goldf.)

Fig. 5. Coquille de grandeur naturelle, vue en dessus.

Astarte étagée. *Astarte scalaris*. Desh.

Fig. 6. Portion cardinale de la valve droite et valve gauche entière, vue en dedans.
Fig. 7. Valve droite, vue en dessus.

Astarte crassatellée. *Astarte danmoniensis*. Sow.

Fig. 8. Portion cardinale de la valve droite et valve gauche, vue en dedans.
Fig. 9. Valve droite, vue en dessus.

Astarte ridée. *Astarte rugosa*. Desh.

Fig. 10. Valve gauche, vue en dedans et valve droite, vue en dessus.

Astarte trigone. *Astarte trigona*. Desh.

Fig. 11. Valve gauche, vue en dedans.
Fig. 12. Valve droite, vue en dessus.

Astarte de Voltz. *Astarte Voltzii*. Goldf.

Fig. 13. Individu de grandeur naturelle, vu en dessus.

Astarte oblique. *Astarte obliqua*. Desh.

Fig. 14. Portion cardinale de la valve droite et valve gauche entière, vue en dedans.
Fig. 15. Valve gauche, vue en dessus.

Astarte à larges côtes. *Astarte laticostata*. Desh.

Fig. 16. Valve gauche, vue en dedans.
Fig. 17. Valve droite, vue en dessus.

PLANCHE 23.

Astarte modiolaire. *Astarte modiolaris*. Desh.

(*Cypricardia modiolaris*. Lamk.).

Fig. 1. Valve droite, vue en dedans.
Fig. 2. La même, vue en dessus.

Opis lunulé. *Opis lunulatus*. Def.

Fig. 3. Individu entier, vu en avant.
Fig. 4. Valve gauche, vue en dedans.
Fig. 5. Individu entier, vu du côté postérieur.

Opis élargi. *Opis dilatatus*. Desh.

Fig. 6. Individu entier, vu du côté antérieur.
Fig. 7. Le même, du côté postérieur.

Opis semblable. *Opis similis*. Desh.

(*Cardita similis*. Sow).

Fie. 8. Coquille entière du côté antérieur.
Fig. 9. La même, du côté postérieur.

Isocarde globuleuse. *Isocardia cor*. Lamk.

Fig. 10. Coquille réduite d'un tiers, portion cardinale de la valve droite et valve
gauche, vue en dedans.
Fig. 11. Les valves réunies, vues du côté antérieur.

Isocarde de Bordeaux. *Isocardia burdigalensis*. Desh.

Fig. 12. Valve gauche de grandeur naturelle, vue en dedans.
Fig. 13. La même, vue en dessus.
Fig. 14. La même, vue de profil du côté antérieur.

PLANCHE 24.

Isocarde oblongue. *Isocardia oblonga*. Sow.

Fig. 1. Coquille réduite d'un tiers, vue en dessus.
Fig. 2. Valve gauche, vue de profil du côté antérieur.

Isocarde élégante. *Isocardia elegans*. Desh.

Fig. 3. Individu entier, vu du côté antérieur.
Fig. 4. Le même, vu du côté postérieur.
Fig. 5. Valve gauche, vue en dessus.

Isocarde petite. *Isocardia minima.* Sow.

Fig. 6. Coquille de grandeur naturelle, montrant la valve droite en dessus.
Fig. 7. Individu entier, vu de profil du côté antérieur.

Cypricarde oblongue. *Cypricardia oblonga.* Desh.

Fig. 8. Valve droite, vue en dessus.
Fig. 9. Portion cardinale de la valve droite et valve gauche vue en dedans.

Cypricarde anguleuse. *Cypricardia angulosa.* Lamk.

Fig. 10. Portion cardinale de la valve droite et valve gauche, vue en dedans.
Fig. 11. Valve droite, vue en dessus.

Cypricarde cordiforme. *Cypricardia cordiformis.* Desh.

Fig. 12. Valve droite, vue en dessus.
Fig. 13. La même, vue en dedans.

Isocarde concentrique. *Isocardia concentrica.* Sow.

Fig. 14. Coquille réduite de moitié. La valve droite, vue en dessus.
Fig. 15. Individu entier, vu du côté antérieur.

PLANCHE 25.

Bucarde sourdon. *Cardium rusticum.* Linné.

Fig. 1. Portion cardinale de la valve droite et valve gauche, vue en dedans.
Fig. 2. Valve droite, vue en dessus.

Bucarde sillonnée. *Cardium oblongum.* Chem.

(*Card. sulcatum.* Lamk.)

Fig. 3. Coquille réduite de moitié. Portion cardinale de la valve droite et valve gauche, vue en dedans.
Fig. 4. Valve droite, vue en dessus.

Bucarde cœur de Vénus. *Cardium cardissa.* Linné.

Fig. 5. Portion cardinale de la valve droite et valve gauche, vue en dedans.
Fig. 6. Valve droite, vue du côté antérieur.

Bucarde aviculaire. *Cardium aviculare.* Lamk.

Fig. 7. Portion cardinale de la valve droite et valve gauche, vue en dedans.
Fig. 8. Individu entier, vu en dessus.
Fig. 9. Individu entier, vu du côté antérieur.

Bucarde irlandaise. *Cardium Hibernicum.* Sow.

Fig. 10. Individu entier, vu du côté des crochets.

PLANCHE 26.

Bucarde poruleuse. *Cardium porulosum.* Lamk.

Fig. 1. Portion cardinale de la valve droite et valve gauche, vue en dedans.
Fig. 2. Valve droite, vue en dessus.

Fig. 3. Portion grossie d'une côte, pour montrer la disposition des pores, dont elle est percée.

Bucarde double face. *Cardium pectinatum*. Linné.

(Cardium eolicum. Lamk.)

Fig. 4. Portion cardinale de la valve droite et valve gauche, vue en dedans.
Fig. 5. Valve gauche, vue en dessus.

Bucarde intercostulée. *Cardium intercostatum*. Duj.

Fig. 6. Coquille réduite de moitié. Valve droite, vue en dedans.
Fig. 7. La même, vue en dessus.

Hipoppe maculé. *Hippopus maculatus*. Lamk.

Fig. 8. Coquille réduite de moitié. Portion cardinale de la valve droite et valve gauche, vue en dedans.
Fig. 9. Valve gauche, vue en dessus.

PLANCHE 27.

Tridacne faîtière. *Tridacna squamosa*. Lamk.

Fig. 1. Coquille réduite de moitié. Portion cardinale de la valve droite et valve gauche, vue en dedans.
Fig. 2. Individu entier, vu du côté du dos pour montrer l'ouverture de la lunule.
Fig. 3. Valve gauche, vue en dessus.

Came rustique. *Chama rustica*. Desh.

Fig. 4. Valve droite, vue en dedans.
Fig. 5. Valve gauche, vue du même côté.
Fig. 6. Individu entier, vu en dessus.

Came lamelleuse. *Chama lamellosa*. Lamk.

Fig. 7. Petit individu entier, vu en dessus.
Fig. 8. Valve droite, vue en dedans.
Fig. 9. Valve gauche, du même côté.
Fig. 10. Epine de la valve droite, détachée et grossie.

PLANCHE 28.

Dicerate gauche. *Diceras sinistra*. Desh.

Fig. 1. Valve gauche, vue en dedans.
Fig. 2. Valve droite, vue du même côté.
Fig. 3. Individu entier, vu du côté antérieur.

Dicerate arietine. *Diceras arietina*. Lamk.

Fig. 4. Individu entier, réduit de moitié, vu du côté antérieur.
Fig. 5. Valve droite, vue en dedans.
Fig. 6. Valve gauche, vue du même côté.

Dicerate petite. *Diceras minor.* Desh.

Fig. 7. Le moule intérieur, de grandeur naturelle, vu du côté postérieur.
Fig. 8. Le même, montrant le côté antérieur.

Came rudérale *Chama ruderalis.* Lamk.

Fig. 9. Valve gauche, vue en dedans.
Fig. 10. Individu entier, vu en dessus.
Fig. 11. Valve droite, vue en dedans.

PLANCHE 29.

Cleidothère camoïde. *Cleidothœrus chamoides.* Sow.

Fig. 1. Valve gauche, vue en dedans.
Fig. 2. Valve droite, du même côté.
Fig. 3. La même, vue en dessus.
Fig. 4. Individu entier, vu en dessus.
Fig. 5. Osselet cardinal, détaché

Mulette en forme d'arche. *Unio arcæformis.* Say.

Fig. 6. Portion cardinale de la valve droite et valve gauche, vue en dedans.

Mulette ambiguë. *Unio ambigua.* Desh.

(*Castalia ambigua.* Lamk.)

Fig. 7. Valve droite, vue en dedans.
Fig. 8. Valve gauche, vue du même côté.
Fig. 9. Valve droite, en dessus.

Mulette aviculaire. *Unio avicularis.* Desh.

(*Hyria avicularis.* Lamk.)

Fig. 10. Coquille réduite d'un tiers. Portion cardinale de la valve droite et valve gauche, vue en dedans.
Fig. 11. Valve droite, vue en dessus.

PLANCHE 30.

Mulettes des cataractes. *Unio cataracta.* Desh.

(*Anodonta cataracta.* Say.)

Fig. 1. Individu réduit de moitié, disposé de manière à montrer la charnière de la valve gauche et le dessus de la valve droite.

Mulette mince. *Unio gracilis.* Desh.

(*Symphinota gracilis.* Lea.)

Fig. 2. Charnière des deux valves.
Fig. 3. Valve droite, vue en dessus.

Mulette uniopside. *Unio uniopsis*. Desh.
(*Anodonta uniopsis*. Lamk.)

Fig. 4. Individu, montrant la charnière de la valve gauche et la valve droite, en dessus.

Mulette à gros plis. *Unio confragosa*. Desh.
(*Alasmodonta confragosa*. Say.)

Fig. 5. Charnière de la valve droite.
Fig. 6. Valve gauche, vue en dedans.
Fig. 7. Valve droite, vue en dessus.

Mulette ondulée. *Unio undulata*. Desh.
(*Anodonta undulata*. Say.)

Fig. 8. Charnière de la valve droite et valve gauche, vue en dedans.
Fig. 9. Valve droite, vue en dessus.

PLANCHE 31.

Mulette cardiacée. *Unio cardiacea*.

Fig. 1. Coquille réduite d'un tiers, portion cardinale de la valve droite, et valve gauche entière, vue en dedans.
Fig. 2. Valve droite, vue en dessus.

Mulette bi-ailée. *Unio bialatus*.
(*Symphynota bialata*. Lea.)

Fig. 3. Coquille réduite de moitié, les valves sont séparées de manière à montrer la charnière de la valve gauche et la valve droite en dessus.

Cardite ajar. *Cardita ajar*. Adans.

Fig. 4 Valve droite, de grandeur naturelle vue en dessus.
Fig. 5. Portion cardinale de la valve droite, et valve gauche entière vue en dedans.

Cardite imbriquée. *Cardita imbricata*.
(*Venericardia*. Lamk.)

Fig. 6. Valve gauche de grandeur naturelle vue en dedans.
Fig. 7. Valve droite, vue en dessus.

Cardite de Jouannet. *Cardita Jouanneti*.
(*Venericardia*. Bast.)

Fig. 8. Portion cardinale de la valve droite, et valve gauche entière vue en dedans.
Fig. 9. Valve droite, en dessus.

PLANCHE 32.

Cardite à côtes plates. *Cardita planicosta*.
(*Venericardia*. Lamk.)

Fig. 1. Portion cardinale de la valve droite.

Fig. 2. Valve gauche, entière vue en dedans.
Fig. 3. Valve droite montrant l'extérieur. Cette espèce est représentée réduite de moitié.

Cardite grossière. *Cardita crassa*. Lamk.

Fig. 4. Valve droite, de grandeur naturelle, vue en dessus.
Fig. 5. La même vue en dedans.

Cardite à côtes étroites. *Cardita angusticosta*.

(*Venericardia*. Lamk.)

Fig. 6. Valve gauche, de grandeur naturelle, montrant l'intérieur.
Fig. 7. La même, vue en dessus.

Cardite cannelée. *Cardita sulcata*. Brug.

Fig. 8. Portion cardinale de la valve droite.
Fig. 9. Portion cardinale de la valve gauche vue en dedans.
Fig. 10. Valve droite, vue en dessus.

Cardite terminale. *Cardita terminalis*. Desh.

Fig. 11. Coquille de grandeur naturelle montrant l'extérieur.

Trigonie à côtes. *Trigonia costata*. Lamk.

Fig. 12. Portion cardinale de la valve droite.
Fig. 13. Valve gauche, vue en dedans.
Fig. 14. Valve droite, vue en dessus.

PLANCHE 33.

Trigonie navire. *Trigonia navis*. Lamk.

Fig. 1. Portion cardinale de la valve droite.
Fig. 2. Valve droite, de grandeur naturelle, vue en dessus.

Trigonie aliforme. *Trigonia alæformis*. Sow.

Fig. 3. Valve droite de grandeur naturelle, vue en dessus.

Trigonie scabre. *Trigonia scabra*. Lamk.

Fig. 4. Portion cardinale de la valve droite.
Fig. 5. Valve gauche de grandeur naturelle vue en dedans.
Fig. 6. Valve droite vue en dessus.

Trigonie noduleuse. *Trigonia nodosa*. Lamk.

Fig. 7. Charnière de la valve droite.
Fig. 8. Valve gauche vue en dedans.
Fig. 9. La même vue en dessus; cette espèce est représenté d'après un petit individu.

Trigonie sillonnaire. *Trigonia sulcataria*. Lamk.

Fig. 10. Valve droite de grandeur naturelle vue en dessus.

Nucule rostrale. *Nucula rostralis*. Lamk.

Fig. 11. Valve droite de grandeur naturelle vue en dessus.

Fig. 12. Individu entier vu de profil du côté des crochets.

Nucule de Hammer. *Nucula Hammeri.* Def.

Fig. 13. Individu de grandeur naturelle montrant la valve gauche.
Fig. 14. Individu entier, vu du côté des crochets.

Nucule pectinée. *Nucula pectinata.* Sow.

Fig. 15. Individu de grandeur naturelle montrant la valve droite.
Fig. 16. Portion grossie d'une partie de la surface extérieure du test.

Nucule cordiforme. *Nucula cordiformis.* Desh.

Fig. 17. Individu entier montrant la valve gauche en dessus.
Fig. 18. Individu entier vu du côté postérieur.
Fig. 19. Valve gauche vue en dedans.

PLANCHE 34.

Nucule limatule. *Nucula limatula.* Sow.

Fig. 1. Valve gauche de grandeur naturelle vue en dessus.
Fig. 2. Charnière grossie vue de profil pour montrer la saillie des dents cardi-
       nales.
Fig. 3. La même charnière vue de face.
Fig. 4. Valve gauche vue en dedans.

Solenelle de Norris. *Solenella Norrisii.* Cuming.

Fig. 5. Valve gauche de grandeur naturelle vue en dessus.
Fig. 6. Charnière grossie.
Fig. 7. Valve gauche vue en dedans.

Nucule échancrée. *Nucula emarginata.* Lamk.

Fig. 8. Valve gauche de grandeur naturelle vue en dedans.
Fig. 9. La même grossie vue en dessus.
Fig. 10. La même grossie vue en dedans.

Nucule nacrée. *Nucula margaritacea.* Lamk.

Fig. 11. Valve gauche, de grandeur naturelle vue en dedans.
Fig. 12. Valve droite, vue en dessus.
Fig. 13. Charnière grossie.

Nucule pointue. *Nucula mucronalis.* Desh.

Fig. 14. Individu de grandeur naturelle montrant la valve droite.
Fig. 15. Le même du côté des crochets.

Pétoncle multistrié. *Pectunculus multistriatus.* Desh.

Fig. 16. 17. Les valves de grandeur naturelle, montrant l'intérieur.
Fig. 18. Valve droite, vue en dessus.

Pétoncle auriculé. *Pectunculus auritus.* Brocchi.

Fig. 19. Valve droite, de grandeur naturelle, vue en dedans.
Fig. 20. La même, vue en dessus.

Pétoncle large. *Pectunculus glycimeris.* Lamk.

Fig. 21. Valve gauche réduite de moitié, montrant l'intérieur.
Fig. 22. Valve droite, également réduite, vue en dessus.

Petoncle flammulé. *Pectunculus pilosus.* Lamk.

Fig. 23. Valve gauche réduite d'un tiers, vue en dedans.
Fig. 24. Valve droite, vue en dessus.

Pétoncle à courtes oreillettes. *Pectunculus semiauritus.* Desh.

Fig. 25. Valve gauche grossie, vue en dedans.
Fig. 26. La même vue en dessus.
Fig. 27. Coquille de grandeur naturelle.

PLANCHE 35.

Pétoncle élargi. *Pectunculus pulvinatus.* Lamk.

Fig. 1. Valve gauche, de grandeur naturelle, vue en dedans.
Fig. 2. La même, vue en dessus.

Pétoncle granuleux. *Pectunculus granulosus.* Lamk.

Fig. 3. Valve droite, de grandeur naturelle, vue en dessus.
Fig. 4. La même vue en dedans.

Arche quadrilatère. *Arca quadrilatera.* Lamk.

Fig. 5. Valve gauche grossie vue en dedans.
Fig. 6. La même vue en dessus.
Fig. 7. Coquille de grandeur naturelle.

Pétoncle violâtre. *Pectunculus violacescens.* Lamk.

Fig. 8. Valve gauche de grandeur naturelle, montrant l'intérieur.
Fig 9. Valve droite, vue en dessus.

Arche de Noé. *Arca Noe.* Lin.

Fig. 10. Valve gauche, de grandeur naturelle, vue en dedans.
Fig. 11. Individu entier vu du côté des crochets.
Fig. 12. Valve droite, vue en dessus.

Arche barbatule. *Arca barbatula.* Lamk.

Fig 13. Valve gauche de grandeur naturelle, vue en dedans.
Fig. 14. La même vue en dessus.

Arche de Saint-Domingue. *Arca Domingensis.* Lamk.

Fig. 15. Valve gauche de grandeur naturelle, vue en dedans.
Fig. 16. Valve droite, vue en dessus.
Fig. 17. Individu entier, vu du côté des crochets.

Arche barbue. *Arca barbata.* Lin.

Fig. 18. Valve droite, vue en dedans.
Fig. 19. La même en dessus. Cette figure représente un individu de petite taille.

PLANCHE 36.

Arche à grand crochet. *Arca umbonata.* Lamk.

Fig. 1. Portion cardinale de la valve droite, et valve gauche de grandeur naturelle, vue en dedans.

Fig. 2. Individu entier vu du côté des crochets. On voit dans cette figure la large surface trapézoïdale sur laquelle s'insère le ligament.

Fig. 3. Valve droite, vue en dessus.

Arche anadara. *Arca antiquata.* Lin.

Fig. 4. Valve droite, réduite d'un tiers, vue en dessus.

Fig. 5. Valve gauche, vue en dedans.

Arche allongée. *Arca elongata.* Goldf.

Fig. 6. Individu de grandeur naturelle, montrant la valve droite.

Fig. 7. Le même vu du côté du dos.

Arche demi-dentée. *Arca semi-dentata.* Desh.

Fig. 8. Valve droite, de grandeur naturelle, vue en dessus.

Fig. 9. Valve gauche, vue en dedans.

Arche blanche. *Arca Helbingii.* Brug.

Fig. 10. Valve droite, réduite d'un tiers, vue en dedans.

Fig. 11. La même vue en dessus.

Arche auriculifère. *Arca auriculifera.*
(*Cucullæa.* Lamk.)

Fig. 12. Portion cardinale de la valve droite et valve gauche entière vue en dedans.

Fig. 13. Valve gauche, vue en dessus. Cette espèce est représentée par un individu jeune encore et de petite taille.

PLANCHE 37.

Arche oblongue. *Arca oblonga.*
(*Cucullæa.* Sow.)

Fig. 1. Valve gauche, réduite d'un tiers, montrant la charnière.

Fig. 2. La même vue en dessus.

Moule barbue. *Mytilus barbatus.* Lin.
(*Modiola* Lamk.)

Fig. 3. Valve gauche, vue en dedans.

Fig. 4. Valve droite, vue en dessus.

Moule lithophage. *Mytilus lithophagus.* Lin.
(*Modiola.* Lamk.)

Fig. 5. Valve droite, vue en dessus.

Fig. 6. Valve gauche, vue en dedans.

Moule ombiliquée. *Mytilus umbilicatus*. Pennant.

(*Modiola* Lamk.)

Fig. 7. Valve gauche, réduite de moitié, montrant l'intérieur.
Fig. 8. Valve droite, vue en dessus.

Moule polymorphe. *Mytilus polymorphus*. Pallas.

Fig. 9. Valve droite vue en dessus.
Fig. 10. Valve gauche vue en dedans.
Fig. 11. Individu entier vu du côté antérieur pour faire voir la fente qui sert au passage du byssus.

Moule comestible. *Mytilus edulis*. Lin.

Fig. 12. Valve droite, vue en dessus.
Fig. 13. Valve gauche, vue en dedans.

Moule pectinée. *Mytilus pectinatus*. Sow.

Fig. 14. Individu réduit d'un tiers, montrant la valve, droite.

Moule de Basterot. *Mytilus Basteroti*. Desh.

Fig. 15. Valve droite, de grandeur naturelle, vue en dessus.
Fig. 16. Valve gauche, vue en dedans.

Moule discordante. *Mytilus discor*. Lin.

(*Modiola*. Lamk.)

Fig. 17. Valve gauche de grandeur naturelle.
Fig. 18. Valve droite, vue en dessus.

PLANCHE 38.

Pinne noble. *Pinna nobilis*. Lin.

Fig. 1. Coquille réduite au quart de sa grandeur naturelle, montrant une portion cardinale de la valve droite, et la valve gauche en dedans.
Fig. 2. Portion extérieure de la coquille de grandeur naturelle. Cette figure fait connaitre la disposition des lames écailleuses dont la surface est hérissée.

Pinne oblique. *Pinna obliquata*. Desh.

Fig. 3. Coquille réduite d'un tiers, montrant la valve droite.

Pinne de Saussure. *Pinna Saussurii*. Desh.

(*Pinnigena*. Def.)

Fig. 4. Coquille réduite de moitié, montrant la valve gauche.

PLANCHE 39.

Trichite épaisse. *Trichites incrassatus*. Def.

Fig. 1. Coquille réduite des deux tiers, valve droite, vue en dessus.
Fig. 2. La même vue en dedans.

Pinne nacrée. *Pinna margaritacea*. Lamk.

Fig. 3. Individu dénudé de sa partie corticale, de grandeur naturelle.

Avicule demi-flèche. *Avicula semi-sagitta*. Lamk.

Fig. 4. Valve droite, de grandeur naturelle, vue en dessus.
Fig. 5. Valve gauche vue en dedans.

Avicule inéquivalve. *Avicula inæquivalvis*. Sow.

Fig. 6. Individu entier, de grandeur naturelle, montrant la valve droite en dessus.
Fig. 7. La valve gauche vue en dessus.
Fig. 8. La valve droite vue en dedans.

♠ PLANCHE 40.

Avicule mère-perle. *Avicula meleagrina*. Lamk.

Fig. 1. Fragment de la valve droite montrant la charnière.
Fig. 2. Valve gauche, réduite au tiers de la grandeur naturelle, vue en dedans.
Fig. 3. La même valve vue en dessus.

Avicule salinaire. *Avicula salinaria*. Desh.

Fig. 4. Valve droite, de grandeur naturelle, vue en dessus.

Avicule de Munster. *Avicula Munsteri*. Goldf.

Fig. 5. Valve gauche, de grandeur naturelle, vue en dessus.
Fig. 6. La même, vue en dedans.
Fig. 11. Valve droite vue en dedans.
Fig. 12. La même, vue en dessus.

Avicule papilionacée. *Avicula papilionacea*. Lamk.

Fig. 7. Valve gauche, de grandeur naturelle, vue en dedans.
Fig. 8. Valve droite vue en dessus.

Avicule sociale. *Avicula socialis*. Desh.

Fig. 9. Individu entier, de grandeur naturelle, montrant la valve gauche en dessus.
Fig. 10. Le même, montrant la valve droite.

PLANCHE 41.

Éthérie semi-lunaire. *Etheria semi-lunata*. Lamk.

Fig. 1. Portion de la valve droite, montrant la charnière.
Fig. 2. La valve gauche, réduite de moitié, vue en dedans.
Fig. 3. La même, vue en dessus.

Sphérulite foliacée. *Sphærulites foliacea*. Lamk.

Fig. 4. Valve droite ou supérieure vue en dedans. Elle est réduite de moitié. Les deux grosses apophyses obtuses situées le plus près des bords sont les impressions musculaires de cette valve; les deux apophyses situées plus en dedans et en arrière des premières sont les dents cardinales, et la fossette médiane triangulaire est celle du ligament.

Fig. 5. Valve gauche ou inférieure vue en dedans. On y remarque de chaque
        côté une impression musculaire ovale et aplatie; en arrière, deux
        grandes cavités qui reçoivent les dents cardinales de la valve opposée;
        et plus en arrière encore, la fossette triangulaire du ligament.

Sphérulite radieuse. *Sphærulites radiosa*. Des Moul.

Fig. 6. Coquille réduite de moitié vue en dehors.
Fig. 7. Surface interne de la valve inférieure un peu dégradée, mais dans laquelle
        on voit les deux cavités destinées à recevoir les dents cardinales de la
        valve opposée.

PLANCHE 42.

Caprotine ammonie. *Caprotina ammonia*. D'Orb.

Fig. 1. Individu entier, de grandeur naturelle, montrant sa valve supérieure.

Monopleure Urgonien. *Monopleura Urgonensis*. Math.

Fig. 2. Individu, de grandeur naturelle, montrant la valve supérieure.

Hippurite canaliculée. *Hippurites canaliculatus*. Rouland.

Fig. 3. Valve inférieure réduite d'un tiers.
Fig. 4. Valve supérieure vue en dessus.

Hippurite jeu d'orgue. *Hipurites organisans*. Des Moul.

Fig. 5. Groupe d'individus réduits de moitié.
Fig. 6. Ouverture de la valve inférieure dans laquelle on voit la forme et la po-
        sition des trois crêtes qui parcourent la paroi intérieure de la coquille

PLANCHE 43.

Sphérulite calcéole. *Sphærulites calceoloides*. Des Moul.

Fig. 1. Individu réduit de moitié, contenant son birostre, et montrant les cavités
        qui résultent de la dissolution de la couche interne de la coquille.
Fig. 2. Valve supérieure, de la même espèce, vue en dedans après la dissolution
        de toutes les parties saillantes qui ont laissé leur impression dans le
        birostre.

Sphérulite foliacée. *Sphærulites foliacea*. Lamk.

Fig. 3. Section transverse d'un petit individu au moyen de laquelle on voit le vide
        considérable qu'a produit dans la coquille la dissolution de sa couche
        interne. La portion du birostre appartenant à la valve inférieure est en
        place; elle porte deux grandes apophyses triangulaires qui ont été pro-
        duites par le remplissage des cavités destinées à recevoir les grandes
        dents cardinales de la valve supérieure.

Sphérulite cratériforme. *Sphærulites crateriformis*. Des Moul.

Fig. 4. Birostre, de grandeur naturelle, vu du côté gauche.
Fig. 5. Le même, vu du côté droit.

Sphérulite radieuse. *Sphærulites radiosa*. Des Moul.

Fig. 6. Portion supérieure d'un individu portant encore sa valve supérieure.

PLANCHE 44.

Hippurite bi-oculée. *Hippurites bi-oculatus*. Lamk.

Fig. 1. Valve supérieure, de grandeur naturelle, vue en dessus.
Fig. 2. Section transverse de la valve inférieure à une petite distance de la supérieure, et montrant la disposition des diverses parties de la charnière.
Fig. 3. Section transverse de la même coquille, mais faite plus bas: vers le milieu de la longueur, on aperçoit la tranche oblique des premières cloisons et des loges destinées à recevoir les dents cardinales.
Fig. 4. Ouverture naturelle de la coquille telle qu'elle se présente lorsque la valve supérieure en a été naturellement détachée.
Fig. 6. Section transverse de la même coquille, vers la partie moyenne de sa longueur, là où il n'existe plus de trace de la charnière, mais seulement les deux crêtes intérieures.
Fig. 7. Profil de la valve supérieure, encore attachée à la pâte pierreuse qui a rempli la coquille, et dont la section transverse est représentée fig. 2.
Fig. 8. Individu petit et entier de l'*Hippurites bi-oculatus*.

Hippurite de Requien. *Hippurites Requienianus*. Math.

Fig. 9. Petit individu entier.
Fig. 5. Section transverse du même, à peu de distance de l'ouverture antérieure, montrant les parties de la charnière du côté gauche des crêtes, tandis qu'elles sont à droite dans l'espèce précédente.

Sphérulite de Tomas. *Sphærulites Tomasianus*. D'Orb.

Fig. 10. Petit individu vu de côté.
Fig. 11. Le même vu en arrière.

PLANCHE 45.

Perne bigorne. *Perna isognomum*. Lamk.

Fig. 1. Coquille réduite d'un tiers, valve droite vue en dessus.
Fig. 2. La même vue en dedans.

Perne mytiloïde. *Perna mytiloides*. Lamk.

Fig 3. Coquille, de grandeur naturelle, vue en dessus.

Perne de Lamarck. *Perna Lamarckii*. Desh.

Fig. 4. Valve gauche, réduite d'un tiers, vue en dedans.

Crénatule aviculaire. *Crenatula avicularis*. Lamk.

Fig. 5. Valve droite, de grandeur naturelle, vue en dessus.
Fig. 6. Valve gauche vue en dedans.

Inocérame sillonné. *Inoceramus sulcatus*. Park.

Fig. 7. Coquille de grandeur naturelle, valve gauche vue en dessus.

Inocérame concentrique. *Inoceramus concentricus*. Sow.

Fig. 8. Coquille, de grandeur naturelle, montrant sa valve droite.
Fig. 9. La même, vue du côté antérieur, pour montrer l'inégalité des valves.

PLANCHE 46.

Marteau commun. *Malleus vulgaris*. Lamk.

Fig. 1. Petit individu, fragment de la valve droite montrant la charnière.
Fig. 2. Valve gauche entière vue en dedans.

Inocérame de Lamarck. *Inoceramus Lamarckii*. Mantell.

Fig. 3. Un fragment de la charnière portant les crénelures destinées à l'insertion du ligament.
Fig. 4. Valve droite vue en dessus.

Vulselle lingulée. *Vulsella lingulata*. Lamk.

Fig. 5. Extrémité antérieure des valves, de grandeur naturelle, vues en dedans et montrant la charnière.
Fig. 6. Valve droite vue en dessus.

Gervillie silique. *Gervillia siliqua*. Deslong.

Fig. 7. Valve gauche, réduite d'un tiers, vue en dedans.
Fig. 8. La même, vue en dessus.

PLANCHE 47.

Lime commune. *Lima squamosa*. Lamk.

Fig. 1. Portion cardinale de la valve droite.
Fig. 2. Valve gauche entière, de grandeur naturelle, vue en dedans.
Fig. 3. Valve droite vue en dessus.

Lime enflée. *Lima inflata*. Lamk.

Fig. 4. Portion cardinale de la valve droite, en dedans.
Fig. 5. Valve gauche, de grandeur naturelle, vue en dedans.
Fig. 6. Valve droite vue en dessus.

Lime ouverte. *Lima hians*. Gmel.

Fig. 7. Portion cardinale de la valve droite vue en dedans.
Fig. 8. Valve gauche, de grandeur naturelle, vue en dedans.
Fig. 9. Valve droite vue en dessus.
Fig. 10. Individu entier vu du côté postérieur.
Fig. 11. Le même vu du côté antérieur.

Lime bossue. *Lima gibbosa*. Sow.

Fig. 12. Coquille, de grandeur naturelle, vue en dessus.

Lime étroite. *Lima fragilis*. Lamk.

Fig. 13. Valve droite, de grandeur naturelle, vue en dessus.

Lime de Hoper. *Lima Hoperi*. Desh.

Fig. 14. Coquille, réduite de moitié, vue en dessus.

Lime plissée. *Lima plicata*. Lamk.

Fig. 15. Valve droite vue en dedans, grandeur naturelle.
Fig. 16. La même vue en dessus.

Lime striée. *Lima striata*. Desh.

Fig. 17. Individu, de grandeur naturelle, vu en dessus; valve droite.

Lime lunulaire. *Lima lunularis*. Desh.

Fig. 18. Coquille, de grandeur naturelle, vue en dessus.
Fig. 19. Charnière.

PLANCHE 48.

Lime proboscide. *Lima proboscidea*. Sow.

Fig. 1. Valve droite d'un individu très vieux, réduite de moitié, vue en dessus.
Fig. 2. La même, vue en dedans.

Lime pectinoïde. *Lima pectinoides*. Desh.

Fig. 3. Coquille, de grandeur naturelle, montrant sa valve droite en dessus.

Houlette spondyloïde. *Pedum spondyloideum*. Lamk.

Fig. 4. Valve droite, de grandeur naturelle, vue en dedans.
Fig. 5. Valve gauche vue en dessus.
Fig. 6. Portion cardinale de la valve gauche.

PLANCHE 49.

Lime géante. *Lima gigantea*. Desh.

Fig. 1. Petit individu montrant sa valve gauche en dessus.

Lime ponctuée. *Lima punctata*. Desh.

Fig. 2. Valve gauche, de grandeur naturelle, vue en dessus.
Fig. 3. Charnière de la même valve.

Peigne de Saint-Jacques. *Pecten Jacobæus*. Lamk.

Fig. 4. Valve gauche, réduite de moitié, vue en dedans.
Fig. 5. Valve droite et portion cardinale de la droite vues en dedans.
Fig. 6. Valve gauche vue en dessus.

Peigne sole. *Pecten pleuronectes*. Lamk.

Fig. 6 *bis*. Coquille, de grandeur naturelle, les deux valves écartées de manière
à laisser voir la charnière.

Peigne de Verneuil. *Pecten Verneuili*. Desh.

Fig. 7. Valve droite, de grandeur naturelle, vue en dessus.
Fig. 8. Portion grossie.

Peigne plébéien. *Pecten plebeius*. Lamk.

Fig. 9. Valve droite, de grandeur naturelle, vue en dessus.
Fig. 10. Portion grossie.

PLANCHE 50.

Peigne de Beudant. *Pecten Beudanti.* Bast.

Fig 1. Réduit de moitié, montrant la valve droite et la charnière de la valve gauche.

Peigne operculaire. *Pecten opercularis.* Lamk.

Fig. 2. Coquille entière, ayant les valves écartées, pour montrer la charnière.
Fig. 3. Portion grossie.

Peigne à cinq côtes. *Pecten quinque-costatus.* Sow.

Fig. 4. Coquille entière, de grandeur naturelle, montrant sa valve droite en dessus.
Fig. 5. Valve gauche de la même.

Peigne nain. *Pecten pumilus.* Lamk.

Fig. 6. Une valve vue en dedans; elle est un peu grossie.

Peigne équivalve. *Pecten æquivalvis.* Sow.

Fig. 7. Coquille, réduite de moitié, montrant la valve droite.

Peigne rude. *Pecten asper.* Lamk.

Fig. 8. Valve gauche, réduite d'un tiers, vue en dessus.
Fig. 9. Détail grossi.

PLANCHE 51.

Hinnite irrégulière. *Hinnites sinuosus.* Desh.

Fig. 1. Valve gauche, de grandeur naturelle, vue en dedans, et bord cardinal de la valve droite.
Fig. 2. Valve droite vue en dessus.
Fig. 3. Coquille entière vue de profil.

Plicatule tubifère. *Plicatula tubifera.* Lamk.

Fig. 4. Valve droite, de grandeur naturelle, vue en dedans.
Fig. 5. Valve gauche vue en dessus.

Plicatule rameuse. *Plicatula ramosa.* Lamk.

Fig. 6. Valve gauche, de grandeur naturelle, vue en dedans, et charnière de la valve droite.
Fig. 7. Valve droite vue en dessus.

Spondyle pied-d'âne. *Spondylus gæderopus.* Linné.

Fig. 8. Valve gauche, réduite de moitié, vue en dedans, et charnière de la valve droite.
Fig. 9. Valve droite vue en dessus.

Plicatule pectinoïde. *Plicatula pectinoides.* Desh.

Fig. 10. Valve droite vue en dessus; elle est de grandeur naturelle.
Fig. 11. La même vue en dedans.
Fig. 12. Charnière dans les deux valves

PLANCHE 52.

Spondyle safrané. *Spondylus croceus*. Chem.

Fig. 1. Coquille réduite d'un tiers, valve droite vue en dedans.
Fig. 2. Valve gauche vue en dedans.

Spondyle râpe. *Spondylus radula*. Lamk.

Fig. 3. Coquille, de grandeur naturelle, montrant la valve droite en dessus et la
charnière de la valve gauche.
Fig. 4. Portion grossie de la valve droite.
Fig. 5. Spondyle indéterminé des environs de Doué, dont la couche corticale est
restée entière après la dissolution de la couche interne.

Spondyle épineux. *Spondylus spinosus*. Desh.

Fig. 6. Coquille entière, de grandeur naturelle, vue en dessus.

Spondyle tronqué. *Spondylus truncatus*. Desh.

Fig. 7. Valve droite, réduite de moitié, vue en dessus.
Fig. 8. La fente du crochet de la même valve
Fig. 9. Individu plus petit, contenant encore son moule intérieur, sur lequel on
distingue l'impression musculaire.
Fig. 10. Le même individu, dont les crochets ont été brisés, contenant son moule
intérieur montrant les plis des dents cardinales.

PLANCHE 53.

Huître comestible. *Ostrea edulis*. Lin.

Fig. 1 Valve droite, réduite de moitié, vue en dedans.
Fig. 2. Valve gauche vue en dessus.

Huître en cuiller. *Ostrea cochlear*. Poli.

Fig. 3. Coquille entière, de grandeur naturelle, montrant sa valve gauche.
Fig. 4. La valve droite vue en dedans.
Fig. 5. Valve gauche vue de profil.

Huître de Beauvais. *Ostrea bellovacina*. Lamk.

Fig. 6. Valve gauche, réduite d'un tiers, vue en dessus.
Fig. 7. Valve droite vue en dedans.

Huître en crochet. *Ostrea uncinata*. Lamk.

Fig. 8. Valve droite, de grandeur naturelle, vue en dedans.
Fig. 9. La même vue en dessus.

Huître costellée. *Ostrea costata*. Sow.

Fig. 10. Valve droite, de grandeur naturelle, vue en dessus.
Fig. 11. La même, vue en dedans.
Fig. 12. Valve gauche vue en dedans.

Huître de Knorr. *Ostrea Knorrii*. Woltz.

Fig. 13. Valve gauche vue en dedans, grandeur naturelle.
Fig. 14. Valve droite vue en dedans.
Fig. 15. Valve gauche vue en dessus.

PLANCHE 54.

Huître épaisse. *Ostrea crassissima*. Lamk.

Fig. 1. Coquille entière réduite de moitié.
Fig. 2, 3. Charnière des deux valves.

Huître virgule. *Ostrea virgula*. Def.

Fig. 4. Individu entier, de grandeur naturelle, montrant la valve gauche en dessus.
Fig. 5. Le même, la valve droite en dessus.

Huître latérale. *Ostrea lateralis*. Nilsson.

Fig. 6. Valve droite, de grandeur naturelle, vue en dessus.
Fig. 7. La même, vue en dedans.

Huître lunaire. *Ostrea lunata*. Nilsson.

Fig. 8. De grandeur naturelle, vue en dessus.
Fig. 9. La même, vue de profil.

Huître feuille. *Ostrea frons*. Parkinson.

Fig. 10. Individu entier, de grandeur naturelle.
Fig. 11. Valve droite vue en dedans.

PLANCHE 55.

• Huître de Marsh. *Ostrea Marshii*. Sow.
(*Flabelloides*. Lamk.)

Fig. 1. Valve gauche, réduite de moitié, vue en dedans.
Fig. 2. La même, vue en dessus.

Huître pulligère. *Ostrea pulligera*. Goldf.

Fig. 3. Grand individu vu en dessus.
Fig. 4. Individu plus petit, valve gauche vue en dedans.
Fig. 5. Valve droite vue en dessus.

Huître vésiculaire. *Ostrea vesicularis*. Lamk.

Fig. 6. Variété aplatie, vue en dedans.
Fig. 7. Variété gryphoïde, vue en dedans.

Huître rectangulaire. *Ostrea rectangularis*. Rœmer.

Fig. 8. Coquille, de grandeur naturelle, vue en dessus.

Huître de Matheron. *Ostrea Matheroniana*. D'Orb.

Fig. 9. Coquille entière, de grandeur naturelle, montrant la valve gauche.
Fig. 10. La même, montrant la valve droite.
Fig. 11. Valve gauche vue en dedans.

PLANCHE 56.

Huître colombe. *Ostrea columba*. Lamk.

Fig. 1. Coquille réduite d'un tiers, la valve gauche ayant conservé sa coloration.
Fig. 2. La même coquille montrant sa valve droite.
Fig. 3, 4. Charnière des deux valves.

Huître dilatée. *Ostrea dilatata*. Sow.

Fig. 5 Coquille, réduite d'un tiers, montrant la valve droite.
Fig. 6. Valve droite vue de profil.
Fig. 7. Exemple d'une jeune huître qui a pris l'empreinte des tubercules d'une trigonie.

Huître arquée. *Ostrea arcuata*. Lamk.

Fig. 8. Valve gauche, de grandeur naturelle, vue en dedans.
Fig. 9. Valve droite vue du même côté.

PLANCHE 57.

Huître deltoïde. *Ostrea deltoidea*. Sow.

Fig. 1. Valve gauche, réduite d'un tiers, vue en dedans.
Fig. 2. Valve droite vue en dessus.

Huître régulière. *Ostrea regularis*. Desh.

Fig. 3. Coquille entière, réduite d'un tiers, montrant la valve droite.

Huître sinueuse. *Ostrea sinuosa*. Sow.

Fig. 4. Coquille, réduite de moitié, montrant la valve droite.

Huître flabellée. *Ostrea flabellata*. Goldf.

Fig. 5. Valve gauche, réduite de moitié, vue en dedans.
Fig. 6. La même, vue en dessus.

Huître troncatelle. *Ostrea truncatella*. Desh.

Fig. 7. Coquille, de grandeur naturelle, montrant la valve droite.
Fig. 8. La valve gauche en dessus.

PLANCHE 58.

Anomie oblitérée. *Anomia obliterata*. Desh.

Fig. 1. Valve inférieure, de grandeur naturelle, vue en dedans.
Fig. 2. Valve supérieure vue en dedans.
Fig. 3. La même valve vue en dessus.

Anomie pelure-d'oignon. *Anomia ephippium*. Lin.

Fig. 4. Valve inférieure, de grandeur naturelle, vue en dedans.
Fig. 5. Valve supérieure, vue du même côté.
Fig. 6. Osselet qui sert à fixer l'animal.
Fig. 7. Profil de la valve inférieure pour faire voir la position de l'osselet à travers l'ouverture dont elle est percée.

Placune papyracée. *Placuna papyracea*. Lamk.

Fig. 8. Coquille, réduite d'un tiers, vue en dessus.
Fig. 9. Valve droite vue en dedans.

PLANCHE 59.

Térébratule tronquée. *Terebratula truncata*. Lamk.

Fig. 1. Coquille entière, de grandeur naturelle, montrant la valve supérieure.
Fig. 2. La même coquille vue du côté du crochet.
Fig. 3. Valve supérieure vue en dedans.
Fig. 4. Valve inférieure ou ventrale vue en dedans; elle contient, desséchés, les bras ciliés de l'animal.

Térébratule de Nyst. *Terebratula Nystii*. Desh.

Fig. 5. Individu entier, de grandeur naturelle, montrant la valve supérieure.
Fig. 6. Bord cardinal de la valve ventrale.
Fig. 7. Valve supérieure vue en dedans.

Térébratule de Bronn. *Terebratula Bronnii*. Desh.

Fig. 8. Individu de grandeur naturelle.

Térébratule de Walcott. *Terebratula Walcotii*.
(*Spirifer*. Sow.)

Fig. 9. Coquille entière, montrant la valve supérieure.
Fig. 10. La même, montrant la valve inférieure.

Térébratule cuspidée. *Terebratula cuspidata*.
(*Spirifer*. Sow.)

Fig. 11. Coquille entière, de grandeur naturelle, montrant l'aréa de la grande valve.
Fig. 12. Les deux valves réunies vues par le bord inférieur.

Térébratule verruqueuse. *Terebratula verrucosa*.
(*Spirifer*. De Buch.)

Fig. 13. Coquille, de grandeur naturelle, vue en dessous.
Fig. 14. La même, vue en dessus.
Fig. 15. Valve inférieure de la térébratule *Walcotii* vidée, vue en dedans.
Fig. 16. La même, vue en dessus.

Térébratule labyrinthe. *Terebratula labyrinthica*. De Kon.

Fig. 17. Individu entier, montrant le crochet et la valve supérieure.
Fig. 18. La valve supérieure vue en dedans.

Térébratule de Defrance. *Terebratula Defrancii*. Brong.

Fig. 19. Coquille, de grandeur naturelle, montrant la valve inférieure.
Fig. 20. La même, vue du côté du crochet et de la valve supérieure.

Térébratule striée. *Terebratula striata*. Desh.

Fig. 21. Coquille entière, de grandeur naturelle, montrant le crochet de la grande valve et la valve supérieure.
Fig. 22. Portion cardinale de la valve inférieure.
Fig. 23. Valve supérieure vue en dedans.

PLANCHE 60.

Térébratule vitrée. *Terebratula vitræa*. Lamk.

Fig. 1. Grand individu de grandeur naturelle

Térébratule australe. *Terebratula australis*. Quoy.

Fig. 2. Valve supérieure, vue en dedans, pour montrer la forme de l'apophyse qui soutient les bras ciliés de l'animal.

Térébratule verruqueuse. *Terebratula verrucosa*.
(*Spirifer* de Buch.)

Fig. 3. Variété très grande, de grandeur naturelle, vue en dessus.

Térébratule confondue. *Terebratula confusa*. Desh.

Fig. 4. De grandeur naturelle, montrant le deltidium et la valve supérieure.
Fig. 5. Profil de la même coquille au trait.

Térébratule lyre. *Terebratula lyra*. Sow.

Fig. 6. Coquille de grandeur naturelle, les deux valves réunies.

Pentamère conchydie. *Pentamerus conchydium*. De Vern.

Fig. 7. Coquille entière, montrant la fente du crochet et la valve supérieure.
Fig. 8. La même coquille, de profil au trait.

Térébratule décorée. *Terebratula decorata*. Schloth.

Fig. 9. Variété; coquille entière vue en dessus.
Fig. 15. La même vue de profil et de face.

Térébratule de Koninck. *Terebratula Konincki*. Desh.

Fig. 10. Coquille, réduite d'un tiers, montrant l'arca et la fente de la valve inférieure.
Fig. 11. La même, au trait, vue par le bord inférieur.

Térébratule de Walcott. *Terebratula Walcottii*. Sow.

Fig. 12. De grandeur naturelle.

Térébratule à huit plis. *Terebratula octo-plicata*. Sow.

Fig. 16. Coquille entière vue en dessus.
Fig. 17. La même, au trait, montrant son bord inférieur.

Térébratule vulgaire. *Terebratula vulgaris*. Schloth.

Fig. 18. Coquille entière de grandeur naturelle.

Térébratule ancienne. *Terebratula prisca*. Schloth.

Fig. 13. Coquille entière, vue en dessus, de grandeur naturelle.

Térébratule digone. *Terebratula digona*. Sow.

Fig. 14. Grand individu entier, de grandeur naturelle.

Térébratule tête d'oiseau. *Terebratula ornithocephala*. Sow.

Fig. 19. Coquille entière, de grandeur naturelle, vue en dessus.

Térébratule tétraèdre. *Terebratula tetraedra*. Sow.

Fig. 20. De grandeur naturelle, vue en dessus.

PLANCHE 61.

Thécidée rayonnante. *Thecidea radians*. Def.

Fig. 1. Coquille grandie deux fois, vue en dessus.
Fig. 2. Valve supérieure vue en dedans.

Dentale lisse. *Dentalium entalis*. Lin.

Fig. 3. Coquille de grandeur naturelle.

Dentale grande-taille. *Dentalium grande*. Desh.

Fig. 4. Coquille, de grandeur naturelle, vue du côté gauche.
Fig. 5. Extrémité postérieure, montrant la fente dorsale et terminale.

Dentale éburnée. *Dentalium eburneum*. Lamk.

Fig. 6. Coquille de grandeur naturelle.
Fig. 7. Extrémité postérieure, montrant la fente dorsale, extrêmement étroite dans cette espèce.

Dentale gade. *Dentalium gadus*. Lamk.

Fig. 8. Coquille de grandeur naturelle.
Fig. 9. Coquille grossie trois fois.
Fig. 10 Ouverture postérieure, qui est simple.

Dentale bifissurée. *Dentalium bifissuratum*. Desh.

Fig. 11. Coquille de grandeur naturelle.
Fig. 12. Coquille grossie trois fois.
Fig. 14. Extrémité postérieure grossie, montrant l'une des fentes; ces fentes sont semblables et latérales.

Dentale denticulée. *Dentalium denticulatum*. Desh.

Fig. 13. Coquille grossie trois fois.
Fig. 15. Coquille de grandeur naturelle.
Fig. 16. Extrémité postérieure, montrant les fentes et les dentelures de l'ouverture terminale.

Dentale massue. *Dentalium clava*. Lamk.

Fig. 17. Coquille de grandeur naturelle. Elle doit faire partie du genre *Ditrupa*, ainsi que l'espèce suivante.

Dentale subulée. *Dentalium subulatum*. Desh.

Fig. 18. De grandeur naturelle.

Dentale arqué. *Dentalium arcuatum*. Lin.

Fig. 19. De grandeur naturelle.

Dentale sexangulaire. *Dentalium sexangulare*. Brocchi.

Fig. 20. Coquille de grandeur naturelle.

Oscabrion élégant. *Chiton elegans*. Frembly.

Fig. 21. De grandeur naturelle, vue en dessus.
Fig. 22. Le même, vu en dessus.

Oscabrion épineux. *Chiton aculeatus*. Lin.

Fig. 23, *aà, f*. Les principales pièces détachées, et vues en dessous.
Fig. 24, *aà, f*. Les mêmes, vues en dessus.

PLANCHE 62.

Oscabrille striée. *Chitonellus striatus*. Lamk.

Fig. 1. Animal entier, contracté, vu en dessous.
Fig. 2. Le même vu en dessus.

Parmophore granulé. *Parmophorus granulatus*. Blainv.

Fig. 3. Coquille, de grandeur naturelle, vue en dessus.
Fig. 4. La même vue en dedans.

Émarginule déprimée. *Emarginula depressa*. Blainv.

Fig. 5. Coquille, de grandeur naturelle, vue en dessus.
Fig. 6. La même vue en dedans.

Émarginule rouge. *Emarginula fissurata*. Desh.

Fig. 7. De grandeur naturelle, vue en dessus.
Fig. 8. La même vue en dedans.

Émarginule échancrée. *Emarginula emarginata*. Blainv.

Fig. 9. De grandeur naturelle, vue en dessus.
Fig. 10. La même vue en dedans.

Lotie fragile. *Lotia fragilis*. Gray.

Fig. 11. De grandeur naturelle, vue en dessus.
Fig. 12. La même vue en dedans.

Patelle en deuil. *Patella lugubris*. Blainv.

Fig. 13. De grandeur naturelle, vue en dessus.
Fig. 14. La même, montrant l'intérieur.

Patelle transparente. *Patella pellucida*. Lin.

Fig. 15. Grand individu vu en dessus.
Fig. 16. Le même vu en dedans.

Siphonaire zoné. *Siphonaria zonata*. Desh.
(*Patella zonata*. Schub. et Wagn.)

Fig. 17. Coquille, de grandeur naturelle, vue en dessus.
Fig. 18. La même vue en dedans.

Patelle cymbulaire. *Patella cymbularia*. Lamk.

Fig. 19. De grandeur naturelle, vue en dessus.
Fig. 20. La même vue en dedans.

PLANCHE 63.

Calyphée éteignoir. *Calyphœa extinctorium*. Lamk.

Fig. 1. De grandeur naturelle, vue en dessus.
Fig. 2. La même vue en dedans.

Hipponice parasite. *Hipponix parasiticus*. Desh.

Fig. 3. Coquille, de grandeur naturelle, vue en dessus.
Fig. 4. La même vue en dedans.
Fig. 5. Impression creusée par l'animal à la surface d'une coquille.

Calyptrée difforme. *Calyptræa deformis*. Lamk.

Fig. 6. Coquille, de grandeur naturelle, vue en dessus.
Fig. 7. La même vue en dedans.

Calyptrée écaille. *Calyptræa squama*. Desh.

Fig. 8. De grandeur naturelle, vue en dessus.
Fig. 9. La même vue en dedans.

Calyptrée trochiforme. *Calyptræa trochiformis*. Lamk.

Fig. 10. Vue en dessus.
Fig. 11. Vue en dessous.

Calyptrée scabre. *Calyptræa equestris*. Lamk.

Fig. 12. De grandeur naturelle, vue en dessus.
Fig. 13. La même vue en dedans.

Calyptrée muriquée. *Calyptræa muricata*. Brocchi.

Fig. 14. Vue en dessus.
Fig. 15. La même vue en dessous.

Calyptrée maculée. *Calyptræa maculata*. Brod.

Fig. 16. Vue en dessus.
Fig. 17. La même vue en dedans.

Crépidule dilatée. *Crepidula dilatata*. Lamk.

Fig. 18. Coquille, de grandeur naturelle, vue en dessus.
Fig. 18. La même vue en dessous.

PLANCHE 64.

Fissurelle cancellée. *Fissurella græca*. Lamk.

Fig. 1. Coquille, de grandeur naturelle, vue en dessus.
Fig. 2. La même vue en dessous.

Fissurelle pustule. *Fissurella pustula*. Lamk.

Fig. 3. Grand individu vu en dessus.
Fig. 4. Le même vu en dessous.

Fissurelle à grand trou. *Fissurella macrochisma*. Sow.

Fig. 5. De grandeur naturelle, vue en dessus.
Fig. 6. La même vue en dedans.

Fissurelle à côtes. *Fissurella costaria*. Desh.

Fig. 7. Vue en dessus.
Fig. 8. Vue en dedans.
Fig. 9. Portion grossie de la surface externe.

Cabochon bonnet hongrois. *Pileopsis ungarica*. Lamk.

Fig. 10. Variété *rosea*, de grandeur naturelle, vue en dessus.
Fig. 11. La même vue en dedans.

Cabochon en écaille. *Pileopsis squamæformis*. Lamk.

Fig. 12. De grandeur naturelle, vu en dessus.
Fig. 13. Le même vu en dedans.

Hipponice corne d'abondance. *Hipponix cornu copiæ*. Def.

Fig. 14. Coquille entière, fixée sur son support, vue de profil.
Fig. 15. La même, détachée, vue en dedans.
Fig. 16. Support montrant sa surface interne.

PLANCHE 65.

Stomate auricule. *Stomatia auricula*. Lamk.

Fig. 1. Coquille, de grandeur naturelle, vue en dessus.
Fig. 2. La même vue en dessous.

Stomate argentine. *Stomatia phymotis*. Helbl.

Fig. 3. Individu, de moyenne taille, vu en dessus.
Fig. 4. Le même vu en dedans.

Stomate sulcifère. *Stomatia sulcifera*. Lamk.

Fig. 5. De grandeur naturelle, vue en dessus.
Fig. 6. La même vue en dessous.

Stomate imbriquée. *Stomatia imbricata*. Lamk.

Fig. 7. Coquille, de grandeur naturelle, vue en dessus.
Fig. 8. La même vue en dessous.

Haliotide tricostale. *Haliotis tricostalis*. Lamk.

Fig. 9. De grandeur naturelle, vue en dessus.
Fig. 10. La même vue en dedans.

Pleurotomaire sillonnée. *Pleurotomaria sulcata*. Desh.

Fig. 11. Individu de moyenne taille, ayant conservé des traces de sa coloration,
vu du côté de la spire.
Fig. 12. Le même individu vu en dessous.

Pleurotomaire allongé. *Pleurotomaria elongata*. Desh.

Fig. 13. Individu de petite taille, vu de profil, de manière à montrer la fente du
bord droit.
Fig. 14. Le même du côté de l'ouverture.

Pleurotomaire granulé. *Pleurotomaria granulata*.
(*Varietas plicata*. Goldf.)

Fig. 15. De grandeur naturelle, vu en dessus.
Fig. 16. Le même vu en dessous.

PLANCHE 66.

Pleurotomaire de Lister. *Pleurotomaria Listeri*. Desh.

Fig. 1. Coquille, de grandeur naturelle, vue en dessus.
Fig. 2. La même, du côté de l'ouverture.

Evomphale aigu. *Euomphalus acutus*. Fleming.

Fig. 3. Coquille, de grandeur naturelle, montrant sa base et le grand ombilic
      dont elle est percée.
Fig. 4. La même, de profil, du côté de l'ouverture.

Cadran de Bonelli. *Solarium pseudo-perspectivum*. Broc.

Fig. 5. De grandeur naturelle, vu en dessus.
Fig. 6. Le même vu en dessous.

Cadran évasé. *Solarium patulum*. Lamk.

Fig. 7. Grand individu vu en dessus.
Fig. 8. Le même vu en dessous.

Cadran bigarré. *Solarium variegatum*. Lamk.

Fig. 9. Coquille, de grandeur naturelle, du côté de la spire.
Fig. 10. La même vue en dessous.

Cadran d'Herbert. *Solarium Herberti*. Desh.

Fig. 11. De grandeur naturelle, vue en dessus.
Fig. 12 Le même du côté de l'ouverture
Fig. 13 L'opercule pyramidal grossi.
Fig. 14. De grandeur naturelle.

Roulette linéolée. *Rotella vestiaria*. Desh.

Fig. 15. De grandeur naturelle, du côté de la spire.
Fig. 16. Montrant l'ouverture.

Roulette monilifère. *Rotella monilifera*. Lamk.

Fig. 17. De grandeur naturelle, vue en dessus.
Fig. 18. La même, du côté de l'ouverture.

PLANCHE 67.

Turbo scabre. *Turbo rugosus*. Lin.

Fig. 1. Coquille, de grandeur naturelle, montrant l'ouverture.
Fig. 2 L'opercule de cette espèce vu en dessus.
Fig. 3. Le même vu en dessous.

Turbo sculpté. *Turbo sculptus*. Sow.

Fig. 4. De grandeur naturelle, vu en dessus
Fig. 5. Le même montrant l'ouverture.
Fig. 6. Portion grossie du dernier tour.

Troque double-bouche. *Trochus labio.* Lin.

Fig. 7. Coquille, de grandeur naturelle, montrant l'ouverture.

Troque d'Aaron. *Trochus Aaronis.* Bast.

Fig. 8. Coquille grossie d'un quart, vue du côté de l'ouverture.
Fig. 9. La même vue en dessus.
Fig. 10. Grandeur naturelle.
Fig. 11. Portion grossie du dernier tour.

Dauphinule distorte. *Delphinula distorta.* Lamk.

Fig. 12. De grandeur naturelle, vue en dessus.
Fig. 13. La même, du côté de l'ouverture.

Fripière conchyliophore. *Phorus conchyliophorus.* Born.

Fig. 14. Individu chargé de cailloux, vu de profil.
Fig. 15. Individu chargé de coquilles et de pierres, vu du côté de l'ouverture.

PLANCHE 68.

Troque-mage. *Trochus magus.* Lin.

Fig. 1. Coquille, de grandeur naturelle, montrant l'ouverture.
Fig. 2. La même vue en dessus.

Troque élargi. *Trochus patulus.* Brocchi.

Fig. 3. Coquille, de grandeur naturelle, vue du côté de l'ouverture.

Troque à collier. *Trochus monilifer.* Lamk.

Fig. 4. Coquille, de grandeur naturelle, montrant l'ouverture.
Fig. 5. La même vue en dessus.

Phasianelle bulimoïde. *Phasianella bulimoides.* Lamk.

Fig. 6. De grandeur naturelle, du côté de l'ouverture.
Fig. 7. La même vue en dessus.
Fig. 8. L'opercule vu en dessus.
Fig. 9. Le même vu en dessous.

Phasianelle petite. *Phasianella pullus.* Desh.

Fig. 10. Coquille grossie quatre fois, montrant l'ouverture.
Fig. 11. La même vue en dessus.
Fig. 12. Grandeur naturelle.

Littorine subcarinée. *Littorina duplicata.* Desh.

Fig. 13. De grandeur naturelle, montrant l'ouverture.
Fig. 14. La même vue en dessus.

Troque pagode. *Trochus fanulum.* Gmelin.

Fig. 15. De grandeur naturelle, montrant l'ouverture.
Fig. 16. Le même vu en dessus.

Turbo de Deslongchamps. *Turbo Deslongchampsi*. Desh.

Fig. 17. Coquille, de grandeur naturelle, vue du côté de l'ouverture.
Fig. 18. La même vue en dessus.

Troque-molette. *Trochus stellatus*. Desh.

Fig. 19. Coquille, de grandeur naturelle, du côté de l'ouverture.
Fig. 20. La même vue en dessus.

PLANCHE 69.

Pleurotomaire poli. *Pleurotomaria polita*. Goldf.

Fig. 1. Coquille, de grandeur naturelle, vue en dessus.
Fig. 2. La même, présentant l'ouverture.

Littorine littorale. *Littorina littorea* Fer.

Fig. 3. Coquille, de grandeur naturelle, vue en dessus.
Fig. 4. La même montrant l'ouverture.
Fig. 5. Opercule vu de face.

Littorine néritoïde. *Littorina neritoides*. Desh

Fig. 6. De grandeur naturelle, vue en dessus.
Fig. 7. La même, présentant l'ouverture.

Littorine brune. *Littorina castanea*. Desh.

Fig. 8. Vue en dessus.
Fig. 9. Vue du côté de l'ouverture.

Littorine miliaire. *Littorina miliaris*. Quoy.

Fig. 10. De grandeur naturelle, vue en dessus.
Fig. 11. La même, présentant l'ouverture.

Dauphinule à bourrelet. *Delphinula marginata*. Lamk

Fig. 12. Coquille grossie du double, ayant conservé des traces de sa coloration, vue en dessus.
Fig. 13. La même, montrant l'ouverture.
Fig. 14. Grandeur naturelle.

Turritelle proto. *Turritella proto*. Def.

Fig. 15. Individu, de grandeur naturelle, vu en dessus.
Fig. 16. Le même, du côté de l'ouverture.

Turritelle térébrale. *Turritella terebralis*. Lamk.

Fig. 17. De grandeur naturelle, présentant l'ouverture.

Turritelle multisillonnée. *Turritella multisulcata*. Lamk.

Fig. 18. De grandeur naturelle, vue en dessus
Fig. 19. La même, du côté de l'ouverture.

PLANCHE 70.

Scalaire à côtes épaisses. *Scalaria crassicostata*. Desh.

Fig. 1. Coquille, de grandeur naturelle, vue en dessus.
Fig. 2. La même, du côté de l'ouverture.
Fig. 3. Portion du dernier tour grossie.

Scalaire lamelleuse. *Scalaria pseudo-scalaris.* Brocchi.

Fig. 4. De grandeur naturelle, montrant l'ouverture.

Scalaire multilamelleuse. *Scalaria multilamella.* Bast.

Fig. 5. Coquille, de grandeur naturelle, du côté de l'ouverture.
Fig. 6. Portion grossie du dernier tour.

Bankivie variable. *Bankivia varians.* Beck.

Fig. 7. Coquille, de grandeur naturelle, vue en dessus.
Fig. 8. La même, montrant l'ouverture.

Vermet de Millet. *Vermetus Milleti.* Desh.

Fig. 9. Coquille, de grandeur naturelle, vue de profil.
Fig. 10. La même, vue en dessous.

Vermet lombrical. *Vermetus lumbricalis.* Lamk.

Fig. 11. Coquille de grandeur naturelle.

Vermet subcancellé. *Vermetus subcancellatus.* Bivona.

Fig. 12. Deux individus de grandeur naturelle.
Fig. 13. Extrémité inférieure de l'un d'eux grossi.

Vermet sablé. *Vermetus arenarius.* Desh.

Fig. 16. Coquille, de grandeur naturelle, vue en dessus.

Vermet de Touraine. *Vermetus Turonensis.* Desh.

Fig. 14. Individu entier vu de face.
Fig. 15. Fragments dans lesquels se voient les cloisons transverses.

PLANCHE 71.

Magile antique. *Magilus antiquus.* Lamk.

Fig. 1. Individu réduit d'un tiers.

Magilus antiquus junior. Genre *Leptoconchus.* Rüppel.

Fig. 2. Coquille, de grandeur naturelle, montrant l'ouverture.
Fig. 3. La même vue en dessus.

Siliquaire épineuse. *Siliquaria spinosa.* Lamk.

Fig. 4. Coquille de grandeur naturelle.

Siliquaire à courte fente. *Siliquaria brevifissurata.* Desh.

Fig. 5. Coquille de grandeur naturelle.
Fig. 6. Extrémité postérieure grossie de la même, montrant une cloison intérieure.
Fig. 7. Extrémité antérieure grossie, montrant la fente entière.

Siliquaire anguine. *Siliquaria anguina.* Lamk.

Fig. 8. Individu de grandeur naturelle.

Bifrontie disjointe. *Bifrontia disjuncta*. Desh.

Fig. 9. Coquille grossie du double, montrant l'ouverture et la base de la spire.
Fig. 10. La même vue en dessus.
Fig. 11. Profil grossi du bord droit.
Fig. 12. Grandeur naturelle.

Evomphale petit-plat. *Euomphalus catillus*. Sow.

Fig. 13. Coquille, de grandeur naturelle, vue en dessous.
Fig. 14. La même vue en dessus.
Fig. 15. La même vue de profil, et montrant l'ouverture de face.
Fig. 16. Profil du bord droit, pour en faire voir la courbure.

PLANCHE 72.

Valvée piscinale. *Valvata piscinalis*. Féruss.

Fig. 1. Coquille grossie du double du côté de l'ouverture.
Fig. 2. La même vue en dessus.
Fig. 3. Grandeur naturelle.

Valvée tricarinée. *Valvata tricarinata*. Say.

Fig. 4. Coquille grossie du double, montrant l'ouverture.
Fig. 5. La même, vue en dessous, pour faire voir son ombilic.
Fig. 6. Grandeur naturelle.

Paludine sale. *Paludina tentaculata*. Desh.

Fig. 7. De grandeur naturelle, du côté de l'ouverture.
Fig. 8. La même vue en dessus.

Valvée multiforme. *Valvata multiformis*. Desh.

Fig. 9. Variété planorbique, grossie du double, vue en dessous.
Fig. 10. La même, présentant l'ouverture.
Fig. 11. La même vue en dessus.
Fig. 12. Grandeur naturelle.
Fig. 13. Variété trachiforme, grossie du double, montrant l'ouverture.
Fig. 14. Grandeur naturelle.
Fig. 15. Variété turbinée, grandeur naturelle.
Fig. 16. La même, grossie du double, du côté de l'ouverture.

Paludine variable. *Paludina lenta*. Sow.

Fig. 17. De grandeur naturelle, du côté de l'ouverture.
Fig. 18. La même vue en dessus.

Paludine agathe. *Paludina fasciata*. Desh.

Fig. 19. De grandeur naturelle, vue en dessus.
Fig. 20. La même, montrant l'ouverture.
Fig. 21. L'opercule, vu en dessus.

Ampullaire linéolée. *Ampullaria lineolata*. Wagner.

Fig. 22. Coquille, réduite d'un tiers, montrant l'ouverture fermée de l'opercule.

Ampullaire anguleuse. *Ampullaria angulata*. Desh.

Fig. 23. Coquille, de grandeur naturelle, vue en dessus.

Ampullaire obtuse. *Ampullaria obtusa*. Desh.

Fig. 24. Coquille, réduite d'un tiers, présentant l'ouverture.

Ampullaire corne-de-bélier. *Ampullaria cornu-arietis*. Sow.

Fig. 25. Coquille, de grandeur naturelle, vue en dessus.
Fig. 26. La même vue en dessous.

PLANCHE 73.

Janthine commune. *Janthina communis*. Lamk.

Fig. 1. Coquille, de grandeur naturelle, du côté de l'ouverture.
Fig. 2. La même, du côté opposé.

Navicelle elliptique. *Navicella porcellana*. Desh.

Fig. 3. De grandeur naturelle, vue en dedans.
Fig. 4. La même, vue en dessus.
Fig. 5. L'opercule, vu en dessus.
Fig. 6. Le même, vu en dessous.

Piléole néritoïde. *Pileolus neritoides*. Desh.

Fig. 7. Coquille grossie trois fois, montrant l'ouverture.
Fig. 8. La même, vue en dessus.
Fig. 9. Grandeur naturelle, au trait et de profil.

Piléole plissé. *Pileolus plicatus*. Sow.

Fig. 10. Coquille grandie quatre fois, vue en dessous.
Fig. 11. La même, vue en dessus.
Fig. 12. Grandeur naturelle.

Néritine parée. *Neritina fluviatilis*. Lin.

Fig. 13. De grandeur naturelle, montrant l'ouverture.
Fig. 14. La même, vue en dessus.

Néritine globule. *Neritina globulus*. Def.

Fig. 15. De grandeur naturelle, du côté de l'ouverture.
Fig. 16. La même, en dessus.

Néritine conoïde. *Neritina perversa*. Gmel.

Fig. 17. Coquille réduite au quart de son volume, vue en dessous.
Fig. 18. La même, vue en dessus.
Fig. 19. La même, vue de profil du côté droit.
Fig. 20. Opercule d'un autre individu, vu en dessus.
Fig. 21. Le même, vu en dessous.

PLANCHE 74.

Mélanopside buccinoïde. *Melanopsis buccinoïdes*. Fer.

Fig. 1. Vue du côté de l'ouverture.
Fig. 2. La même, vue en dessus.

Mélanie souillée. *Melania inquinata*. Def.

Fig. 3. Variété *a*, de grandeur naturelle, montrant l'ouverture.
Fig. 4. Variété *b*, de Soissons, du côté de l'ouverture.
Fig. 5. Variété *c*, d'Épernay, du côté de l'ouverture.

Keilostome marginée. *Keilostoma marginatum*. Desh.

Fig. 6. De grandeur naturelle, du côté de l'ouverture.
Fig. 7. La même, montrant le bord droit de profil.

Diastome à petites côtes. *Diastoma costellata*. Desh.

Fig. 8. De grandeur naturelle, du côté de l'ouverture.
Fig. 9. La même, vue de manière à présenter le profil du bord droit.

Mélanie rembrunie. *Melania fuscata*. Desh.

Fig. 10. Du côté de l'ouverture.

Mélanie de Heddington. *Melania Heddingtonensis*. Sow.

Fig. 11. Coquille de grandeur naturelle, portant des restes de coloration, vue du côté de l'ouverture.
Fig. 12. La même, vue du côté opposé.

Mélanie de Morelet. *Melania Moreleti*. Desh.

Fig. 13. De grandeur naturelle, du côté de l'ouverture.
Fig. 14. La même, en dessus.

Mélanie tuberculée. *Melania tuberculata*. Lea.

Fig. 15. Montrant l'ouverture.
Fig. 16. Vue en dessus.

PLANCHE 75.

Pyrène épineuse. *Pyrena spinosa*. Lamk.

Fig. 1. De grandeur naturelle, montrant l'ouverture.
Fig. 2. La même, présentant le bord droit de profil.

Mélanopside buccinoïde. *Melanopsis buccinoïdes*. Fer.

Fig. 3. Présentant l'ouverture.
Fig. 4. Le même, vu en dessus.

Mélanopside de Parkinson. *Melanopsis Parkinsoni*. Sow.

Fig. 5. Montrant l'ouverture
Fig. 6. Le même, présentant le bord droit de profil.

Mélanopside de Dufour. *Melanopsis Dufourei*. Fer.

Fig. 7. De grandeur naturelle, vue du côté de l'ouverture.
Fig. 8. La même, vue en dessus.

Mélanopside nouveau. *Melanopsis nupera*. Say.

Fig. 9. De grandeur naturelle, offrant l'ouverture.
Fig. 10. La même, montrant l'ouverture de profil.

Io fusiforme. *Io fusiformis*. Lea.

Fig. 11. De grandeur naturelle, montrant l'ouverture.
Fig. 12. La même, montrant l'ouverture de profil.
Fig. 13. L'opercule, de grandeur naturelle, vue en dessus et en dessous.

Eulime polie. *Eulima polita*. Desh.

Fig. 14. Coquille, de grandeur naturelle, présentant l'ouverture.
Fig. 15. La même, montrant le bord droit de profil.

Eulime nitidule. *Eulima nitidula*. Desh.

Fig. 16. Coquille grossie deux fois, du côté de l'ouverture.
Fig. 17. La même, montrant le bord droit de profil.
Fig. 20. Grandeur naturelle.

Eulime courbée. *Eulima arcuata*. Desh.

Fig. 18. De grandeur naturelle, vue du côté de l'ouverture.
Fig. 19. La même, vue en dessus.

PLANCHE 76.

Pyramidelle dentée. *Pyramidella dolabrata*. Lamk.

Fig. 1. Coquille, de grandeur naturelle, présentant l'ouverture.

Pyramidelle en tarière. *Pyramidella terebellata*. Lamk.

Fig. 2. Grossie du double, du côté de l'ouverture.
Fig. 3. De grandeur naturelle.

Niso éburnée. *Niso eburnea*. Risso.

Fig. 4. De grandeur naturelle, montrant l'ouverture.
Fig. 5. Base de la coquille, pour montrer la perforation de la columelle.

Tornatelle fasciée. *Tornatella fasciata*. Lamk.

Fig. 6. De grandeur naturelle, du côté de l'ouverture.

Tornatelle demi-striée. *Tornatella semi-striata*. Bast.

Fig. 7. Coquille grandie trois fois, du côté de l'ouverture.
Fig. 8. Grandeur naturelle.
Fig. 9. Portion grossie du dernier tour.

Tornatelle enflée. *Tornatella inflata*. Fer.

Fig. 10. Grossie deux fois, montrant l'ouverture.
Fig. 11. Grandeur naturelle.
Fig. 12. Portion grossie du dernier tour.

Actéonelle géante. *Acteonella gigantea*. D'Orb.

Fig. 13. Fragment, de grandeur naturelle, montrant l'ouverture et les plis de la columelle.

Nérinée tornatelle. *Nerinœa tornatella*. Buvignier.

Fig. 14. Grand individu, montrant l'ouverture et ses plis.
Fig. 15. Petit individu, mieux conservé et plus entier, présentant l'ouverture.

Orthostome corallien. *Orthostoma corallina*.

Fig. 16. Individu de moyenne taille, présentant l'ouverture

PLANCHE 77.

Turbonille plicatule. *Turbonilla plicatula*. Desh.

Fig. 1. Coquille grossie trois fois, vue du côté de l'ouverture.
Fig. 2. La même, vue du côté opposé.
Fig. 3. Portion grossie du dernier tour.

Ringicule de Bonelli. *Ringicula Bonellii*. Desh.

Fig. 4. Grossie trois fois, vue du côté de l'ouverture.
Fig. 5. La même, vue en dessus.
Fig. 6. Grandeur naturelle.

Ringicule grimaçante. *Ringicula ringens*. Lamk.

Fig. 7. Grossie cinq fois, montrant l'ouverture.
Fig. 8. La même, vue en dessus.
Fig. 9. Grandeur naturelle.

Ringicule buccinée. *Ringicula buccinea*. Desh.

Fig. 10. Coquille grossie trois fois, du côté de l'ouverture.
Fig. 11. La même, vue en dessus.
Fig. 12. Grandeur naturelle.

Piétin d'Adanson. *Pedipes Afra*. Fer.

Fig. 13. Coquille grossie quatre fois, montrant l'ouverture.
Fig. 14. La même, vue en dessus.
Fig. 15. Grandeur naturelle.

Actéonelle lisse. *Acteonella lœvis*. D'Orb.

Fig. 16. De grandeur naturelle, vue en dessus.
Fig. 17. La même, montrant l'ouverture.

Rissoa géant. *Rissoa gigantea*. Desh.

Fig. 18. Coquille grossie d'un tiers, vue du côté de l'ouverture.
Fig. 19. La même, vue en dessus.
Fig. 20. Grandeur naturelle.

Troncatelle tronquée. *Truncatella truncatula*. Risso.

Fig. 21. Coquille grossie quatre fois, montrant l'ouverture.
Fig. 22. La même, vue en dessus.
Fig. 23. Grandeur naturelle.

PLANCHE 78.

Amphibole australe. *Amphibola nux avellana*. Schum.

Fig. 1. Coquille de grandeur naturelle, montrant l'ouverture.
Fig. 2. La même, vue en dessus.
Fig. 3. Opercule.

Amphibole fragile. *Amphibola fragilis*. Quoy et Gaim.

Fig. 4. De grandeur naturelle, du côté de l'ouverture.
Fig. 5. Vu en dessus.

Lacune pallidule. *Lacuna pallidula*. Montagu.

Fig. 6. De grandeur naturelle, montrant l'ouverture.
Fig. 7. La même, vue en dessus.

Lacune ceinturée. *Lacuna vincta*. Montagu.

Fig. 8. Coquille de grandeur naturelle, du côté de l'ouverture.
Fig. 9. La même, vue en dessus.

Litiope melanostome. *Litiopa melanostoma*. Rang.

Fig. 10. Coquille grossie du double, du côté de l'ouverture.
Fig. 11. La même, vue en dessus.

Module lenticulaire. *Modulus lenticularis*. Gray.

Fig. 12. De grandeur naturelle, du côté de l'ouverture.
Fig. 13. La même, en dessus.

Module monodonte. *Modulus unidens*. Chemn. spec.

Fig. 14. Montrant l'ouverture.
Fig. 15. Vue en dessus.

Module toit. *Modulus tectum*. Gmel.

Fig. 16. Du côté de l'ouverture.
Fig. 17. Vue en dessus.

Margarita bicolore. *Margarita bicolor*. Lesson.

Fig. 18. De grandeur naturelle, du côté de l'ouverture.
Fig. 19. La même, en dessus.

Trochotome discoïde. *Trochotoma discoidea*. Buvignier.

Fig. 20. Réduit d'un tiers, vu en dessus.
Fig. 21. Le même, vu en dessus.

Bellérophe bicarriné. *Bellerophon bicarenus*. Léveillé.

Fig. 22. Coquille réduite de moitié, montrant l'ouverture.
Fig. 23. La même, en dessus.

PLANCHE 79.

Murchisonie couronnée. *Murchisonia coronata*. Verneuil.

Fig. 1. Coquille de grandeur naturelle, vue de côté pour faire voir la fissure
du bord droit.
Fig. 2. La même, en dessus.

Quoyie tronquée. *Quoya decollata*. Desh.

Fig. 3. Coquille un peu grossie du côté de l'ouverture.
Fig. 4. La même, vue en dessus.

Quoyie de Grateloup. *Quoya Grateloupi*. Desh.

Fig. 5. Un peu grossie, vue du côté de l'ouverture.
Fig. 6. La même, en dessus.

Planaxe sillonné. *Planaxis sulcata*. Lamk.

Fig. 7. De grandeur naturelle, montrant l'ouverture.
Fig. 8. La même, en dessus.

Melanie striée. *Melania striata*. Sow.

Fig. 9. Individu entier montrant l'ouverture.

Cyclostrème bicariné. *Cyclostrema bicarinata*. Desh.

Fig. 10. Coquille de grandeur naturelle, vue en dessous.
Fig. 11. La même, en dessus.

Odostomie unidentée. *Odostomia unidentata*. Montagu.

Fig. 12. Coquille grossie trois fois, montrant l'ouverture.
Fig. 13. La même, vue en dessus.

Stylifer subulé. *Stylifer subulatus*. Brod.

Fig. 14. Grossi d'un tiers, vu en dessus.
Fig. 15. Le même, du côté de l'ouverture.

Adeorbe subcariné. *Adeorbis subcarinatus*. S. Wood.

Fig. 16. Coquille grossie trois fois, vue en dessous.
Fig. 17. La même, vue en dessus.
Fig. 18. Vue de profil.

PLANCHE 81.

Ambrette amphibie. *Succinea putris*. Lin. Spec.

Fig. 1. Coquille de grandeur naturelle, présentant l'ouverture.
Fig. 2. La même, vue en dessus.

Vitrine de Cuming. *Vitrina Cumingii*. Beck.

Fig. 3. De grandeur naturelle, présentant l'ouverture.
Fig. 4. Vue en dessus.

Vitrine verte. *Vitrina viridis*. Quoy et Gaim.

Fig. 5. De grandeur naturelle, du côté de l'ouverture.
Fig. 6. Vue en dessus.

Conovule brun. *Conovulus coffeus*. Lin. spec.

Fig. 7. De grandeur naturelle, montrant l'ouverture.
Fig. 8. La même, vue en dessus.

Auricule de Midas. *Auricula auris Midæ*. Lamk.

Fig. 9. Coquille réduite de moitié, du côté de l'ouverture.
Fig. 10. La même, vue en dessus.

Auricule de Firmin. *Auricula Firmini*. Payr.

Fig. 11. De grandeur naturelle, montrant l'ouverture.
Fig. 12. La même, vue en dessus.

Cassidule angulifère. *Cassidula angulifera*. Petit.

Fig. 13. Coquille de grandeur naturelle, du côté de l'ouverture.
Fig. 14. La même, en dessus.

Hemiauricule conovuliforme. *Hemiauricula conovuliformis*. Desh.

Fig. 15. De grandeur naturelle, offrant l'ouverture.
Fig. 16. Vue en dessus.

Avellana Casque. *Avellana cassis*. d'Orb.

Fig. 17. De grandeur naturelle, montrant l'ouverture.
Fig. 18. La même, vue en dessus.

Scarabe aveline *Scarabus imbrium*. Montf.

Fig. 19. Grand individu, du côté de l'ouverture.
Fig. 20. Le même, en dessus.

Scarabe trigone. *Scarabus trigonus*. Troschel.

Fig. 21. De grandeur naturelle, du côté de l'ouverture.
Fig. 22. Le même, vu en dessus.

PLANCHE 82.

Cyclostome bicariné. *Cyclostoma bicarinatum*. Sow.

Fig. 1. Coquille de grandeur naturelle, montrant l'ouverture.
Fig. 2. La même, vue en dessus.

Cyclostome de Martin. *Cyclostoma Martinii*. Desh.

Fig. 3. De grandeur naturelle, vue en dessous.
Fig. 4. La même, en dessus.

Cyclostome grand rebord. *Cyclostoma Labeo*. Lamk.

Fig. 5. Montrant l'ouverture.
Fig. 6. Vu en dessus.

Cyclostome petit rebord. *Cyclostoma semilabre*. Lamk.

Fig. 7. De grandeur naturelle, du côté de l'ouverture.
Fig. 8. En dessus.

Cyclostome agrafe. *Cyclostoma fibula*. Sow.

Fig. 9. Du côté de l'ouverture.
Fig. 10. Du côté du dos.

Cyclostome tordu. *Cyclostoma tortum*. Sow.

Fig. 11. De grandeur naturelle, du côté de l'ouverture.

Cyclostome momie. *Cyclostoma mumia*. Lamk.

Fig. 12. Vu du côté de l'ouverture.
Fig. 13. Vu en dessus.

Strophostome lisse. *Strophostoma lævigata*. Desh.

Fig. 14. Coquille de grandeur naturelle, montrant l'ouverture.
Fig. 15. La même, vue en dessus.
Fig. 16. Profil qui montre le contournement du dernier tour.

Pupina de Nunez. *Pupina Nunezii*. Grateloup.

Fig. 17. De grandeur naturelle, montrant l'ouverture.
Fig. 18. Vu en dessus.

Pupina vitrée. *Pupina vitræa*. Sow.

Fig. 19. Montrant l'ouverture.
Fig. 20. Vu du côté du dos.

Hélicine de la Sagra. *Helicina Sagraiana*. D'Orb.

Fig. 21. De grandeur naturelle, montrant l'ouverture.
Fig. 22. La même, vue en dessus
Fig. 23, 24. L'opercule, vu en dessus et en dessous.

PLANCHE 83.

Anostome grimaçante. *Anostoma ringens*. Lin. spec.

Fig. 1. Coquille de grandeur naturelle, montrant l'ouverture.
Fig. 2. La même, vue en dessus.

Tomogère fermé. *Tomogerus clausus*. Spix.

Fig. 3. Coquille grossie du double, du côté de l'ouverture.
Fig. 4. La même, du côté opposé.

Hélice peinte. *Helix Picta*. Born.

Fig. 5. De grandeur naturelle, vue du côté de l'ouverture.
Fig. 6. La même, vue en dessus.

Hélice enveloppée. *Helix circumdata*. Fer.

Fig. 7. De grandeur naturelle, présentant la face inférieure.
Fig. 8. La même, vue en dessus.

Hélice de la Reine. *Helix Reginœ*. Brodr.

Fig. 9. Vue en dessus.
Fig. 10. La même, du côté de l'ouverture.

Hélice contuse. *Helix contusa*. Fer.

Fig. 11. De grandeur naturelle, présentant l'ouverture.
Fig. 12. La même, vue en dessus.

Hélice plissée. *Helix plicata*. Born.

Fig. 13. De grandeur naturelle, offrant l'ouverture.
Fig. 14. La même, vue en dessus.

PLANCHE 84.

Hélice fleurie. *Helix florida*. Sow

Fig. 1. De grandeur naturelle, du côté de l'ouverture.
Fig. 2. La même, du côté opposé.

Bulime pudique. *Bulimus pudicus*. Muller.

Fig. 3. De grandeur naturelle, montrant l'ouverture.

Bulime ovoïde. *Bulimus ovoideus*. Brug.

Fig. 4. Montrant l'ouverture.

Bulime du Pérou. *Bulimus Peruvianus*. Brug.

Fig. 5. Coquille réduite d'un tiers, du côté de l'ouverture.

Bulime buriné. *Bulimus signatus*. Wagner.

Fig. 6. De grandeur naturelle, présentant l'ouverture.

Bulime obélisque. *Bulimus obeliscus*. Moric.

Fig. 7. Coquille réduite de moitié, vue du côté de l'ouverture.

Bulime de Tournefort. *Bulimus Tournefortianus*. Fer.

Fig. 8. Coquille réduite d'un tiers, présentant l'ouverture.

Bulime de Wagner. *Bulimus Wagneri*. Pfeiffer.

Fig. 9. Réduit d'un tiers, vu du côté de l'ouverture.

Bulime odontostome. *Bulimus odontostomus*. Gray.

Fig. 10. De grandeur naturelle, montrant l'ouverture.

Clausilie de Macarana. *Clausilia Macarana*. Ziegler.

Fig. 11. Réduite d'un tiers, montrant l'ouverture.
Fig. 12. La même, vue en dessus.

Maillot momie. *Pupa mumia*. Brug.

Fig. 13. De grandeur naturelle, vue du côté de l'ouverture.
Fig. 14. Le même, vue en dessus.

Megaspire allongé. *Megaspira elatior*. Pfeiffer.

Fig. 15. Coquille de grandeur naturelle, vue du côté de l'ouverture.

Glandine volute. *Glandina voluta*. Chemn.

Fig. 16. De grandeur naturelle, montrant l'ouverture.

Achatinelle ornée. *Achatinella decora*. Fer.

Fig. 17. Du côté de l'ouverture.
Fig. 18. Vue en dessus.

PLANCHE 85.

Chiline de Dombey. *Chilina Dombeiana*. Lamk.

Fig. 1. Coquille de grandeur naturelle, offrant l'ouverture.
Fig. 2. La même, vue en dessus.

Chiline Tehuelche. *Chilina Tehuelcha*. D'Orb.

Fig. 3. Vue du côté de l'ouverture.
Fig. 4. Vue en dessus.

Physe marron. *Physa castanœa*. Lamk.

Fig. 5. De grandeur naturelle, du côté de l'ouverture.
Fig. 6. Vue en dessus.

Physe géante. *Physa gigantea*. Michaud.

Fig. 7. Coquille réduite d'un tiers, du côté de l'ouverture.
Fig. 8. La même, en dessus.

Lymnée des étangs. *Lymnœa stagnalis*. Drap.

Fig. 9. De grandeur naturelle, montrant l'ouverture.

Lymnée allongée. *Lymnœa longiscata*. Brong.

Fig. 10. Montrant l'ouverture.
Fig. 11. Vue en dessus.

Lymnée de Cuming. *Lymnœa Cumingii* (*Amphipeplea*, Pfeiffer).

Fig. 12. De grandeur naturelle, du côté de l'ouverture.
Fig. 13. Vue en dessus.

Lymnée auriculaire. *Lymnœa auricularia*. Drap.

Fig. 14. Montrant l'ouverture.
Fig. 15. Vue en dessus.

Planorbe corné. *Planorbis corneus*. Drap.

Fig. 18. Grand individu, vu en dessous.

Planorbe arrondi. *Planorbis rotundatus*. Brong.

Fig. 19. De grandeur naturelle, vu en dessous.
Fig. 20. Le même, en dessus.

(N. B. Il n'a pas été publié de planches sous les numéros 86 et 87.)

PLANCHE 88.

Polycère ocellé. *Polycera ocellata*. Ald. et Hanc.

Fig. 1. Animal grandi trois fois, vu de profil.
    a, a. Tentacules céphaliques.
    b, b, b. Frange tentaculifère du manteau.
    c. Les branchies.
    d. Le pied.

Proctonote mucronifère. *Proctonotus mucroniferus*. Ald. et Hanc.

Fig. 2. Animal grossi huit fois, vu en dessus.
    a, a. Tentacules céphaliques.
    b, b. Digitations branchiales.
    c. L'anus.
    d. Le pied.

Doto couronné. *Doto coronata.* Gmel. spec.

Fig. 3. Animal grossi sept fois, vu de profil.
    a, a. Les tentacules céphaliques.
    b, b. Digitations branchiales.
    c. Le point oculaire.
    d. Le voile labial.
    e, e. Le pied.

Eumenis marbrée. *Eumenis marmorata.* Ald. et Hanc.

Fig. 4. Animal grossi quatre fois, vu en dessus.
    a, a. Tentacules céphaliques.
    b, b. Tentacules buccaux.
    c, c, c. Frange dorsale et branchiale.

Ancula à crêtes. *Ancula cristata.* Alder.

Fig. 5. Animal grossi quatre fois, vu en dessus.
    b, b. Les tentacules céphaliques, bifurqués en avant près de la base *a, a.*
    c, c. Tentacules inférieurs ou buccaux.
    d, d. Les yeux.
    e. Ouverture des organes de la génération.
    f, f. Tentacules dorsaux.
    g. Branchie.
    h. Anus placé au centre des branchies.
    i. Le pied.

Idalie ponctuée. *Idalia aspersa.* Ald. et Hancock.

Fig. 6. Animal grossi quatre fois, montrant la région dorsale.
    a, b, c. Les trois paires de longs tentacules céphaliques.
    d, d. Frange tentaculifère dorsale.
    e. Branchies.
    f f. Voile labial.
    g, g. Le pied.

Eolide d'Alder. *Eolis Alderi.* Desh.

Fig. 7. Animal un peu contracté grossi six fois, vu de côté.
    a, a. Tentacules labiaux.
    b, b. Tentacules céphaliques.
    c. Le point oculaire.
    d. Issue des organes générateurs.
    e, e, e. Digitations branchiales.
    f, f. Le pied.

Aplysiopsis orné. *Aplysiopsis elegans.* Desh.

Fig. 8. Animal grossi cinq fois, vu en dessus.
    a, a. Tentacules céphaliques, contournées en cornet, comme dans les
        aplysies.
    b, b. Digitations branchiales.
    e. Ouverture des organes de la génération.
    d, d. Le pied.

PLANCHE 89.

Dendronote arborescent. *Dendronotus arborescens*. Muller.

Fig. 1. Animal grossi deux fois, vu de côté.
  a, a. Tentacules céphaliques.
  b, b. Tentacules labiaux.
  c. Branchies arborescentes disposées en deux rangées sur le dos.
  d, d. Le pied.

Custiphore vésiculeux. *Custiphorus vesiculosus*. Desh.

Fig. 2. Animal grossi six fois, vu en dessus.
  a, a. Tentacules céphaliques.
  b, b. Les yeux.
  c, c. Vésicules branchiales.
  d. Le pied.

Goniodorus élégant. *Goniodoris gracilis*. Delle Chiaje.

Fig. 3. Animal grossi deux fois, vu en dessus.
  a, a. Tentacules céphaliques.
  b, b. Branchies.
  c. Anus.
  d. Le pied.

Doto de Forbes. *Doto Forbesii*. Desh.

Fig. 4. Animal grandi six fois, vu en dessus.
  a, a. Les tentacules céphaliques.
  b, b. Les yeux.
  c, c, c. Vésicules branchiales.
  d. Ouverture des organes de la génération.
  d'. Le pied.

Dolabelle ornée. *Dolabella ornata*. Desh.

Fig. 5. Animal grossi près de deux fois, vu en dessus.
  a, a. Tentacules labiaux.
  b, b. Tentacules céphaliques.
  c, c. Les yeux.
  d, d. La fente du manteau conduisant à l'organe branchial.
  e, e. Le pied.

Éolide agréable. *Eolis amœna*. Ald. et Hanc.

Fig. 6. Animal grossi six fois, vu en dessus.
  a, a. Tentacules buccaux.
  b, b. Tentacules céphaliques.
  c, c. Les yeux.
  d, d, d. Digitations branchiales.
  e. Le pied.

Doris bordée. *Doris limbata*. Cuv.

Fig. 7. Animal réduit de moitié, vu en dessus.
    a, a. Tentacules céphaliques.
    b, b. Le bord du manteau par lequel le pied est entièrement recouvert, si
        ce n'est en arrière *c.*
    d, d. Branchies
    e. Anus.

PLANCHE 90.

Polycère typique. *Polycera typica*. Thompson.

Fig. 1. Animal de grandeur naturelle, vu en dessus.
Fig. 2. Le même, vu en dessous.

Plocamocère ocellé. *Plocamocerus ocellatus*. Rüppell.

Fig. 3. Animal réduit d'un tiers, vu en dessus.

Tritonie boutonneuse. *Tritonia pustulosa.*

Fig. 4. Animal de grandeur naturelle, vu en dessus.
Fig. 5. Le même, vu du côté droit, pour montrer en avant l'issue des organes
    de la génération, et l'anus en arrière.

Gastéroptère de Mekel. *Gasteropteron Mekeli*. Koss.

Fig. 6. Animal de grandeur naturelle, vu en dessous.
Fig. 7. Le même, vu en dessus.

Onchidore de Leach. *Onchidorus Leachii*. Blainv.

Fig. 8. Animal de grandeur naturelle, vu de côté.
Fig. 9. Le même, vu en dessous.

Laniogère d'Elfort. *Laniogerus Elforti*. Blainv.

Fig. 10. Animal de grandeur naturelle, vu du côté droit.

PLANCHE 91.

Pleurobranchidie de Mekel. *Pleurobranchidium Mekeli*. Blain.

Fig. 1. Animal de grandeur naturelle, vu en dessus.
Fig. 2. Le même, vu en dessous.

Coriocelle.

Fig. 3. L'animal de grandeur naturelle, au trait.
Fig. 4. Le même grossi, vu en dessous.
Fig. 5. Le même, vu du côté gauche.

Doridie agathe. *Doridium achates*. Desh.

Fig. 6. Animal grossi de moitié, vu en dessus.
Fig. 7. Le même, vu en dessous.
Fig. 8. Grandeur naturelle.

Elysie verte. *Elysia viridis*. Montagu Spec.

Fig. 9. Animal grossi du double, vu en dessus, au moment où il étale son manteau.
Fig. 10. Le même, vu de profil, lorsqu'il marche le manteau relevé.
Fig. 11. Grandeur naturelle.

PLANCHE 92.

Aphysie ponctuée de blanc. *Aphysia albo punctata*. Desh.

Fig. 1. Animal réduit d'un tiers, vu de profil.
Fig. 2 Coquille intérieure, vue en dessus.

Dolabelle calleuse. *Dolabella Rumphii*. Cuvier.

Fig. 3. Animal réduit de moitié, vu du côté droit.
Fig. 4. Sa coquille intérieure de grandeur naturelle, vue en dessus.

Euplocame orangé. *Euphlocamus croceus*. Philippi.

Fig. 5. Animal de grandeur naturelle, vu en dessus, et montrant à la fois une branchie étoilée vers l'extrémité postérieure, et des digitations arborescentes sur le pourtour du manteau.

Pleurobranche ocellé. *Pleurobranchus ocellatus*. Quoy et Gaim.

Fig. 6. Animal de grandeur naturelle, vu en dessus.
Fig. 7. Le même, vu en dessous.

Notarche gélatineux. *Notarchus gelatinosus*. Cuvier.

Fig. 8. Animal de grandeur naturelle, en dessus.
Fig. 9. Le même, en dessous.
Fig. 10. Branchie détachée, grossie, et vue de côté.

PLANCHE 93.

Scyllée pélagienne. *Scyllæa pelagica*. Lin.

Fig. 1. Animal de grandeur naturelle, vu en dessus.
Fig. 2. Le même, vu du côté gauche.

Tritonie à manchettes. *Tritonia manicata*. Desh.

Fig. 3. Animal grandi du double, vu en dessus.

Glauque de Forster. *Glaucus Forsteri*. Quoy et Gaim.

Fig. 4. De grandeur naturelle, vu en dessus.
Fig. 5. Le même, en dessous.

Fucicole rousse. *Fucicola rufa*. Quoy et Gaim.

Fig. 6. Animal de grandeur naturelle, vu en dessus.
Fig. 7. Le même, vu de profil du côté droit.

Placobranche de Hasselt. *Placobrancus Hasselti*. Fer.

Fig. 8. Animal contracté de grandeur naturelle, vu en dessus.
Fig. 9. Le même, en dessous.

Phyllidie à trois lignes. *Phyllidia trilineata*. Cuv

Fig. 10. De grandeur naturelle, vu en dessus.

PLANCHE 100.

Cuvierie colonnette. *Cuvieria columnella*. Rang.

Fig. 1. Coquille vue en dessus, grandie trois fois.
Fig. 2. La même, vue de côté.
Fig. 3. L'animal grossi quatre fois, contenu dans sa coquille.

Spiriale ventrue. *Spirialis ventricosa*. Souleyet.

Fig. 4. Coquille grossie dix fois, vue en dessus.
Fig. 5. La même, montrant l'ouverture.
Fig. 6. L'animal contenu dans sa coquille.

Euribie de Gaudichaud. *Euribia Gaudichaudi*. Souleyet.

Fig. 7. L'animal grossi trois fois, contenu dans son enveloppe cutanée.
Fig. 8. Cette enveloppe, détachée et fermée, vue de face.
Fig. 9. La même ouverte, vue de profil.

Pneumoderme de Péron. *Pneumodermon Peronii*. Lamk.

Fig. 10. Animal grossi deux fois, vu en dessous, le pied étant dilaté.
Fig. 11. Le même, ayant le pied contracté.
Fig. 12. Le même, vu en dessus.

Clio longue queue. *Clio longicauda*. Souleyet.

Fig. 13. Animal grossi trois fois, vu de côté.
Fig. 14. Le même, vu en dessus.

PLANCHE 101.

Atlante de Keraudren. *Atlanta Keraudreni*. Lesueur.

Fig. 1. Animal grossi sept fois, contenu dans sa coquille.
Fig. 2. La coquille au même grossissement, vue de profil.
Fig. 3. La même, vue de face, présentant l'ouverture.
Fig. 4. La même, du côté dorsal.

Carinaire de la Méditerranée. *Carinaria Mediterranea*. Péron.

Fig. 5. Animal réduit de moitié, portant sa coquille.
    a. La trompe.
    b. Les tentacules.
    c. Le pied.

d. La ventouse du pied.
e. L'estomac.
f. La coquille.
g. Les branchies.
h. Le foie et les viscères.

Atlante enroulée. *Atlanta spirata*. Souleyet.

Fig. 6. Coquille grossie dix fois, montrant la spire.
Fig. 7. La même, vue par la base, percée d'un ombilic.
Fig. 8. La même, vue de profil, et présentant l'ouverture de face.

Psyché globuleuse. *Psyche globulosa*. Rang.

Fig. 10. Animal dans sa coquille, grandeur naturelle.
Fig. 11. Le même, vu de profil.
Fig. 12. Le même, vu de face.
Fig. 13. La coquille détachée.

Thiedmannie de Naples. *Thiedmannia Napolitana*. Van Beneden.

Fig. 14. Animal de grandeur naturelle, vu en dessus.

PLANCHE 102.

Cymbulie de Péron. *Cymbulia Peronii*. Cuv.

Fig. 1. La coquille cartilagineuse de grandeur naturelle, vue de face.
Fig. 2. La même, vue de profil.
Fig. 3. La même, avec l'animal.

Firoloïde de Desmarest. *Firoloides Desmaresti*. Souleyet.

Fig. 4. Animal un peu réduit, vu de profil.

Carinaroïde placenta. *Carinaroides placenta*. Souleyet.

Fig. 5. Animal de grandeur naturelle, vu de profil.

Firole de Keraudren. *Firola Keraudreni*. Souleyet.

Fig. 6. Animal réduit d'un tiers, vu de profil.

PLANCHE 103.

Hyale tridentée. *Hyalea tridentata*. Lamk.

Fig. 1. L'animal et sa coquille, grossis du double.

Hyale tricuspide. *Hyalea tricuspidata*. Lesueur.

Fig. 2. L'animal dans sa coquille, grossi du double.
Fig. 3. La coquille seule, sous le même grossissement.

Cléodore cuspidée. *Cleodora cuspidata.* Bosc.

Fig. 4. L'animal dans sa coquille.
Fig. 5. Coquille, vue du côté ventral.
Fig. 6. La même, vue de profil.

Creseis virgule. *Creseis virgula.* Rang.

Fig. 7. Animal dans sa coquille, grossi dix fois.
Fig. 13, 14. Variétés de la coquille.

Cléodore bourse. *Cleodora balantium.* Rang.

Fig. 8. Animal dans sa coquille, un peu grossi.
Fig. 9. La coquille, vue de face.
Fig. 10. La même, vue de profil.

Creseis annelée. *Creseis annulata.* Rang.

Fig. 11. Coquille, vue de face.
Fig. 12. La même, vue de côté, pour montrer son aplatissement.

PLANCHE 104.

Cerithium gibbeux. *Cerithium gibberosum.* Grat.

Fig. 1. Coquille de grandeur naturelle, montrant l'ouverture.
Fig. 2. La même, vue du côté opposé.

Cerite chenille. *Cerithium aluco.* Brug.

Fig. 3. De grandeur naturelle, présentant l'ouverture.

Cerite de Deslongchamps. *Cerithium Deslongchampsi.* Desh.

Fig 4. Coquille de grandeur naturelle, montrant l'ouverture.
Fig. 5. La même, vue en dessus.
Fig. 6. Un tour très grossi, pour en faire voir la structure extérieure.

Cerite armé. *Cerithium armatum.* Goldf.

Fig. 7. De grandeur naturelle, du côté de l'ouverture.
Fig. 8. La même, vue en dessus.
Fig. 9. Un tour très grossi.

Cerite hexagone. *Cerithium hexagonum.* Lamk.

Fig. 10. De grandeur naturelle, du côté de l'ouverture.
Fig. 11. La même, en dessus.

Cerite changeant. *Cerithium mutabile.* Lamk.

Fig. 12. Montrant l'ouverture.
Fig. 13. Vu du côté droit.

Cerite calcitrapoïde. *Cerithium calcitrapoides*. Lamk.

Fig. 14. Du côté de l'ouverture.
Fig. 15. Vu en dessus.

Cerite papal. *Cerithium papale*. Desh.

Fig. 16. Coquille de grandeur naturelle, présentant l'ouverture.
Fig. 17. La même, vue en dessus.

Cerite peint. *Cerithium pictum*. Bast.

Fig. 18. De grandeur naturelle, montrant l'ouverture.
Fig. 19. Vu en dessus.

PLANCHE 105.

Cerite vulgaire. *Cerithium vulgatum*. Brug.

Fig. 1. De grandeur naturelle, du côté de l'ouverture.
Fig. 2. Le même, vu en dessus.

Cerite télescope. *Cerithium thelescopium*. Brug.

Fig. 3. Coquille de grandeur naturelle, montrant l'ouverture.
Fig. 4. La même, vue en dessus.

Cerite perlé. *Cerithium margaritaceum*. Brong.

Fig. 5. Du côté de l'ouverture.
Fig. 6. Vu en dessus.

Cerite de Boblaye. Cerithium Boblayi. Desh.

Fig. 7. De grandeur naturelle, du côté de l'ouverture.
Fig. 8. Le même, en dessus.
Fig. 9. Un tour très grossi.

Pleurotome linéolé. *Pleurotoma lineolata*. Lamk.

Fig. 10. Petit exemplaire, mais ayant bien conservé sa coloration, vu du côté
de l'ouverture.
Fig. 11. Le même, vu en dessus.

Pleurotome denté. *Pleurotoma dentata*. Lamk.

Fig. 12. De grandeur naturelle, offrant l'ouverture.
Fig. 13. Le même, vu en dessus.

PLANCHE 106.

Pyrule cornue. *Pyrula araucana*. Linné.

Fig. 1. Coquille réduite de moitié, présentant l'ouverture.

Ficule tissue. *Ficula nexilis*. Lamk. Spec.

Fig. 2. Coquille de grandeur naturelle, du côté de l'ouverture.
Fig. 3. La même, vue en dessus.

Ficule cachée. *Ficula condita*. Brong.

Fig. 4. De grandeur naturelle, du côté de l'ouverture.
Fig. 5. La même, vue en dessus.

Ficula réticulée. *Ficula ficus*. Lamk.

Fig. 6. De grandeur naturelle, offrant l'ouverture.

Pleurotome interrompu. *Pleurotoma interrupta*. Brocchi.

Fig. 7. Coquille réduite d'un tiers, présentant l'ouverture.
Fig. 8. La même, vue en dessus.

PLANCHE 107.

Fuseau de Bordeaux. *Fusus Burdigalensis*, Bast.

Fig. 1. De grandeur naturelle, montrant l'ouverture.
Fig. 2. Le même, en dessus.

Fuseau de Noé. *Fusus Noæ*. Lamk.

Fig. 3. De grandeur naturelle, du côté de l'ouverture.

Fuseau subcariné. *Fusus subcarinatus*. Lamk.

Fig. 4. Montrant l'ouverture.
Fig. 5. Vu en dessus.

Fuseau bulbiforme. *Fusus bulbiformis*. Lamk.

Fig. 6. Du côté de l'ouverture.

Pyrule lisse. *Pyrula lævigata*. Lamk.

Fig. 7. Grandeur naturelle, présentant l'ouverture.
Fig. 8. La même, en dessus.

PLANCHE 108.

Scolymus Rave. *Scolymus rapa*. Lamk. spec.

Fig. 1. Coquille réduite de moitié, montrant l'ouverture.

Fasciolaire robe de Perse. *Fasciolaria trapezium*. Lamk.

Fig. 2. Coquille réduite de moitié, montrant l'ouverture.

Turbinelle cornigère. *Turbinella cornigera*. Lamk.

Fig. 3. Coquille réduite d'un tiers, présentant l'ouverture.

Turbinelle porte-ceinture. *Turbinella cingulifera*. Lamk.

Fig. 4. Coquille de grandeur naturelle, du côté de l'ouverture.
Fig. 5. La même, du côté droit.

Turbinelle étroite. *Turbinella infundibulum*. Lamk.

Fig. 6. Coquille de grandeur naturelle, montrant l'ouverture.

Nérinée noueuse. *Nerinæa nodosa*. Voltz.

Fig. 7. Coquille de grandeur naturelle, montrant les plis de la columelle.

Nérinée hiéroglyphique. *Nerinæa Bruntrutana*. Voltz.

Fig. 8. Section longitudinale d'un individu de grandeur naturelle.

Trifore plissé. *Triforis plicatus*. Desh.

Fig. 9. Coquille grossie trois fois, vue du côté droit.
Fig. 10. La même, vue du côté gauche.
Fig. 11. Grandeur naturelle.

PLANCHE 109.

Cancellaire cabestan. *Cancellaria trochlearis*. Faujas.

Fig. 1. Coquille de grandeur naturelle, vue en dessus.
Fig. 2. La même, montrant l'ouverture.

Cancellaire perforée. *Cancellaria umbilicaris*. Brocchi.

Fig. 3. De grandeur naturelle, vue en dessus.
Fig. 4. La même, montrant l'ouverture.

Cancellaire treillissée. *Cancellaria cancellata*. Lin.

Fig. 5. Variété linéolée, vue en dessus.
Fig. 6. La même, du côté de l'ouverture.

Cancellaire de Brander. *Cancellaria Evulsa*. Sow.

Fig. 7. Coquille de grandeur naturelle, montrant l'ouverture.

Fuseau senestre. *Fusus sinistrorsus*. Desh.

Fig. 8. Coquille réduite d'un tiers, présentant l'ouverture.

Fuseau contraire. *Fusus contrarius*. Gmel. Sow.

Fig. 9. Coquille de grandeur naturelle, vue en dessus.
Fig. 10. La même, vue du côté de l'ouverture.

PLANCHE 110.

Triton tuberculeux. *Triton lampas*. Lamk.

Fig. 1. Coquille réduite au quart de sa grandeur, vue du côté de l'ouverture.

Triton nodifère. *Triton nodiferum*. Lamk.

Fig. 2. Coquille réduite au quart de sa grandeur naturelle, montrant l'ouverture.

Triton maculé. *Triton maculosum*. Lamk.

Fig. 3. Coquille un peu réduite, offrant l'ouverture.

Triton anus. *Triton anus*. Lamk.

Fig. 4. Coquille de grandeur naturelle, du côté de l'ouverture.
Fig. 5. La même, vue en dessus.

Triton masque. *Triton personnatum*. M. de Serres.

Fig. 6. De grandeur naturelle, vu du côté de l'ouverture.

Triton voisin. *Triton affine*. Desh.

Fig. 7. De grandeur naturelle, montrant l'ouverture.

Triton nodulaire. *Triton nodularium*. Lamk.

Fig. 8. De grandeur naturelle, du côté de l'ouverture.

PLANCHE 111.

Rocher chicorée rousse. *Murex rufus*. Lamk.

Fig. 1. Coquille de grandeur naturelle, montrant l'ouverture.
Fig. 2. La même, vue en dessus.

Rocher droite épine. *Murex brandaris*. Lin.

Fig. 3. Présentant l'ouverture.
Fig. 4. Vu en dessus.

Rocher de Blainville. *Murex Blainvillei*. Payr.

Fig. 5. Du côté de l'ouverture.
Fig. 6. Vu en dessus.

Rocher langue-de-bœuf. *Murex lingua-bovis*. Bast.

Fig. 7. De grandeur naturelle, du côté de l'ouverture.

Rocher tricariné. *Murex tricarinatus*. Lamk.

Fig. 8. Montrant l'ouverture.
Fig. 9. Vu en dessus.

PLANCHE 112.

Ranelle de Lamark. *Ranella Lamarkii*. Desh.

Fig. 1. Coquille de grandeur naturelle, vue en dessus.
Fig. 2. La même, montrant l'ouverture.

Ranelle granuleuse. *Ranella crassa*. Dillw.

Fig. 3. Coquille vue en dessus.

Ranelle lisse. *Ranella lævigata*. Lamk.

Fig. 4. Vue en dessus.
Fig. 5. Du côté de l'ouverture.

Rocher élégant. *Murex elegans*. Beck.

Fig. 6. Vu en dessus.
Fig. 7. Vu du côté de l'ouverture.

Rocher fascié. *Murex trunculus*. Linné.

Fig. 8. Coquille un peu réduite, vue du côté de l'ouverture.

Rocher érinacé. *Murex erinaceus*. Lin.

Fig. 9. De grandeur naturelle, présentant l'ouverture.

PLANCHE 113.

Typhis triptère. *Typhis tripterus*. Grateloup.

Fig. 1. Coquille grossie du double, vue en dessus.
Fig. 2. La même, montrant l'ouverture.
Fig. 3. Grandeur naturelle.

Typhis tétraptère. *Typhis tetrapterus*. Bronn.

Fig. 4. Grossie du double, vue en dessus.
Fig. 5. La même, du côté de l'ouverture.
Fig. 6. Grandeur naturelle.

Typhis tubifère. *Typhis tubifer*. Lamk.

Fig. 7. Coquille grossie deux fois, vue en dessus.
Fig. 8. La même, montrant l'ouverture.
Fig. 9. Grandeur naturelle.

Struthiolaire noduleuse. *Struthiolaria pes struthiocameli*. Chemnitz.

Fig. 10. Coquille un peu réduite, vue du côté de l'ouverture.
Fig. 11. La même, de profil du côté droit, pour montrer la sinuosité de l'ouverture.

Rostellaire bec-arqué. *Rostellaria curvirostris*. Lamk.

Fig. 12. Coquille réduite de moitié, vue en dessus.
Fig. 13. La même, présentant l'ouverture.

PLANCHE 114.

Rostellaire macroptère. *Rostellaria macroptera*. Lamk.

Fig. 1. Coquille réduite de moitié, vue en dessus.
Fig. 2. La même, vue en dessous.

Aporrhaïs pied de pélican. *Aporrhais pes pelicani*. Lin. Spec.

Fig. 3. Coquille de grandeur naturelle, vue en dessus.
Fig. 4. La même, présentant l'ouverture.

Aporrhaïs de Margerin. *Aporrhais Margerini*. De Koninck.

Fig. 5. De grandeur naturelle, vue en dessus.
Fig. 6. La même, vue en dessous.

Rostellaire fissurelle. *Rostellaria fissurella*. Lamk.

Fig. 7. De grandeur naturelle, vu en dessus.
Fig. 8. Le même, du côté de l'ouverture.

PLANCHE 115.

Strombe aile cornue. *Strombus tricornis*. Lamk.

Fig. 1. Coquille réduite de moitié, montrant l'ouverture.

Strombe de Fortis. *Strombus Fortisi*. Brong.

Fig. 2. Coquille réduite d'un tiers, montrant l'ouverture.

Strombe treillissé. *Strombus decussatus*. Bast.

Fig. 3. De grandeur naturelle, présentant le bord droit en avant pour en montrer la double sinuosité.

Strombe tridenté. *Strombus samar*. Chemnitz.

Fig. 4. Coquille de grandeur naturelle, du côté de l'ouverture.

Strombe orné. *Strombus bartoniensis*. Sow.

Fig. 5. Coquille grossie deux fois, du côté de l'ouverture.
Fig. 6. La même, vue en dessus.

Ptérocère à pieds nombreux. *Pterocera multipes*. Desh.

Fig. 7. Coquille réduite de moitié, présentant l'ouverture.

Ptérocère de la Meuse. *Pterocera Mosensis*. Buvignier.

Fig. 8. Fragment assez étendu de la coquille. (Voy. Buvignier, *Géologie de la Meuse.* pl. XXIX, fig. 6-7, la coquille figurée entière.)

Tarière oublie. *Terebellum convolutum*. Lamk.

Fig. 9. Coquille réduite d'un tiers, montrant l'ouverture.
Fig. 10. La même, vue en dessus.

Tarière subulée. *Terebellum subulatum*. Lamk.

Fig. 11. Réduite d'un tiers, vue du côté de l'ouverture.
Fig. 12. La même, vue en dessus.

PLANCHE 116.

Casque saburon. *Cassis saburon*. Lamk.

Fig. 1. Coquille réduite d'un tiers, ouverture vue de face.

Casque de Grateloup. *Cassis Grateloupi*. Desh.

Fig. 2. Coquille réduite d'un tiers, montrant l'ouverture.

Casque rouge. *Cassis rufa*. Lamk.

Fig. 3. Coquille réduite des deux tiers, l'ouverture vue de face.

Casque frangé. *Cassis fimbriata*. Quoy et Gaim.

Fig. 4. Coquille réduite d'un tiers, offrant l'ouverture.

Casque en harpe. *Cassis harpæformis*. Lamk.

Fig. 5. De grandeur naturelle, du côté de l'ouverture.

Cassidaire cariné. *Cassidaria nodosa*. Brand. spec.

Fig. 6. Coquille réduite d'un tiers, montrant l'ouverture.

Cassidaire tyrrhénienne. *Cassidaria tyrrhena*. Lamk.

Fig. 7. Coquille réduite de moitié, l'ouverture de face.

Oniscie cancellée. *Oniscia cancellata*. Sow.

Fig. 8. Coquille réduite d'un tiers, vue en dessus.
Fig. 9. La même, montrant l'ouverture.

Pseudolive pesante. *Pseudoliva plumbea*. Swains.

Fig. 10. Coquille réduite d'un tiers, vue en dessus.
Fig. 11. La même, ayant l'ouverture de face.

PLANCHE 117.

Harpe articulaire. *Harpa articularis*. Lamk.

Fig. 1. Coquille réduite de moitié, ouverture de face.
Fig. 2. La même, vue en dessus.

Harpe mutique. *Harpa mutica*. Lamk.

Fig. 3. De grandeur naturelle, montrant l'ouverture.

Harpe élégante. *Harpa elegans*. Desh.

Fig. 4. De grandeur naturelle, du côté de l'ouverture.
Fig. 5. Détail grossi de la surface.

Tonne cassidiforme. *Dolium pomum*. Lin. spec.

Fig. 6. Coquille réduite de moitié, présentant l'ouverture.
Fig. 7. La même, vue en dessus.

Tonne denticulée. *Dolium denticulatum*. Desh.

Fig. 8. Réduite d'un tiers, montrant l'ouverture.

Tonne perdrix. *Dolium perdix*. Lamk.

Fig. 9. Coquille réduite des deux tiers, du côté de l'ouverture.
Fig. 10. La même, vue en dessus.

Concholepas du Pérou. *Concholepas peruvianus*. Lamk.

Fig. 11. Réduit de moitié, l'ouverture vue de face.

Concholepas de Cuvier. *Concholepas Cuvieri*. Desh.

Fig. 12. Coquille de grandeur naturelle, montrant l'ouverture.
Fig. 13. La même, vue en dessus.

PLANCHE 118.

Vis du Sénégal. *Terebra Senegalensis*. Lamk.

Fig. 1. Coquille de grandeur naturelle, montrant l'ouverture.

Vis de Touraine. *Terebra Turonica*. Desh.

Fig. 2. Coquille réduite d'un tiers, vue du côté de l'ouverture.

Vis tressée. *Terebra duplicata*. Lin. spec.

Fig. 3. De grandeur naturelle, l'ouverture vue de face.

Vis pointillée. *Terebra pertusa*. Bast.

Fig. 4. De grandeur naturelle, du côté de l'ouverture.
Fig. 5. Un tour grossi.

Vis plicatule. *Terebra plicatula*. Lamk.

Fig. 6. De grandeur naturelle, présentant l'ouverture.

Buccin d'André. *Buccinum Andrei*. Bast.

Fig. 7. Coquille de grandeur naturelle, montrant l'ouverture.

Buccin croisé. *Buccinum decussatum*. Lamk.

Fig. 8. Coquille grossie du double, l'ouverture vue de face.
Fig. 9. Une portion de la surface très grossie.
Fig. 10. Grandeur naturelle.

Buccin stromboïde. *Buccinum stromboides*. Lamk.

Fig. 11. De grandeur naturelle, montrant l'ouverture.

Buccin lisse. *Buccinum lævigatum*. Martini. (*Bullia Gray*.)

Fig. 12. De grandeur naturelle, l'ouverture vue de face.

Buccin ondé. *Buccinum undatum*. Lin.

Fig. 13. Coquille réduite de moitié, montrant l'ouverture.

Buccin en lyre. *Buccinum lyratum*. Lamk.

Fig. 14. De grandeur naturelle, présentant l'ouverture.
Fig. 15. Le même, vu en dessus.

Nasse casquillon. *Nassa arcularia*. Lamk.

Fig. 16. De grandeur naturelle, du côté de l'ouverture.

Nasse réticulée. *Nassa reticulata*. Lin. spec.

Fig. 17. De grandeur naturelle, offrant l'ouverture.

Nasse néritoïde. *Nassa neritoides*. Lamk.

Fig. 18. De grandeur naturelle, vue de face.
Fig. 19. La même, vue en dessus.

PLANCHE 119.

Pourpre antique. *Purpura patula*. Lamk.

Fig. 1. Coquille réduite d'un tiers, vue du côté de l'ouverture.
Fig. 2. La même, vue en dessus.

Pourpre francolin. *Purpura francolinus*. Lamk.

Fig. 3. De grandeur naturelle, vue du côté de l'ouverture.

Licorne monachante. *Monoceros monachantos*. Brocchi.

Fig. 4. De grandeur naturelle, offrant l'ouverture.

Licorne glabre. *Monoceros glabratum*. Lamk.

Fig. 5. De grandeur naturelle, l'ouverture vue de face.

Pourpre hérisson. *Purpura histrix*. Lamk.

Fig. 6. De grandeur naturelle, vue du côté de l'ouverture.

Ricinule muriquée. *Ricinula horrida*. Lamk.

Fig. 7. Coquille réduite de moitié, montrant l'ouverture.
Fig. 8. La même, vue en dessus.

Ricinule lobée. *Ricinula lobata*. Blainv.

Fig. 9. Réduite d'un tiers, vue du côté de l'ouverture.
Fig. 10. La même, vue en dessus.

Ricinule mutique. *Ricinula mutica*. Lamk.

Fig. 11. De grandeur naturelle, du côté de l'ouverture.
Fig. 12. La même, vue en dessus.

Trichotrope bicariné. *Trichotropis bicarinatus*. Sow.

Fig. 13. Coquille de grandeur naturelle, l'ouverture vue de face.
Fig. 14. La même, vue en dessus.

PLANCHE 120.

Cône damier. *Conus marmoreus*. Lin.

Fig. 1. Coquille réduite du tiers, vue du côté de l'ouverture.

Cône brocard. *Conus geographus*. Lin.

Fig. 2. Coquille réduite de moitié, montrant l'ouverture.

Cône crénulé. *Conus crenulatus*. Desh.

Fig. 3. De grandeur naturelle, présentant l'ouverture.

Cône bâtonnet. *Conus tendineus*. Brug.

Fig. 4. Coquille réduite d'un tiers, du côté de l'ouverture.

Cône nussatelle. *Conus nussatella*. Lin.

Fig. 5. Coquille réduite d'un tiers, montrant l'ouverture.

Cône antédiluvien. *Conus antediluvianus*. Brug.

Fig. 6. De grandeur naturelle, du côté de l'ouverture.

Cône de Paris. *Conus Parisiensis*. Desh.

Fig. 7. De grandeur naturelle, montrant l'ouverture.

Cône de Dujardin. *Conus Dujardini*. Desh.

Fig. 8. De grandeur naturelle, du côté de l'ouverture.

Colombelle lancéolée. *Columbella lanceolata*. Sow.

Fig. 9. De grandeur naturelle, du côté de l'ouverture.
Fig. 10. La même, vue en dessus.

Colombelle grande. *Columbella major*. Sow.

Fig. 11. Montrant l'ouverture.
Fig. 12. Vue en dessus.

Colombelle thiare. *Columbella thiara*. Brocchi.

Fig. 13. De grandeur naturelle, l'ouverture vue de face.

Colombelle monodactyle. *Columbella monodactylus*. Desh.

Fig. 14. De grandeur naturelle, montrant l'ouverture.

Colombelle érythrostome. *Columbella erythrostoma*. Bonelli.

Fig. 15. De grandeur naturelle, vue du côté de l'ouverture.

PLANCHE 121.

Mitre episcopale. *Mitra episcopalis*. Lamk.

Fig. 1. Coquille réduite de moitié, du côté de l'ouverture.
Fig. 2. La même, en dessus.

Mitre stigmataire. *Mitra stigmataria*. Lamk.

Fig. 3. De grandeur naturelle, montrant l'ouverture.
Fig. 4. La même, vue en dessus.

Mitre allongée. *Mitra elongata*. Lamk.

Fig. 5. De grandeur naturelle, du côté de l'ouverture.
Fig. 6. La même, vue en dessus.

Mitre fusiforme. *Mitra fusiformis*. Brocchi.

Fig. 7. Montrant l'ouverture.
Fig. 8. La même, en dessus.

Mitre labratule. *Mitra labratula*. Lamk.

Fig. 9. Vue du côté de l'ouverture.
Fig. 10. Vue en dessus.

Mitre écrite. *Mitra litterata*. Lamk.

Fig. 11. Coquille réduite d'un quart, du côté de l'ouverture.
Fig. 12. La même, en dessus.

Mitre marbrée. *Mitra conica*. Schumaker.

Fig. 13. Coquille de grandeur naturelle, montrant l'ouverture.
Fig. 14. La même, vue en dessus.

PLANCHE 122.

Volute de Milton. *Voluta (melo) Miltonis*. Gray

Fig. 1. Coquille réduite de moitié, vue en dessus.
Fig. 2. La même, montrant l'ouverture.

Volute petit dé. *Voluta digitalina*. Lamk.

Fig. 3. De grandeur naturelle, vue en dessus.
Fig. 4. La même, présentant l'ouverture.

Volute musique. *Voluta musicalis*. Lin.

Fig. 5. Réduite d'un tiers, vue en dessus.
Fig. 6. La même, l'ouverture vue de face.

Volute harpe. *Voluta cithara*. Lamk.

Fig. 7. Coquille jeune et réduite d'un quart, montrant l'ouverture.
Fig. 8. La même, en dessus.

Volute rare épine. *Voluta rarispina*. Lamk.

Fig. 9. De grandeur naturelle, vue en dessus.
Fig. 10. La même, du côté de l'ouverture.

PLANCHE 123.

Éburne parquetée. *Eburna areolata*. Lamk.

Fig. 1. Coquille réduite d'un tiers, présentant l'ouverture.
Fig. 2. La même, vue en dessus.

Phos asperelle. *Phos senticosus*. Montf.

Fig. 3. De grandeur naturelle, montrant l'ouverture.

Volvaire hyaline. *Volvaria pallida*. Lamk.

Fig. 4. De grandeur naturelle, du côté de l'ouverture.
Fig. 5. Vue en dessus.

Volvaire bulloïde. *Volvaria bulloides*. Lamk.

Fig. 6. Montrant l'ouverture.
Fig. 7. Vue en dessus.

Marginelle de Cuvier. *Marginella Cuvieri*. Desh.

Fig. 8. Coquille réduite d'un quart, l'ouverture vue de face.

Marginelle à cinq plis. *Marginella quinque plicata*. Lamk.

Fig. 9. Coquille de grandeur naturelle, du côté de l'ouverture.

Marginelle de Deshayes. *Marginella Deshayesi*. Michel.

Fig. 10. De grandeur naturelle, l'ouverture vue de face.

Marginelle d'Adanson. *Marginella Adansoni*. Kiener.

Fig. 11. De grandeur naturelle, montrant l'ouverture.

Marginelle double varice. *Marginella bivaricosa*. Lamk.

Fig. 12. De grandeur naturelle, montrant l'ouverture.

Marginelle nitidule. *Marginella nitidula*. Desh.

Fig. 13. De grandeur naturelle, présentant l'ouverture.

Érato cypréole. *Erato lævis*. Montagu.

Fig. 14. De grandeur naturelle, vue du côté de l'ouverture.

Ancillaire canelle. *Ancillaria cinnamomea*. Lamk.

Fig. 15. L'ouverture vue de face.

Ancillaire blanche. *Ancillaria candida*. Lamk.

Fig. 16. De grandeur naturelle, ouverture vue de face.

Ancillaire glandiforme. *Ancillaria glandiformis*. Lamk.

Fig. 17. De grandeur naturelle, présentant l'ouverture.

Ancillaire buccinoïde. *Ancillaria buccinoides*. Lamk.

Fig. 18. Montrant l'ouverture.

Ancillaire allongée. *Ancillaria glabrata*. Sow.

Fig. 19. L'ouverture vue de face.

Ancillaire à gouttière. *Ancillaria canalifera*. Lamk.

Fig. 20. De grandeur naturelle, du côté de l'ouverture.

Ancillaire conoïde. *Ancillaria conoidea*. Desh.

Fig. 21. De grandeur naturelle, montrant l'ouverture.

PLANCHE 124.

Ovule navette. *Ovula volva*. Lamk.

Fig. 1. Coquille de grandeur naturelle, du côté de l'ouverture.
Fig. 2. La même, vue en dessus.

Ovule infléchie. *Ovula deflexa*. Sow.

Fig. 3. Grandeur naturelle, montrant l'ouverture.
Fig. 4. La même, vue en dessus.

Ovule spelte. *Ovula spelta*. Lamk.

Fig. 5. Vue du côté de l'ouverture.

Ovule anguleuse. *Ovula tortilis*. Martyn.

Fig. 6. Coquille un peu réduite, du côté de l'ouverture.

Ovule Adriatique. *Ovula Adriatica*. Sow.

Fig. 7. De grandeur naturelle, offrant l'ouverture.

Olive maure. *Oliva maura*. Lamk.

Fig. 8. Coquille réduite d'un tiers, présentant l'ouverture.

Olive hiatule. *Oliva hiatula*. Lamk.

Fig. 9. De grandeur naturelle, vue du côté de l'ouverture.

Olive littérée. *Oliva litterata*. Lamk.

Fig. 10. Coquille réduite d'un quart, l'ouverture de face.

Olive mitréole. *Oliva mitreola*. Lamk.

Fig. 11. Grand individu de grandeur naturelle, montrant l'ouverture.

Olive utricule. *Oliva gibbosa*. Born.

Fig. 12. Coquille réduite d'un tiers, montrant l'ouverture.

Olive auriculaire. *Oliva auricularia*. Lamk.

Fig. 13. Coquille réduite d'un tiers, présentant l'ouverture.

Olive de Brander. *Oliva Branderi*. Sow.

Fig. 14. De grandeur naturelle, vue du côté de l'ouverture.

Porcelaine élégante. *Cypræa elegans*. Def.

Fig. 15. De grandeur naturelle, présentant l'ouverture.
Fig. 16. Portion de la surface, très grossie.

Porcelaine de Norwége. *Cypræa Norwegica*. Sars.

Fig. 17. Grossie du double, du côté de l'ouverture.
Fig. 18. Disposition des sillons sur le dos.

Porcelaine bouffonne. *Cypræa scurra*. Chemn.

Fig. 19. Réduite d'un tiers, présentant l'ouverture.

Porcelaine roussette. *Cypræa pyrum*. Gmel.

Fig. 20. Réduite d'un tiers, vue en dessous.

Porcelaine sanguinolente. *Cypræa sanguinolenta*. Lamk.
(*Specim. fossile.*)

Fig. 21. Réduite d'un tiers, vue en dessous.

Porcelaine arabicule. *Cypræa arabicula*. Lamk.

Fig. 22. De grandeur naturelle, vue en dessous.

PLANCHE 125.

Sèche officinale. *Sepia officinalis*. Lin.

Fig. 1. Animal réduit des deux tiers, vu en dessous.
Fig. 2. Sa coquille réduite de moitié, présentant sa face dorsale.
Fig. 3. La même, montrant sa face ventrale.
Fig. 4. La même, vue de profil.

Sepioteuthe de Sicile. *Sepioteuthis Sicula*. Ruppel.

Fig. 5. Animal réduit d'un tiers, montrant sa face ventrale.

Calmar de la Marmora. *Loligo Marmoræ*. Verany.

Fig. 6. Animal réduit de moitié, vu en dessus.

Énoploteuthe d'Owen. *Enoploteuthis Oweni*. Verany.

Fig. 11. Animal réduit d'un tiers, vu en dessous.
Fig. 7. Extrémité de l'un des grands bras armé d'un petit nombre de crochets.
Fig. 9. L'un des bras courts, un peu grossi, pour montrer que dans ce genre
ils sont armés de crochets cornés au lieu de ventouses.

Onychoteuthe de Lichtenstein. *Onychoteuthis Lichtensteinii.* Férussac.

Fig. 12. Animal réduit des deux tiers, vu en dessus.
Fig. 8. Osselet dorsal, réduit de moitié, vu en dessous.
Fig. 10. Le même, vu de profil.

Calmer de la Marmora. *Loligo Marmoræ.* Verany.

Fig. 13. Animal réduit de moitié, montrant la surface ventrale.

PLANCHE 126.

Cirroteuthe de Muller. *Cirroteuthis Mulleri.* Eschricht.

Fig. 1. Animal réduit de moitié, vu du côté ventral.

Histioteuthe de Bonelli. *Histioteuthis Bonelliana.* Férussac.

Fig. 2. Animal réduit de moitié, vu de profil.

Véranye de Sicile. *Veranya Sicula.* Krohn.

Fig. 3. Animal réduit d'un tiers, vu en dessous.
Fig. 4. L'osselet intérieur corné, de grandeur naturelle.

PLANCHE 127.

Élédon d'Aldrovande. *Eledon Aldrovandi.* Delle Chiaje.

Fig. 1. Animal réduit de moitié, vu en dessus, lorsqu'il marche hors de l'eau.

Poulpe réticulé. *Octopus catenulatus.* Fér.

Fig. 2. Animal réduit des deux tiers, vu de profil.

Poulpe vélifère. *Octopus velifer.* Férussac.

Fig. 3. Animal réduit de moitié, vu en dessous.

Sépiole de Rondelet. *Sepiola Rondeleti.* Gesner.

Fig. 5. Animal de grandeur naturelle, vu en dessous.
Fig. 6. Le même, montrant la face dorsale.
Fig. 4. Osselet corné intérieur, de grandeur naturelle

PLANCHE 128.

Argonaute argo. *Argonauta argo.* Linné.

Fig. 1. Coquille réduite de moitié, vue du côté droit.
Fig. 2. La même, montrant l'ouverture de face.
Fig. 3. L'animal dans sa coquille.

Rossie macrosome. *Rossia macrosoma.* Delle Chiaje.

Fig. 4. Animal réduit d'un tiers, vu du côté ventral.

Rossie dissemblable. *Rossia dispar.* Rüppel.

Fig. 5. Animal de grandeur naturelle, vu en dessous.

PLANCHE 131.

Ammonite variable. *Ammonites varians.*

Fig. 1. Coquille réduite de moitié, vue de côté.

Ammonite rayonnante. *Ammonites radians.* Brug.

Fig. 2. Coquille réduite des deux tiers, vue de côté.

Ammonite mamillaire. *Ammonites mammillaris.* Schlotheim.

Fig. 3. Coquille réduite de moitié, vue de côté.
Fig. 4. La même, vue de face, du côté de l'ouverture.

Ammonite vergettée. *Ammonites virgatus* de Buch.

Fig. 5. Réduite de moitié, vue du côté droit.

Ammonite de Duncan. *Ammonites Duncani.* Sow.

Fig. 6. Réduite de moitié, vue du côté droit.
Fig. 7. La même, vue de face.

Ammonite cordiforme. *Ammonites cordatus.* Sow.

Fig. 8. Réduite d'un tiers, vue du côté gauche.

Ammonite canaliculée. *Ammonites bifrons.* Brug.

Fig. 9. Coquille réduite des deux tiers, vue du côté droit.

Ammonite de Davæ. *Ammonites Davæi.* Sow.

Fig. 10. Réduite de moitié, vue du côté droit.
Fig. 11. La même, vue de face.

PLANCHE 132.

Ammonite de Compton. *Ammonites Comptoni.* Pratt.

Fig. 1. Coquille réduite d'un tiers, avec l'ouverture entière, vue du côté droit.

Ammonite noueuse. *Ammonites nodosus.* Schloth. (*Ceratites nodosus* de Haan.)

Fig. 2. Coquille réduite des deux tiers, vue du côté gauche.

Ammonite de Guibal. *Ammonites Guibalianus.* D'Orb.

Fig. 3. Réduite des trois quarts, vue du côté droit.
Fig. 4. Trait du contour extérieur d'une cloison.

Ammonite subrayonnée. *Ammonites subradians.* Sow.

Fig. 5. Réduite de moitié, section transverse, qui n'a pas atteint le centre de
la coquille et qui laisse des ondulations aux cloisons.

Ammonite notable. *Ammonites insignis.* Schubler.

Fig. 6. Coquille réduite de moitié, section transverse, à l'aide de laquelle se
voit distinctement l'étranglement du siphon à son point de jonction
avec la cloison correspondante.
Fig. 7. La même coquille, vue du côté droit.

FIN DE L'EXPLICATION DES PLANCHES.

AVIS.

Il n'a pas été publié de planches sous les nᵒˢ 80, 86, 87, 94 à 99, 129, 130.

Paris. — Imprimerie de L. MARTINET, rue Mignon, 2.

TRAITÉ ÉLÉMENTAIRE
DE CONCHYLIOLOGIE.

Appendice à l'Explication des Planches.

PLANCHE 8 *bis.*

Ostéodesme cunéiforme. *Osteodesma cuneiformis*. Desh.

Fig. 1. Valve droite, de grandeur naturelle, vue en dedans.
Fig. 2. Valve gauche vue en dessus.
Fig. 3. Individu grandi d'un tiers, ayant les valves réunies, vues en dedans, pour
montrer la position de l'osselet cardinal.

Anatinelle blanche. *Anatinella candida*. Desh.

Fig. 4. Valve droite, de grandeur naturelle, vue en dedans.
Fig. 5. La même vue en dessus.

Syndosmye blanche. *Syndosmya alba*. Recluz.

Fig. 6. Valve droite, grandie de moitié, vue en dedans.
Fig. 7. Valve gauche vue en dessus.
Fig. 8. Charnière grossie de la valve droite.
Fig. 8, *a*. Charnière de la valve gauche.

Cumingie mutique. *Cumingia mutica*. Sow.

Fig. 9. Valve droite, de grandeur naturelle, vue en dedans.
Fig. 10. Valve gauche vue en dessus.
Fig. 11. Charnière grossie de la valve droite.
Fig. 11, *a*. Charnière de la valve gauche.

Cumingie tellinoïde. *Cumingia tellinoides*. Conrad.

Fig. 11, *b*. Valve droite, grandie de moitié, vue en dedans.

Myocame anomioïde. *Myocama anomioides*. Stutchbury.

Fig. 12. Individu entier, grossi du double, montrant sa valve droite.
Fig. 13. Valve droite vue en dedans.
Fig. 14. Valve gauche vue en dedans.
Fig. 15. Crochet de la valve gauche vu en arrière, pour montrer l'osselet placé
dans la fente triangulaire du ligament.

Cardilie demi-sillonnée. *Cardilia semi-sulcata*. Desh.

Fig. 16. Valve droite, grandie du double, vue en dedans.
Fig. 17. Valve gauche vue en dessus.
Fig. 18. Charnière grossie de la valve gauche.

PLANCHE 12 *bis.*

Céromye excentrique. *Ceromya excentrica*. Agassiz.

Fig. 1. Coquille, réduite au tiers de sa grandeur naturelle, montrant la valve
gauche en dessus et l'impression du bord cardinal de la valve droite.
Fig. 2. La même coquille, vue de face du côté des crochets, pour faire voir l'inégalité des valves.

Céromye agrégée. *Ceromya gregaria*. Desh.

Fig. 3. Coquille, réduite d'un tiers, montrant en dessus sa valve gauche.
Fig. 4. Le côté antérieur vu de face.
Fig. 5. Impression de la charnière faite sur un moule très net.

Néæra cuspidée. *Neæra cuspidata*. Hinds.

Fig. 6. Valve droite, de grandeur naturelle, vue en dedans.
Fig. 7. Valve gauche, également en dedans.
Fig. 8. Individu entier vu en dessus.

Néæra costellée. *Neæra costellata*. Forbes.

Fig. 9. Valve droite, grandie trois fois, vue en dessus.
Fig. 10. Les valves grossies, réunies et portant le petit osselet cardinal encore
attaché au ligament.
Fig. 11. Grandeur naturelle.

Myadore rostrale. *Myadora rostralis*. Desh.

Fig. 12. Coquille, de grandeur naturelle, vue en dessus.
Fig. 13. Valve gauche vue en dedans.
Fig. 14. Charnière de la valve droite grossie.
Fig. 15. Charnière de la valve gauche au ligament de laquelle est attaché l'osselet
cardinal.

PLANCHE 14 *bis.*

Sanguinolaire rose. *Sanguinolaria sanguinolenta*. Lamk.

Fig. 1. Coquille réduite d'un tiers, valve droite vue en dedans.
Fig. 2. Charnière de la valve gauche.
Fig. 3. Valve gauche vue en dessus.

Glauconome rugueux. *Glauconome rugosa*. Hanley.

Fig. 4. Valve droite vue en dedans; elle est réduite de moitié.
Fig. 5. Charnière de la valve gauche.
Fig. 6. Valve gauche vue en dessus.

Lucine unioniforme. *Lucina unioniformis*. Desh.

Fig. 7. Coquille réduite d'un tiers; la valve gauche.
Fig. 8. Bord cardinal de la valve droite.
Fig. 9. Valve droite vue en dessus.

Cyrénelle lucinoïde. *Cyrenella lucinoides*. Desh.

Fig. 10. Valve droite, de grandeur naturelle, vue en dedans.
Fig. 11. Charnière de la valve gauche.
Fig. 12. Valve gauche vue en dessus.

Cyrénelle de Dupont. *Cyrenella Dupontiana*. Joannis.

Fig. 13. Valve gauche, de grandeur naturelle, vue en dedans.
Fig. 14. Charnière de la valve droite.
Fig. 15. Valve gauche vue en dessus.

Poronie pourprée. *Poronia purpurascens*. Recluz.

Fig. 16. Valve droite vue en dessus.
Fig. 17. Valve gauche vue en dedans; elles sont grossies du double.
Fig. 18, 19. Charnière des deux valves grossie.

Cycline chinoise. *Cyclina chinensis*. Desh.

Fig. 20. Valve droite, réduite d'un tiers, vue en dedans.
Fig. 21. Charnière de la valve gauche.
Fig. 22. Valve gauche vue en dessus.

PLANCHE 32 *bis.*

Pachyrisme géant. *Pachyrisma grande.* Morris.

Fig. 1. Valve droite, réduite de moitié, montrant la charnière et les impressions musculaires.
Fig. 2. La même valve, vue en dessus, et réduite dans les mêmes proportions.
Fig. 3. Coquille entière, au trait, montrant la région antérieure et la saillie des crochets.

Cardinie allongée. *Cardinia elongata.* Dunker.

Fig. 4. Valve gauche, de grandeur naturelle, surface extérieure.
Fig. 5. La même, vue en dedans.
Fig. 6. 7. Charnière des deux valves, grossie.

Mullérie de Férussac. *Mulleria Ferussaci.* Lea.

Fig. 8. Coquille entière, réduite de près de moitié.
Fig. 9. Valve gauche, vue en dedans, et portant au sommet du crochet une petite coquille bivalve symétrique.
Fig. 10. Cette petite coquille, très grossie, montrant la région dorsale.
Fig. 11. La même, offrant la valve gauche.

PLANCHE 41 *bis.*

Sphérulite radieuse. *Spharulites radiosa.* D'Orb.

Fig. 1. Section transverse d'un individu dans lequel sont encore en place les parties de la charnière.
    a. Section du test qui en montre l'épaisseur et les lames dont il est composé.
    b. La grande cavité destinée à loger l'animal.
    c. Cavité ordinairement remplie de cloisons transverses irrégulières, et dont la dernière subsiste.
    d. Cassure par laquelle a été séparée de la valve supérieure sa portion cardinale.
    e. f. Dents cardinales, au nombre de deux enfoncées dans les cavités *g*, destinées à les recevoir.
    h. Impression musculaire antérieure.
    i. Impression musculaire postérieure, près de laquelle se trouve une partie de l'apophyse qui porte l'impression musculaire de la valve supérieure.

Hippurite corne. *Hippurites. Cornu-vaccinum.* Bronn.

Fig. 2. Coquille réduite d'un tiers.
Fig. 3. Valve inférieure, ouverte et montrant quelques-unes de ses parties constituantes.
    a. Cloison transverse dans laquelle sont creusées les cavités pour loger les dents cardinales.

b. La ligne de points devrait être un peu plus prolongée, et atteindre le plan oblique situé en avant de la cloison, et qui représente les impressions musculaires réunies en une seule.

c. Arête cardinale.

d, e. La grande cavité abdominale de la coquille partagée en deux portions inégales par la cloison cardinale.

f. Second pilier intérieur; le premier, plus court et plus obtus, se voit en face du chiffre 3 indiquant le n° de la figure.

Caprine d'Aguillon. *Caprina Aguilloni.* D'Orb.

Cette figure est empruntée à la *Paléontologie française* de M. d'Orbigny.
(Terrains crétacés.)

Fig. 4. Valve supérieure, réduite de moitié, montrant l'intérieur.

a. Surface sur laquelle se fixait le muscle adducteur antérieur.

b. Cavité du muscle adducteur postérieur.

c, d. Dents cardinales.

e. La crête médiane partageant la cavité de la valve en deux parties inégales.

f. Portion la plus petite de la cavité de la valve.

Caprine de Coquand. *Caprina Coquandiana.* D'Orb.

Fig. 5. Coquille entière, réduite au quart de sa grandeur naturelle, montrant le côté postérieur.

Fig. 6. La même, vue du côté opposé.

PLANCHE 44 *bis.*

Caprine demi-striée. *Caprina semi-striata.* D'Orb.

Fig. 1. Coquille entière, de grandeur naturelle.

Fig. 2. Valve inférieure, vue de profil.

a. Dent cardinale.

Fig. 3. Valve supérieure, vue de profil.

a. Dents cardinales dont la postérieure est bifide au sommet.

Fig. 4. Les valves réunies, vues en dessus pour montrer l'inclinaison des crochets. La petite valve ou supérieure est celle du côté droit ; la grande valve ou inférieure est celle du côté gauche.

Fig. 9. Valve inférieure, vue en dedans.

a. Impression musculaire postérieure.

b. Impression musculaire antérieure.

c. Cavité pour loger la dent cardinale antérieure de l'autre valve.

d. Crête saillante en forme de dent s'interposant entre les deux dents cardinales de la valve supérieure.

e. Cavité pour loger la dent cardinale postérieure.

f. Crête qui sépare la cavité du muscle antérieur.

g. Grande cavité viscérale de la valve.

Fig. 10. Valve supérieure, vue en dedans.

a. Impression musculaire postérieure.

b. Petite cavité abdominale, séparée de la grande par une cloison.

c. Petite cavité destinée au ligament.

d. Apophyse musculaire antérieure.
e. Dent cardinale antérieure.
f. Dent cardinale postérieure.
g. Fissure profonde séparant les deux dents, et dans laquelle pénètre la crête cardinale *d*, de la valve inférieure.

Sphérulite à côtes. *Sphærulites costata*. Desh.

Fig. 5. Groupe d'individus entiers, de grandeur naturelle.
Fig. 6. Valve inférieure, vue en dedans.
    a, b. Fossettes cardinales.
    c. Petite cavité pour le ligament.
    d. Crête cardinale.
Fig. 7. La même valve, grossie du double; les lettres ont la même signi-
    fication.
Fig. 8. Valve supérieure, vue en dedans.
    a. Surface de l'impression musculaire postéricure.
    b. Impression musculaire postérieure.
    c. Dent cardinale postérieure.
    d. Dent cardinale antérieure.
Fig. 11. Valve supérieure, vue de profil, du côté postérieur.
    a. Plan du muscle postérieur.
    b, c. Dents cardinales.
Fig. 12. La même valve, vue de côté.

Caprotine ammoniforme. *Caprotina ammonia*. D'Orb.

Fig. 13. Individu entier, réduit des deux tiers, vu en avant.
Fig. 14. Le même, vu en arrière.

PLANCHE 59 *bis*.

Obole d'Apollon. *Obolus Apollinis*. Eichw.

Fig. 1. Valve dorsale, de grandeur naturelle, vue en dessus.
Fig. 2. La même, grossie pour en montrer les stries.
Fig. 3. Portion de la valve ventrale, vue au dedans.

Cranie antique. *Crania antiqua*. Def.

Fig. 4. Valve ventrale, de grandeur naturelle, vue en dedans.
Fig. 5. La même, montrant la surface extérieure.

Cranie parisienne. *Crania parisiensis*. Def.

Fig. 6. Valve ventrale, de grandeur naturelle, montrant l'intérieur.
Fig. 7. Valve dorsale, vue en dedans.
Fig. 8. Un individu ayant les valves réunies.

Calcéole sandaline. *Calceola sandalina*. Lamk.

Fig. 9. Valve ventrale, vue en dessus.
Fig. 10. Cavité intérieure de la même.
Fig. 11. Valve dorsale montrant l'intérieur.

Lingule anatine. *Lingula anatina*. Lamk.

Fig. 12. Coquille entière supportée par son pédicule tendineux.

Lingule bâillante. *Lingula hians*. Swainson.

Fig. 13. Surface intérieure de la valve ventrale.

Discine lamelleuse. *Discina lamellosa*. Brodr.

Fig. 14. Petit groupe d'individus de grandeur naturelle.
Fig. 15. Valve ventrale, vue en dedans.
Fig. 16. Intérieur de la valve dorsale.

PLANCHE 59 *ter*.

Davidsonie de Verneuil. *Davidsonia Verneuili*. Bouchard.

Fig. 1. Valve ventrale, vue de profil, grossie deux fois pour montrer la saillie
des cônes intérieurs.
Fig. 2. Intérieur de la même valve.

Siphonotrète onguiculé. *Siphonotreta unguiculata*. Eichwald.

Fig. 3. Valve ventrale percée au sommet, de grandeur naturelle.
Fig. 4. Valve dorsale, vue en dessus.

Siphonotrète épineuse. *Siphonotreta varicosa*. Eichw.

Fig. 5. Valve dorsale, vue en dessus.
Fig. 6. Son ouverture terminale grossie.

Discine elliptique. *Discina elliptica*. Davidson. (*Schizotreta elliptica*. Kutorga.)

Fig. 7. Coquille grossie trois fois, valve ventrale au-dessus.
Fig. 8. Valve dorsale en dessus.

Trematis cancellée. *Trematis cancellata*. Sow.

Fig. 9. Valve ventrale grossie, montrant sa structure et la fente qui la
partage.
Fig. 10. Valve dorsale, de grandeur naturelle.

Strophomène rhomboïdale. *Strophomena rhomboidalis*. Dalman.

Fig. 11. Coquille de grandeur naturelle, montrant la région de la charnière.
Fig. 12. Intérieur de la valve ventrale.
Fig. 13. Coquille entière montrant la **valve ventrale**.
Fig. 14. Valve dorsale.

Producte épineux. *Productus horridus*. Sow.

Fig. 15. Coquille entière, de grandeur naturelle; valve ventrale.
Fig. 16. La même, valve dorsale.

PLANCHE 60 *bis*.

Pentamère conchydie. *Pentamerus conchydium*. Dalm.

Fig. 1. Coquille de grandeur naturelle, valve ventrale.
Fig. 2. La même, vue de profil.

Pentamère russe. *Pentamerus vogulicus*. Verneuil.

Fig. 3. Coquille réduite de moitié, montrant les cloisons intérieures.

Atrype réticulaire. *Atrypa reticularis*. Dalm.

Fig. 4. La valve supérieure ayant été enlevée, on voit la plus grande partie
des spires intérieures.

Leptène comprimé. *Leptæna compressa*. Sow.

Fig. 5. Coquille entière de grandeur naturelle, face ventrale.
Fig. 6. La même, valve dorsale.

Spirifère épais. *Spirifer pinguis*. Sow.

Fig. 7. Coquille de grandeur naturelle, en dessus.
Fig. 8. La même de profil, montrant le bord inférieur.

Stringocéphale de Burtin. *Stringocephalus Burtini*. Def.

Fig. 9. Intérieur de la coquille dans laquelle on voit l'apophyse bifurquée de la
valve supérieure engagée sur la lame verticale de la valve
inférieure.

Orthis striatulé. *Orthis striatula*. Sow.

Fig. 10. Coquille de grandeur naturelle, vue en dessous.
Fig. 11. La même, vue en dessus.

Producte semi-réticulé. *Productus semi-reticulatus*. Martin.

Fig. 12. Coquille réduite de moitié, valve supérieure.
Fig. 13. La même, vue de profil.

PLANCHE 73 *bis*.

Néritopsis de Hauteville. *Neritopsis Altavillensis*. Desh.

Fig. 1. Coquille un peu grossie, vue en dessus.
Fig. 2. La même, du côté de l'ouverture.
Fig. 3. Grandeur naturelle.

Vélutine capuloïde. *Velutina capuloides*. Blainv.

Fig. 4. De grandeur naturelle, vue en dessus.
Fig. 5. La même, montrant l'ouverture.

Néritopsis rude. *Neritopsis radula*. Lin. spec.

Fig. 6. Coquille de grandeur naturelle, vue en dessus.
Fig. 7. La même, présentant l'ouverture.
Fig. 8. Détail grossi de la surface extérieure.

Natice macrostome. *Natica macrostoma*. Philippi.

Fig. 9. De grandeur naturelle, en dessus.
Fig. 10. Ouverture de la même coquille.

Natice mélanostome. *Natica melanostoma*. Lamk.

Fig. 11. Coquille de grandeur naturelle, montrant l'ouverture.

Naticine papille. *Naticina papilla*. Gray.

Fig. 12. Coquille de grandeur naturelle, vue en dessus.
Fig. 13. La même, du côté de l'ouverture.

Sigaret de Recluz. *Sigaretus Recluzianus*. Desh.

Fig. 14. De grandeur naturelle, vue en dessus.
Fig. 15. Le même, vu en dedans.

PLANCHE 73 *ter*.

Néritine épineuse. *Neritina corona*. Lin.

Fig. 1. Coquille de grandeur naturelle, montrant l'ouverture.
Fig. 2. Sinuosité du bord, au moment où l'animal produit une nouvelle
épine.

Néritine dilatée. *Neritina latissima*. Brod.

Fig. 3. Coquille de grandeur naturelle, montrant l'ouverture.
Fig. 4. La même, en dessus.

Nérite saignante. *Nerita pelorouta*. Lin.

Fig. 5. De grandeur naturelle, présentant l'ouverture.

Nérite bouche étroite. *Nerita angystoma*. Desh.

Fig. 6. Petit individu d'une très belle conservation, vu en dessus.
Fig. 7. Le même, du côté de l'ouverture.
Fig. 10. Grandeur naturelle.

Nérite de Pluton. *Nerita Plutonis*. Bast.

Fig. 8. Coquille de grandeur naturelle, en dessus.
Fig. 9. La même, du côté de l'ouverture.

Nérite tricarénée. *Nerita tricarinata*. Lamk.

Fig. 11. Coquille grossie du double, vue en dessus.
Fig. 12. Montrant l'ouverture.
Fig. 13. Grandeur naturelle.

Nérite mammaire. *Nerita mammaria*. Lamk.

Fig. 14. Coquille grossie quatre fois, en dessus.
Fig. 15. La même, du côté de l'ouverture.
Fig. 16. Grandeur naturelle.

Nérite des Pyrénées. *Nerita Pyrenaica*. Desh.

Fig. 17. De grandeur naturelle, vue en dessus.

Fossar cancellé. *Fossarus fenestratus*. Desh.

Fig. 18. Grossi trois fois, vu en dessus.
Fig. 19. Montrant l'ouverture.
Fig. 20. Grandeur naturelle.

Natice flammée. *Natica caurena*. Lin.

Fig. 21. Coquille de grandeur naturelle, vue en dessus.
Fig. 22. Vue du côté de l'ouverture.

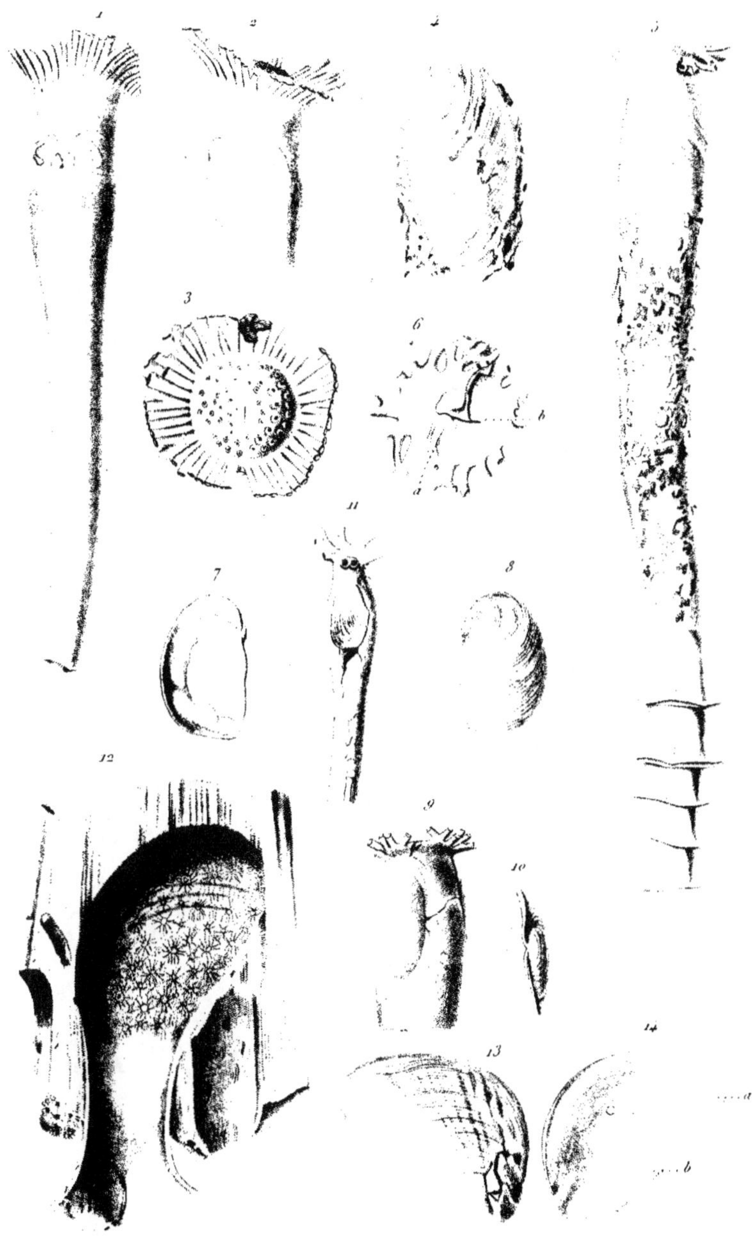

Annedouche Sculp.

P. Dumesnil Pinxit et Direxit.

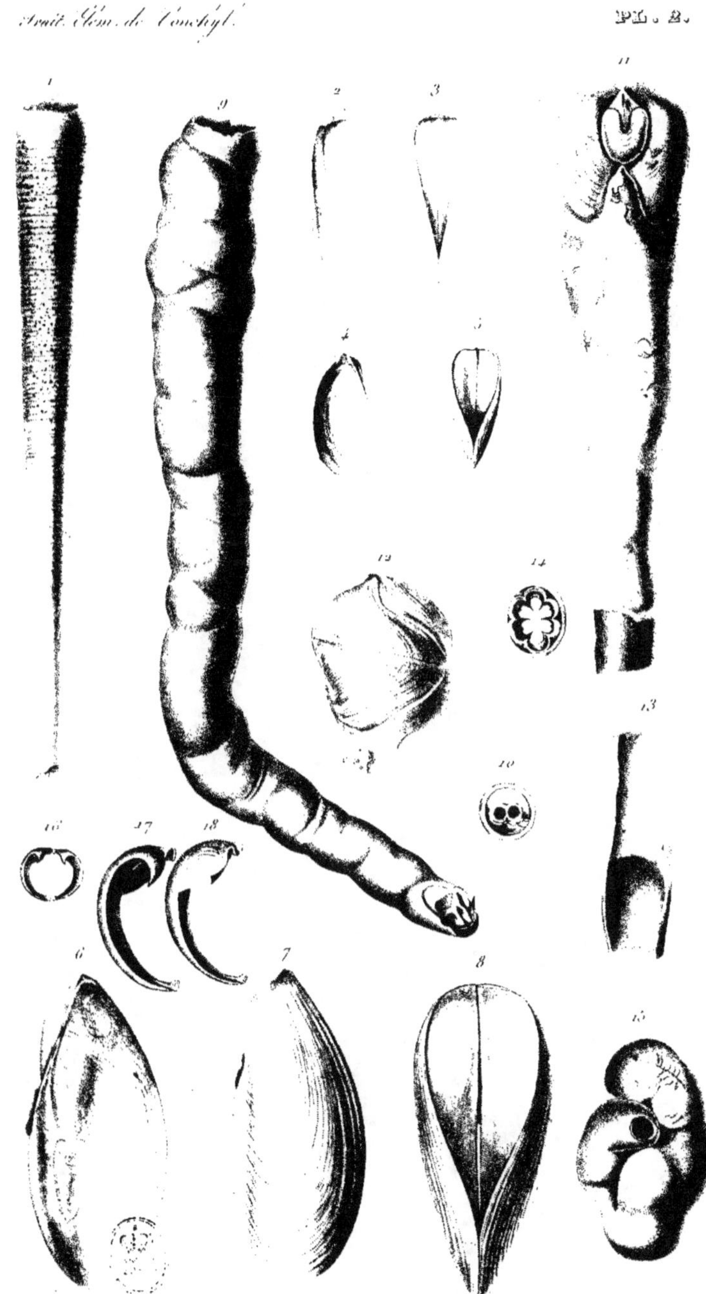

Annedouche Sculp.

P. Gervais Pinxit et Direxit.

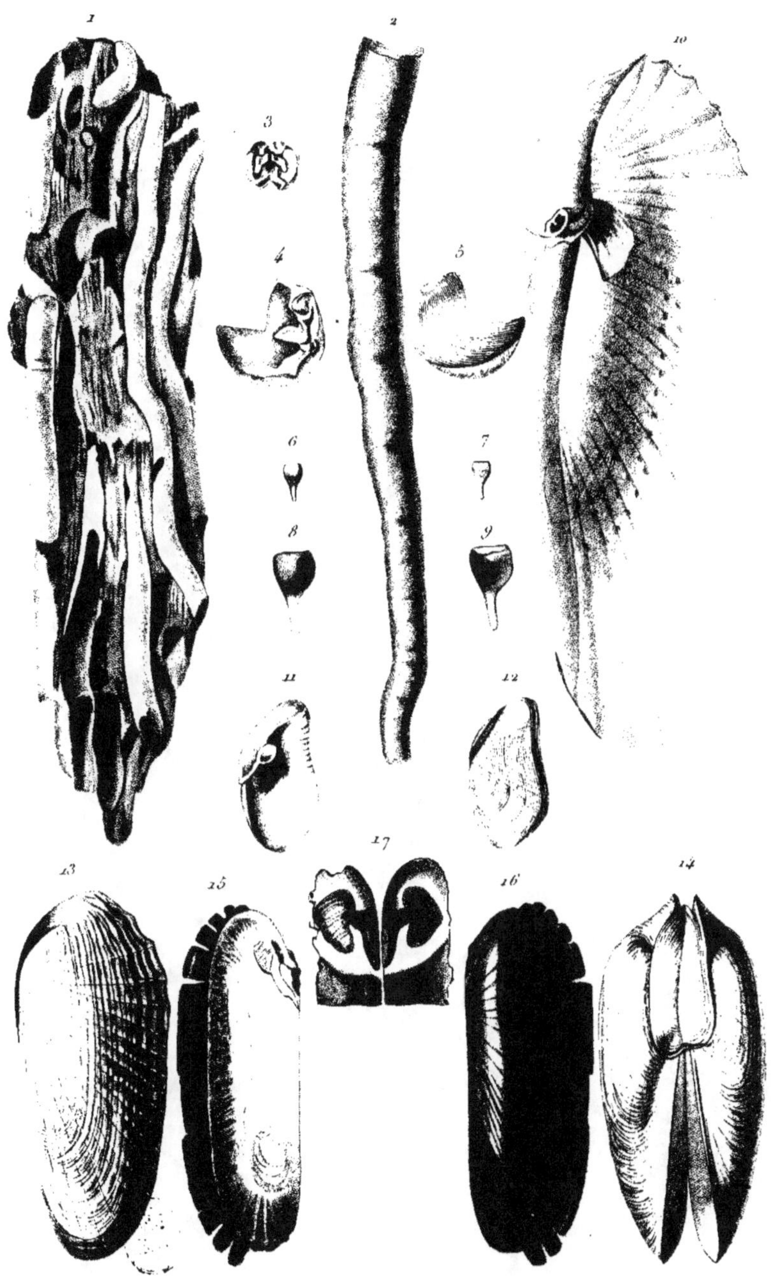

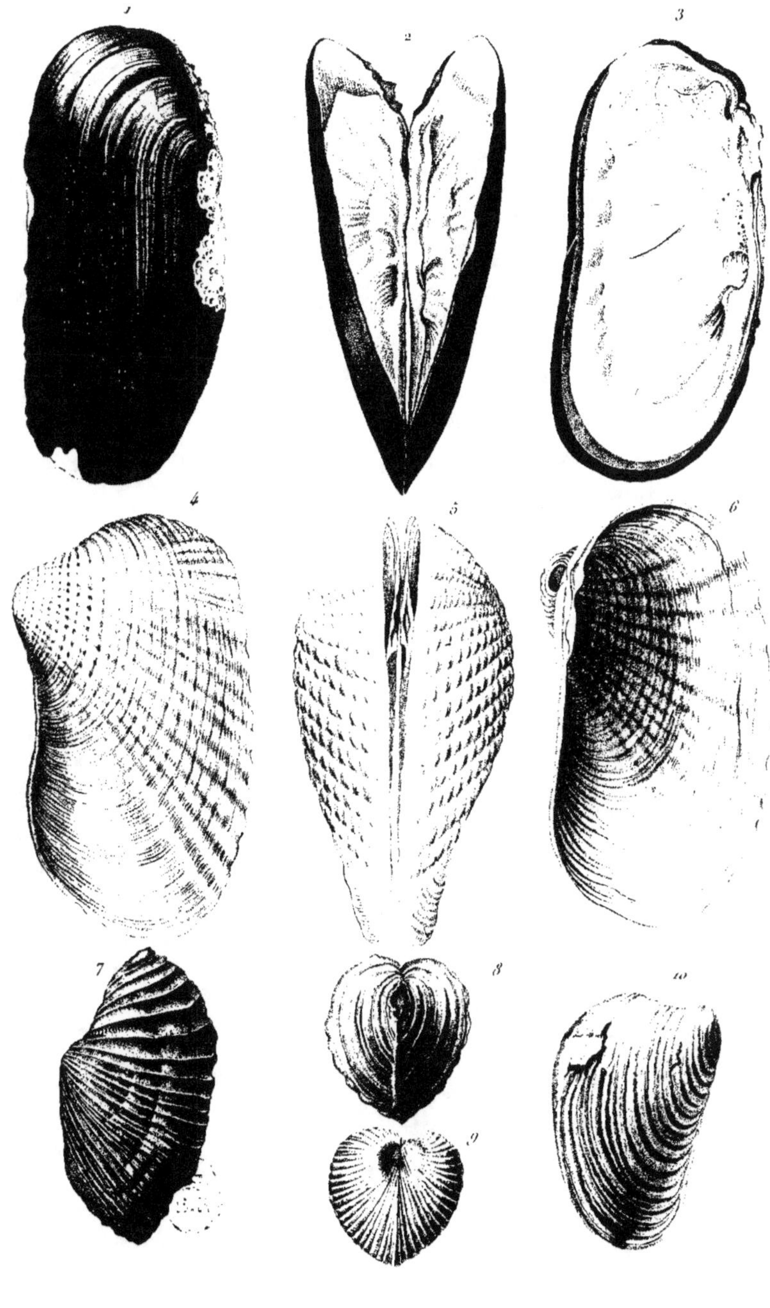

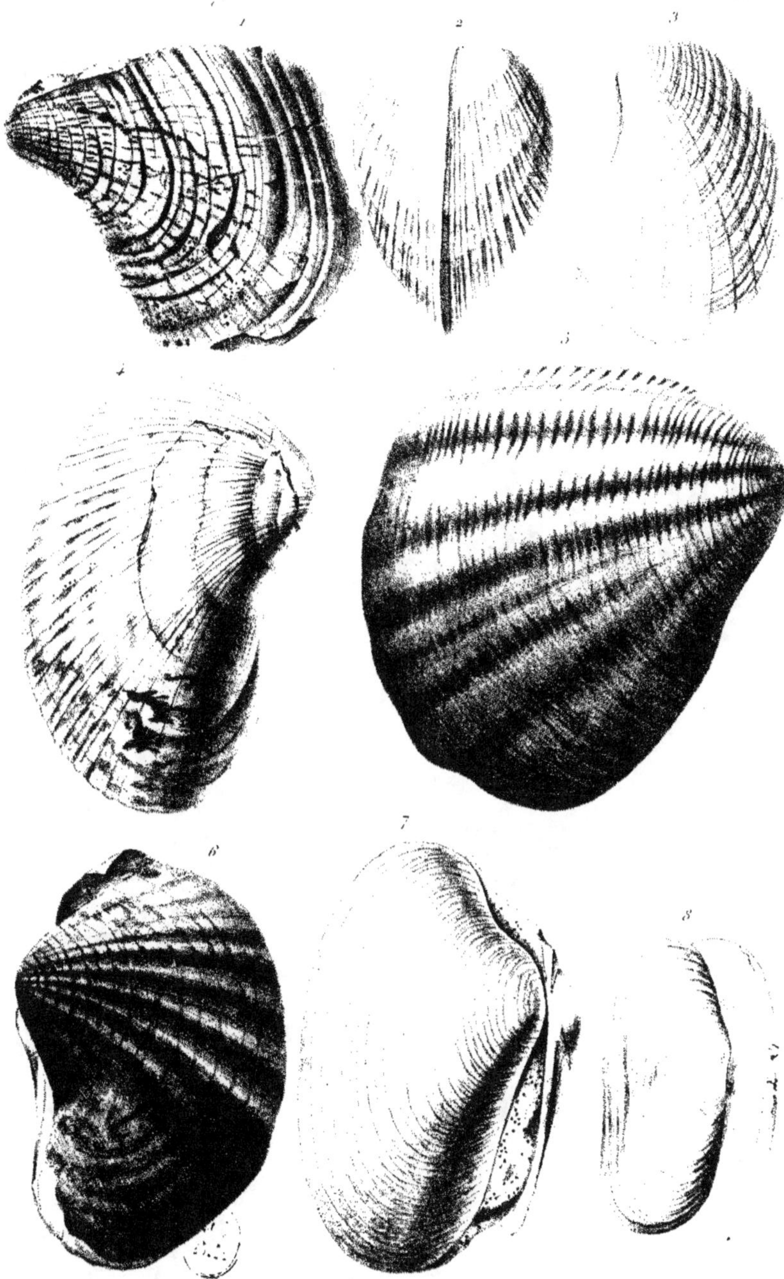

P. Dumenil Pinxit et Direxit

Publié par Rochard Paris 33.

Annedouche Sculp.   P. Duménil Pinxit et Direxit.

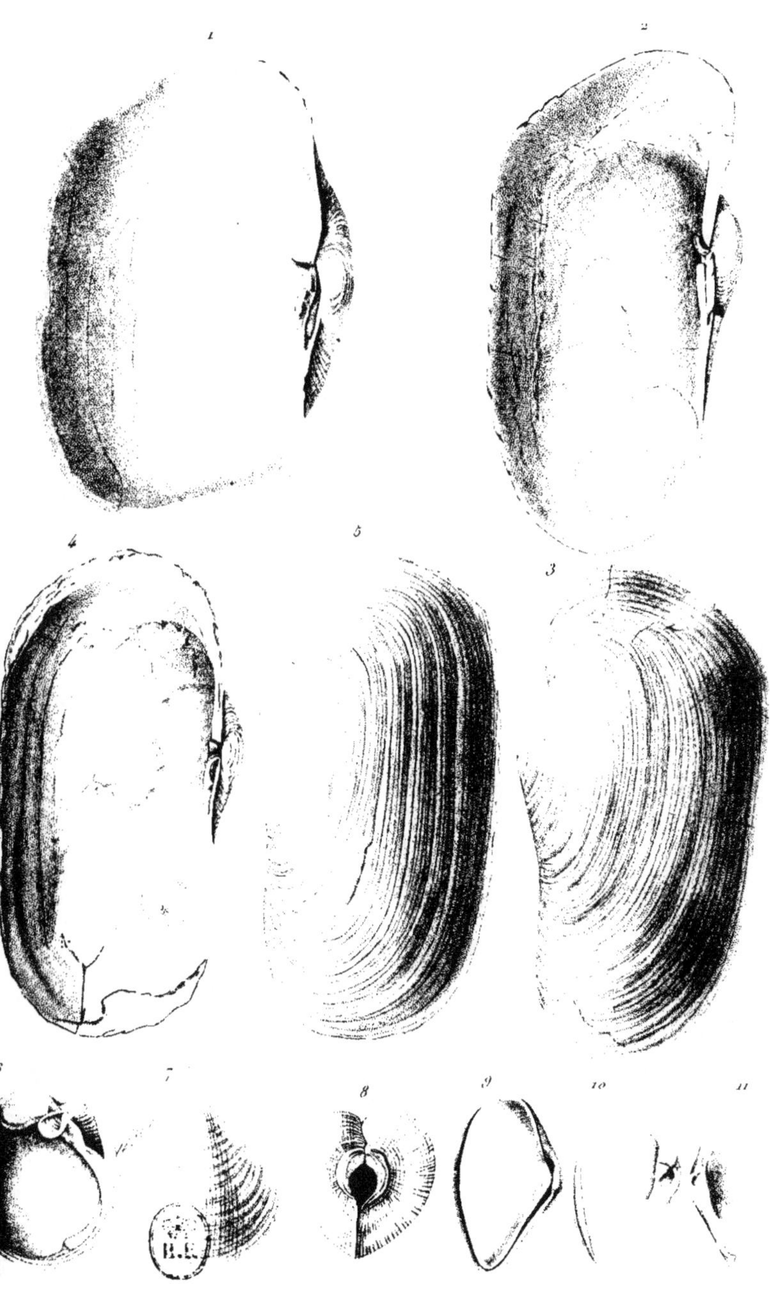

Manedouche Sculp.

P. Dumenil Pinxit et Direxit.

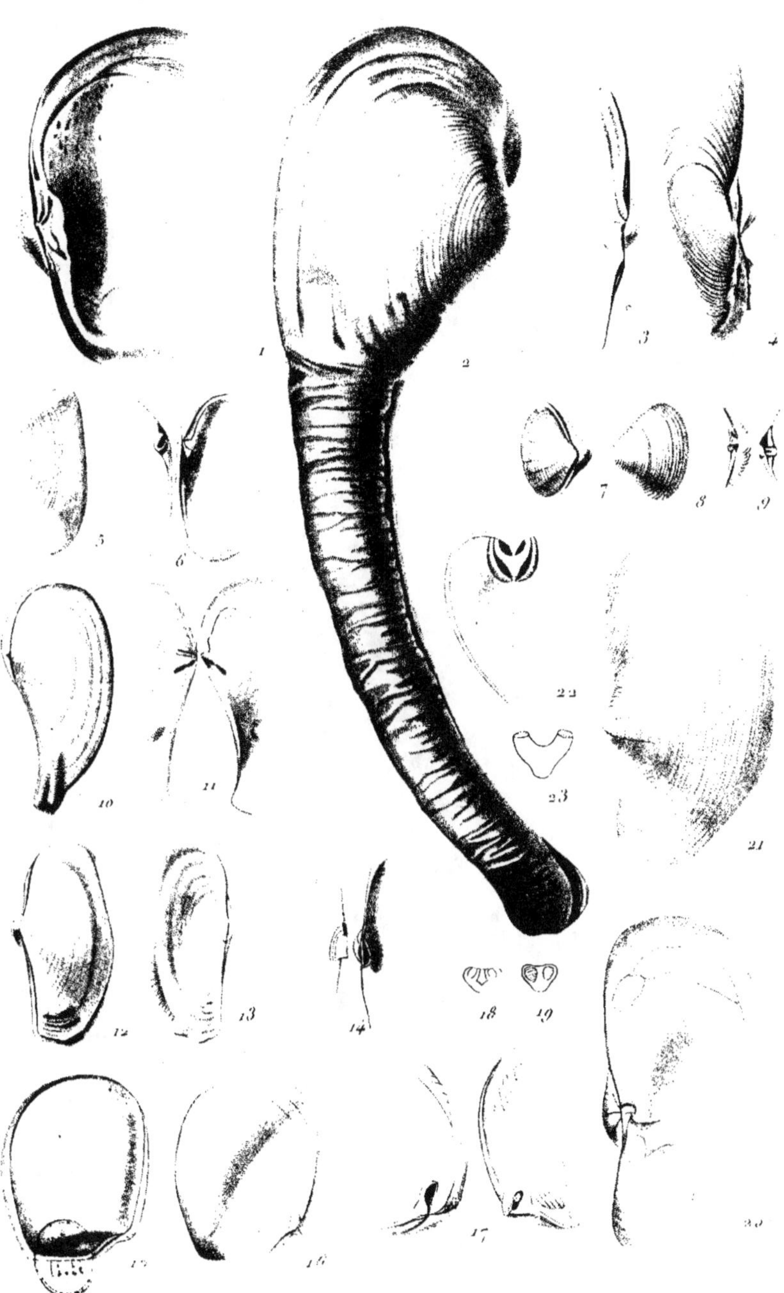

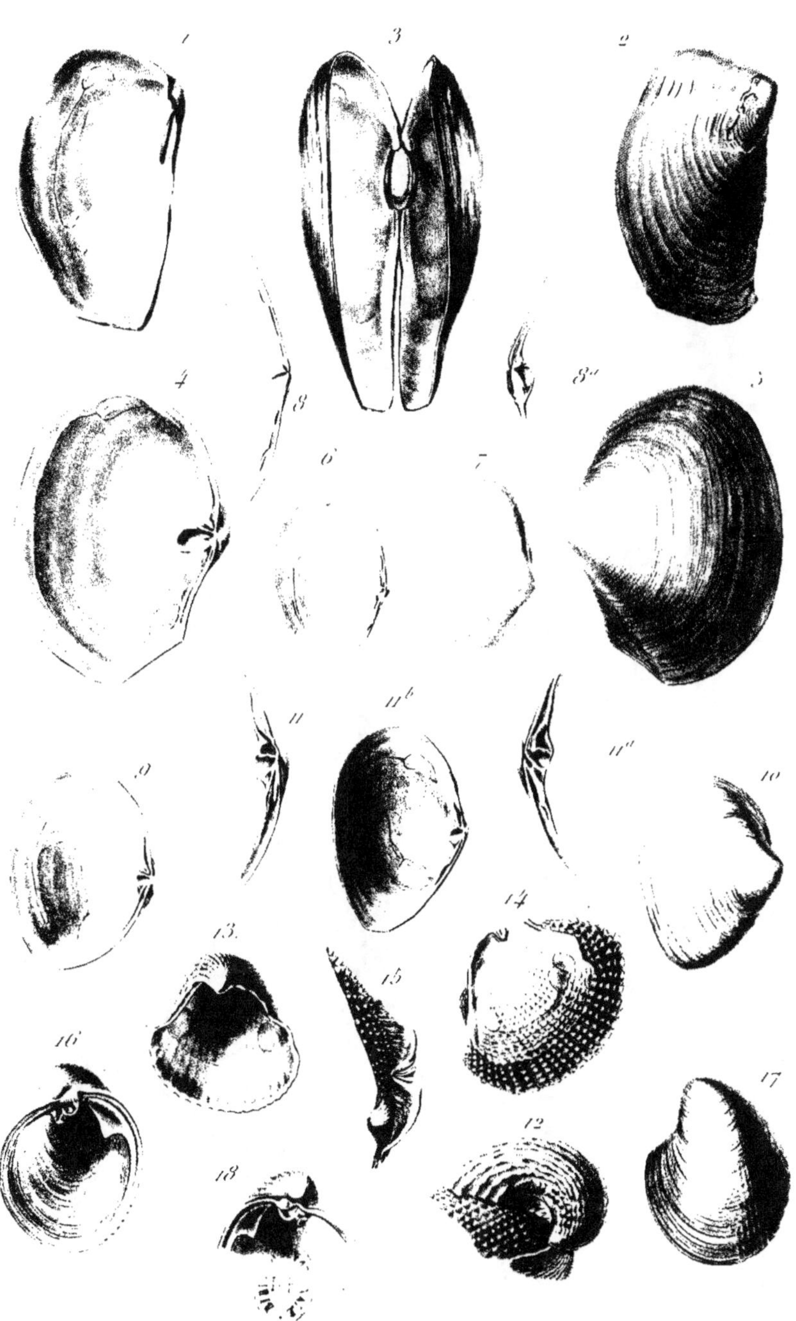

Publié par Victor Masson

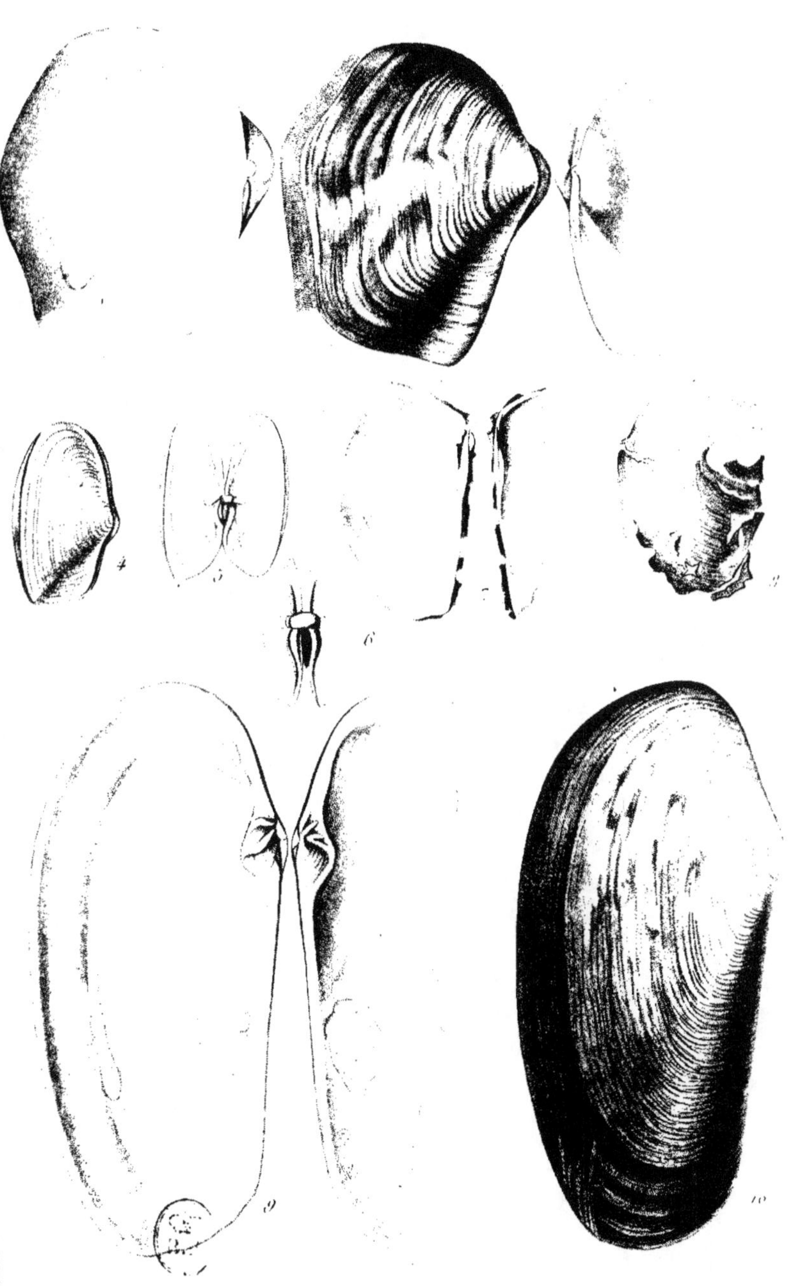

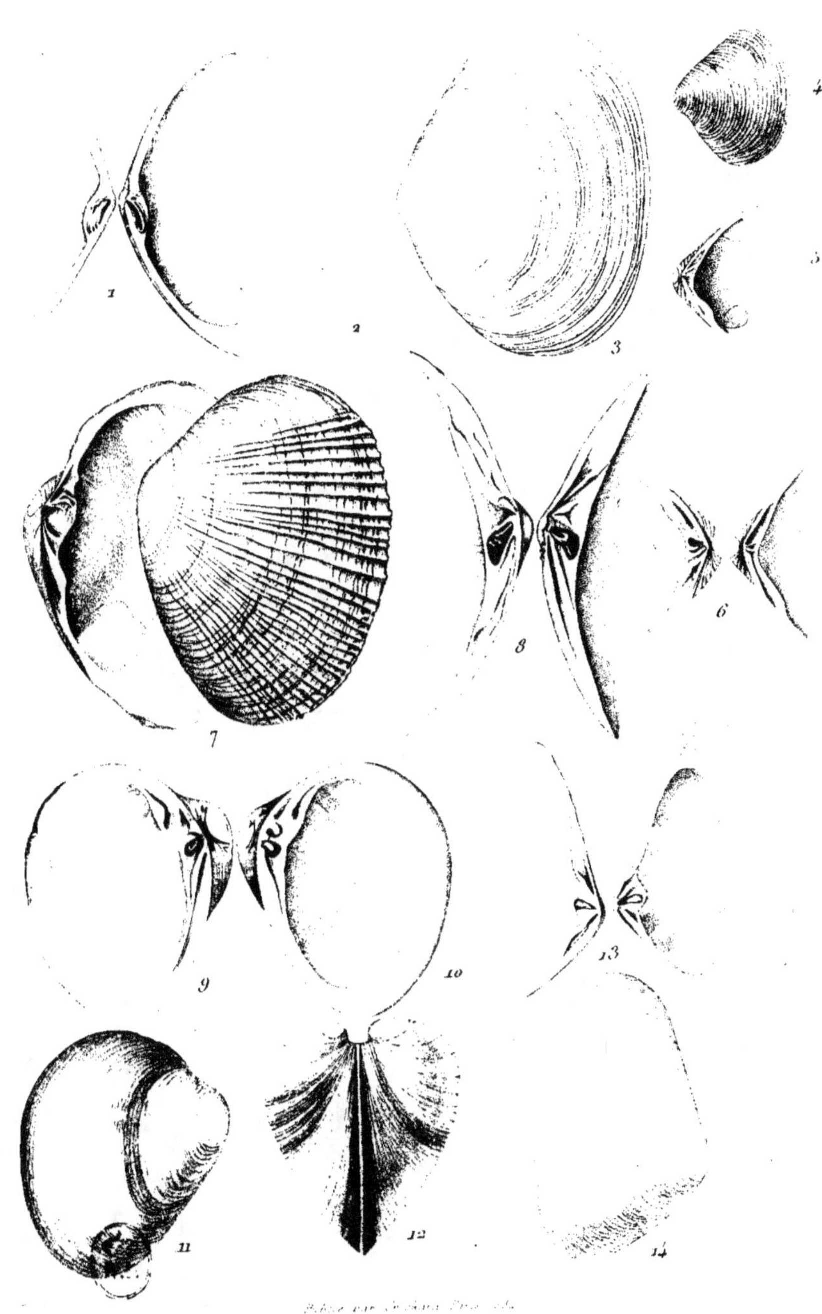

Annedouche Sculp.t
P. Duménil Pinxit et Direxit

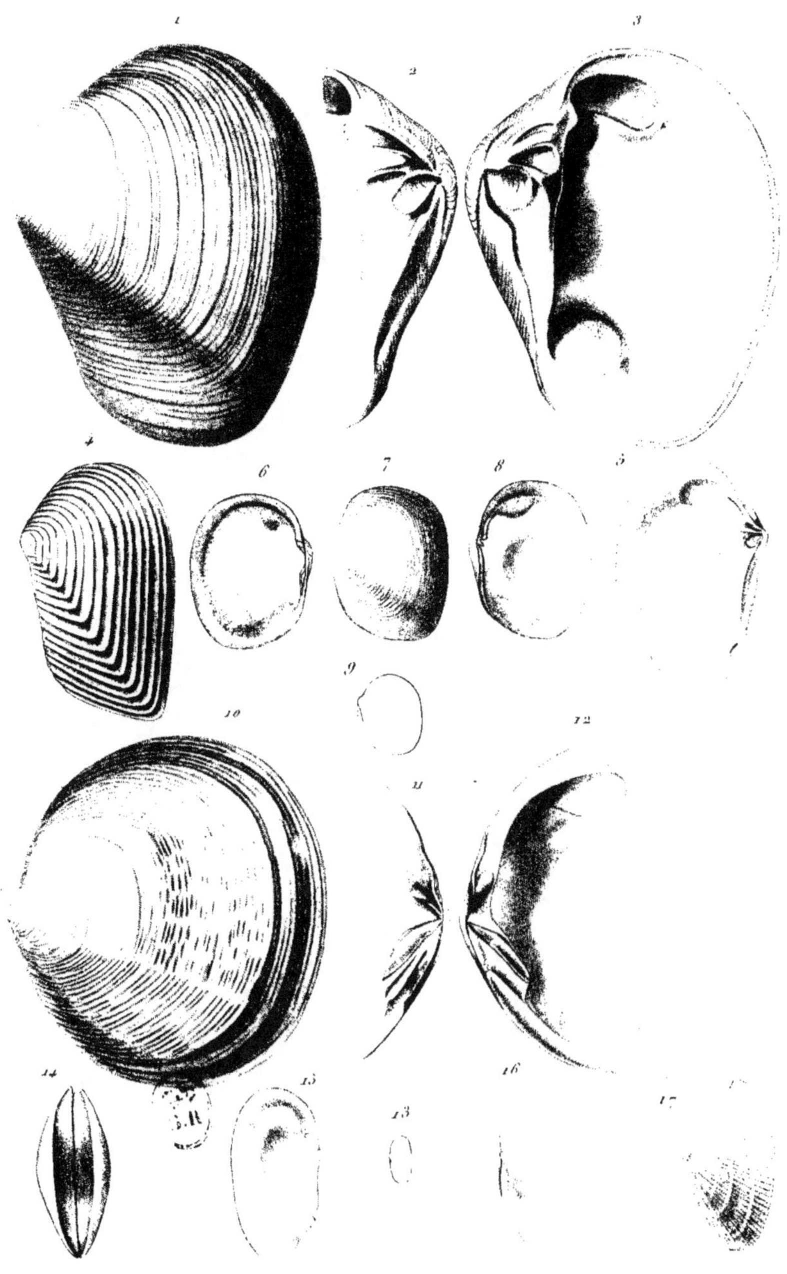

1
2
3
4
6
7
8
5
9
10
12
11
14
15
13
16
17

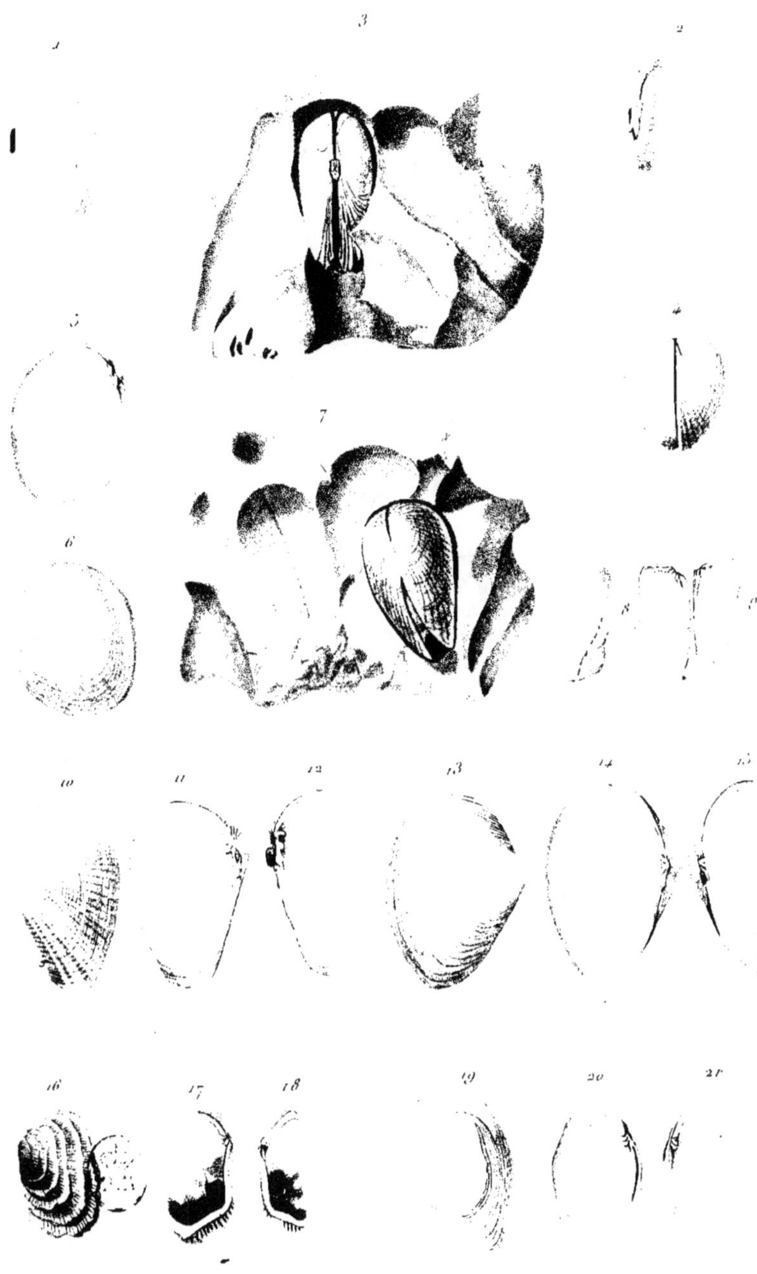

Annedouche Sculp.
P. Duménil Direxit et Pinxit.

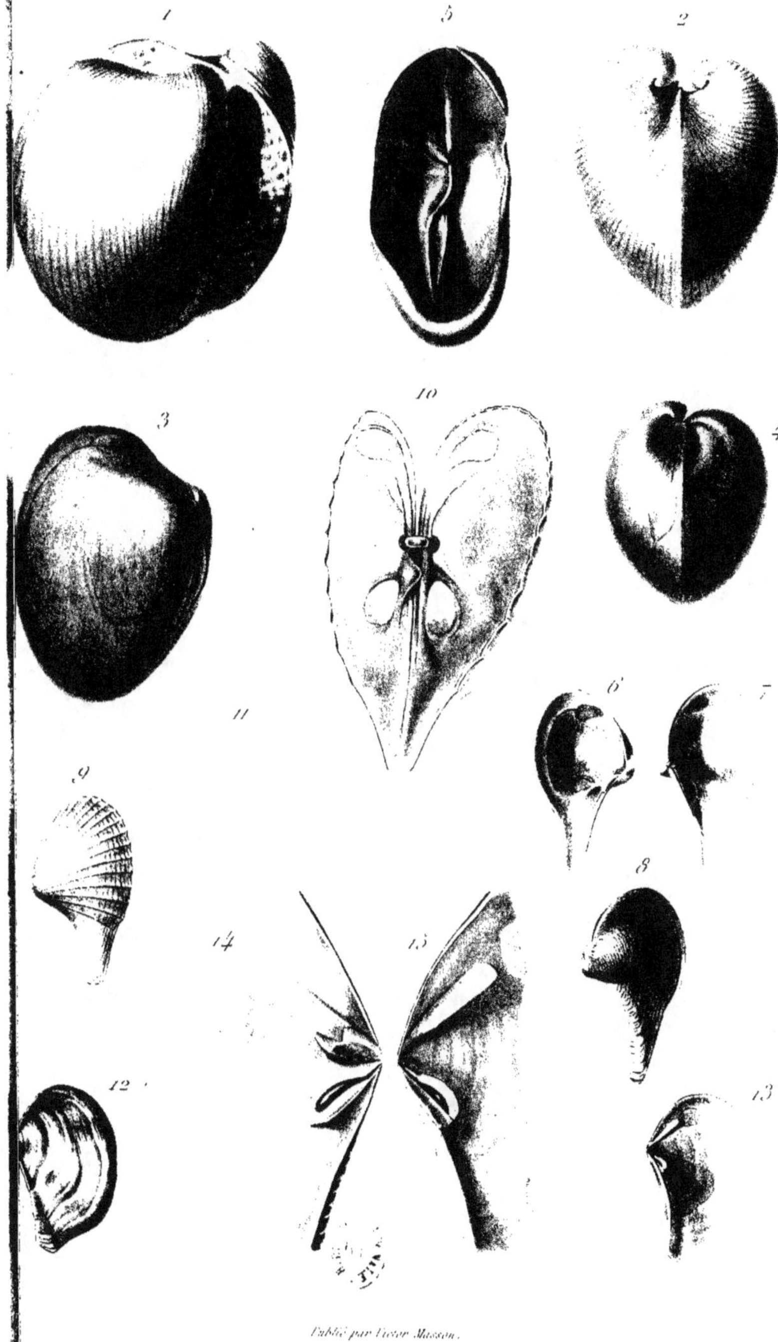

Publié par Victor Masson.

...lat pinx.   N. Rémond imp   ...

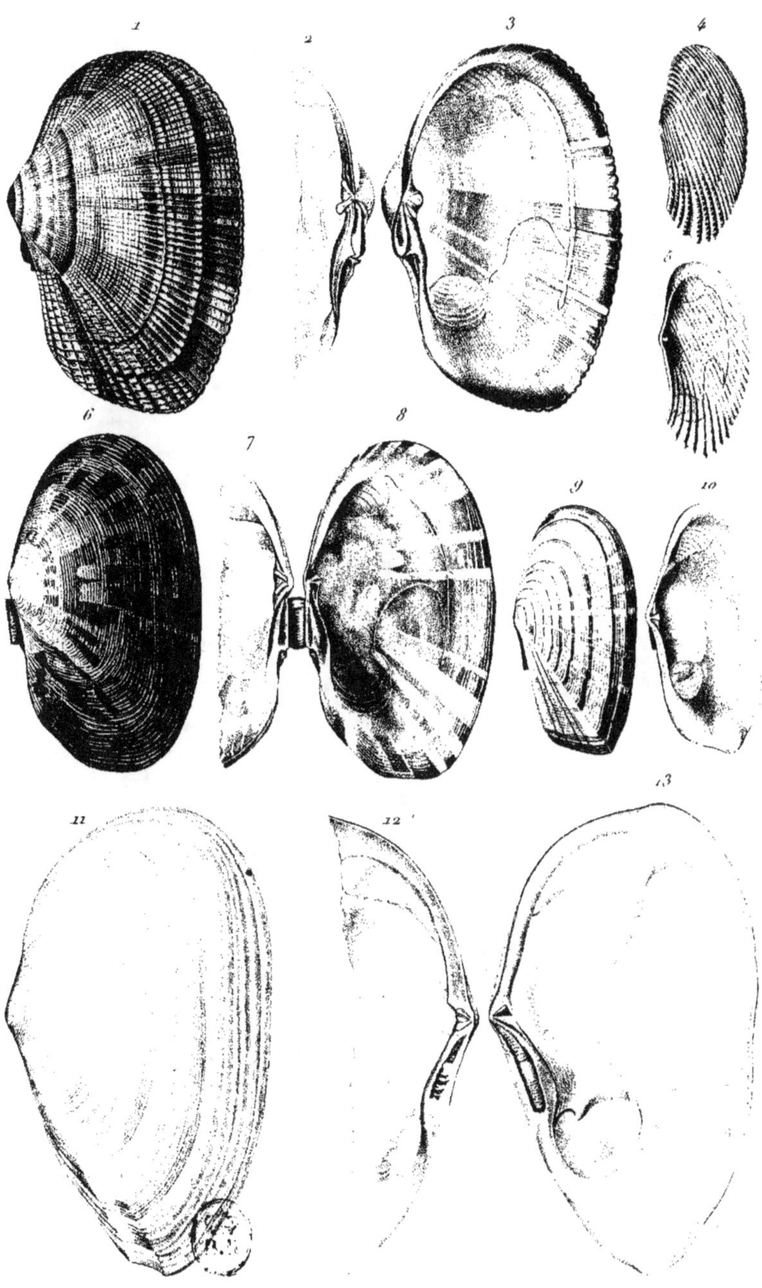

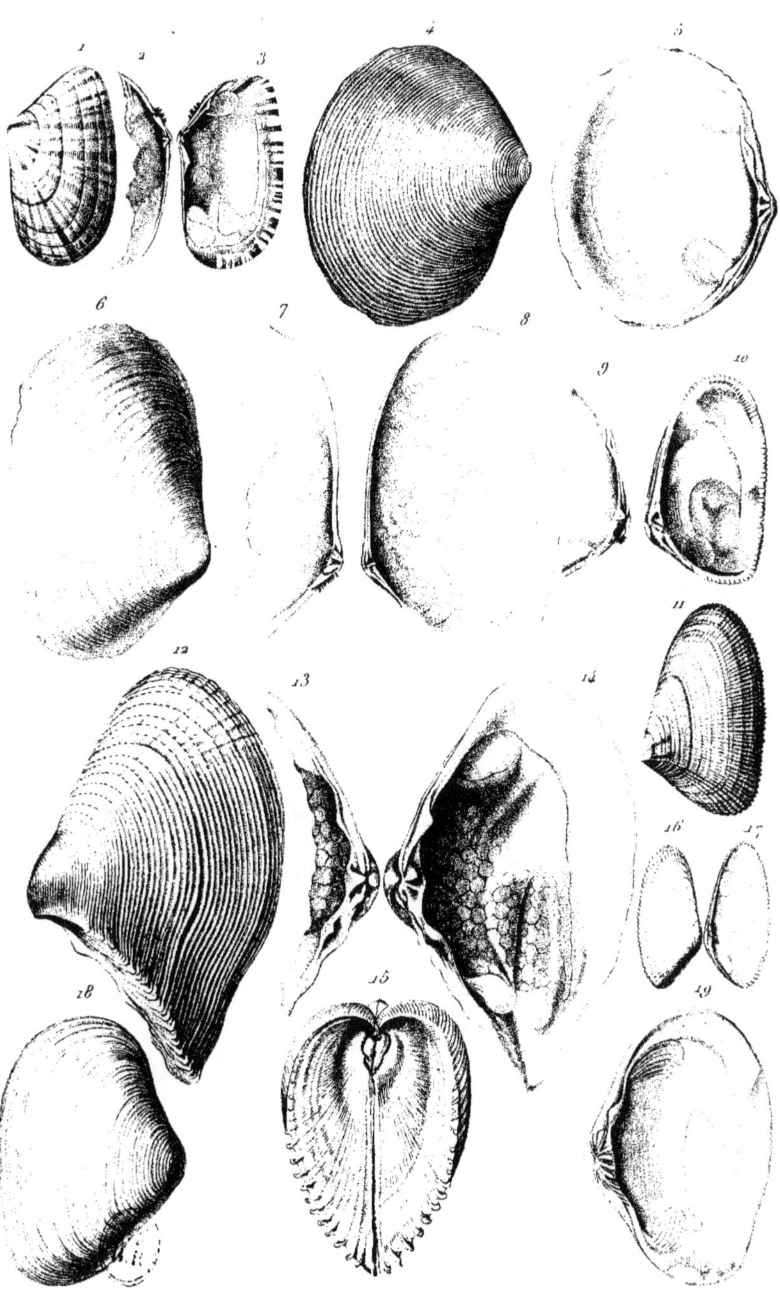

Trait. Élém. de Conchyl.
PL. 14
Publié par Victor Masson
Eckersbauer pinx
N. Remond imp
Annedouche sc

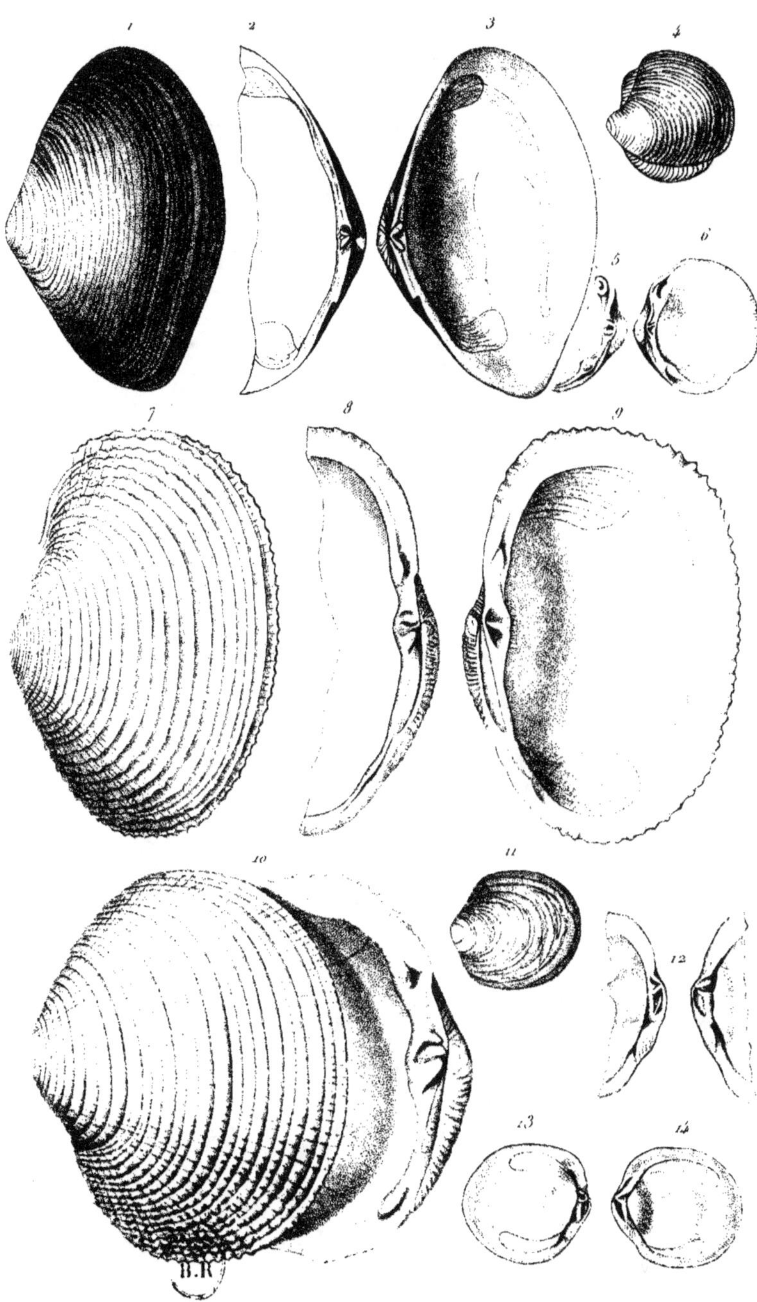

B.R
P. Duméril Pinxit et Direxit

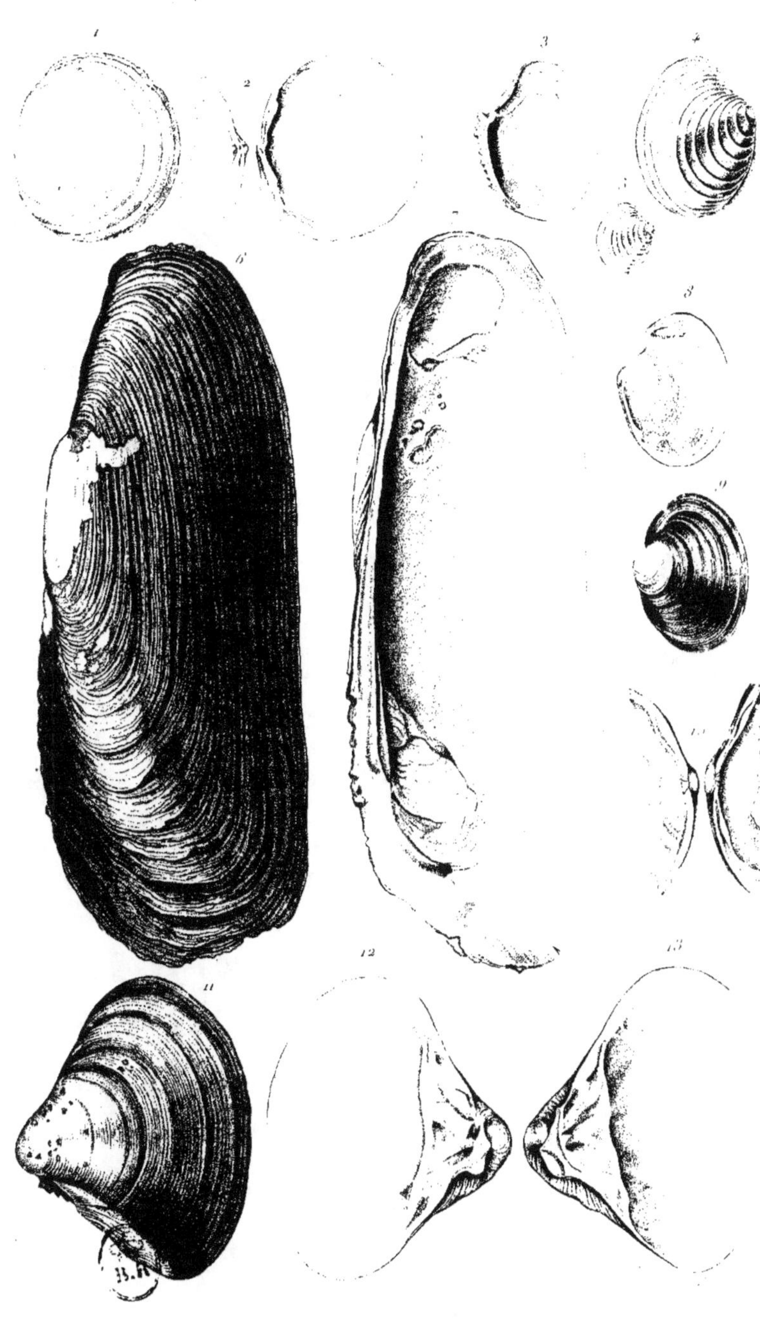
Anneshouche Sculp.t
P. Prancént Duvent et Pinart

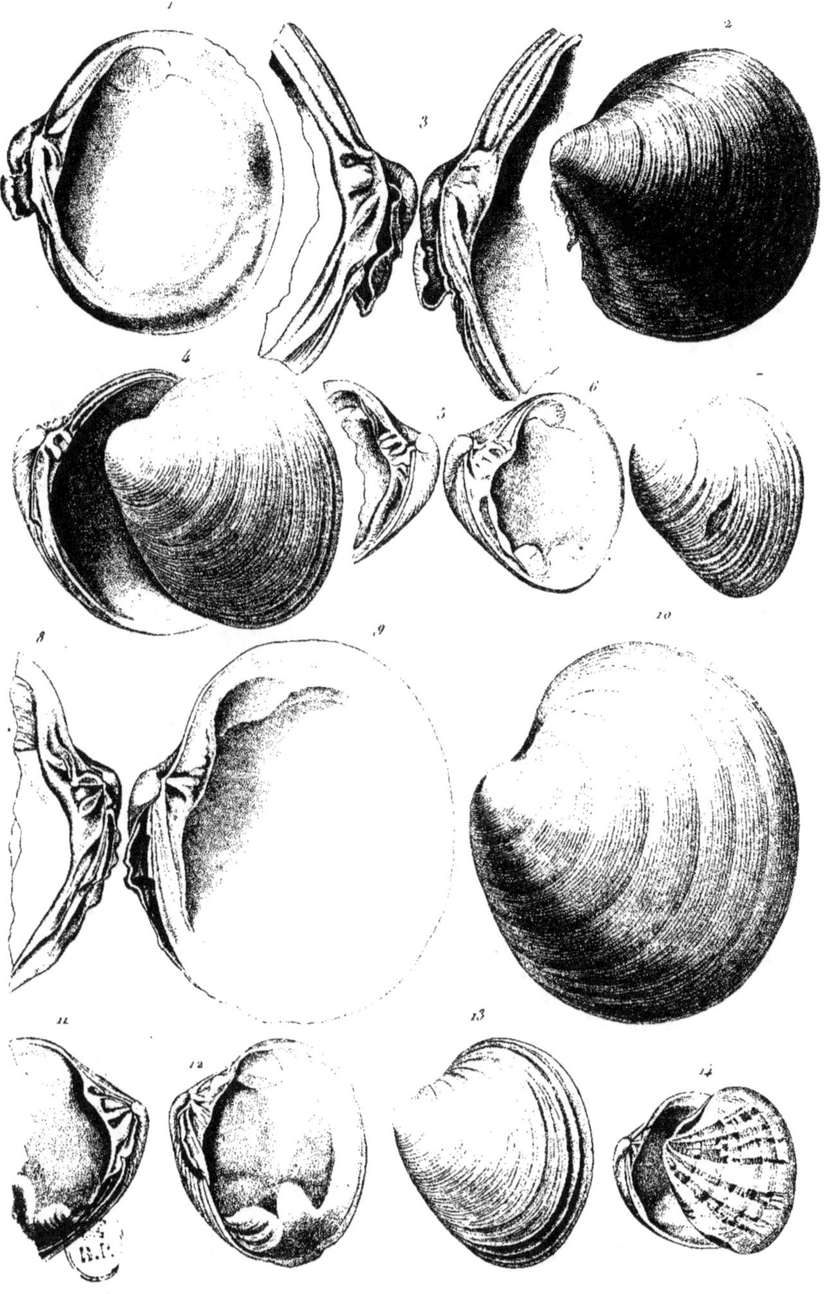

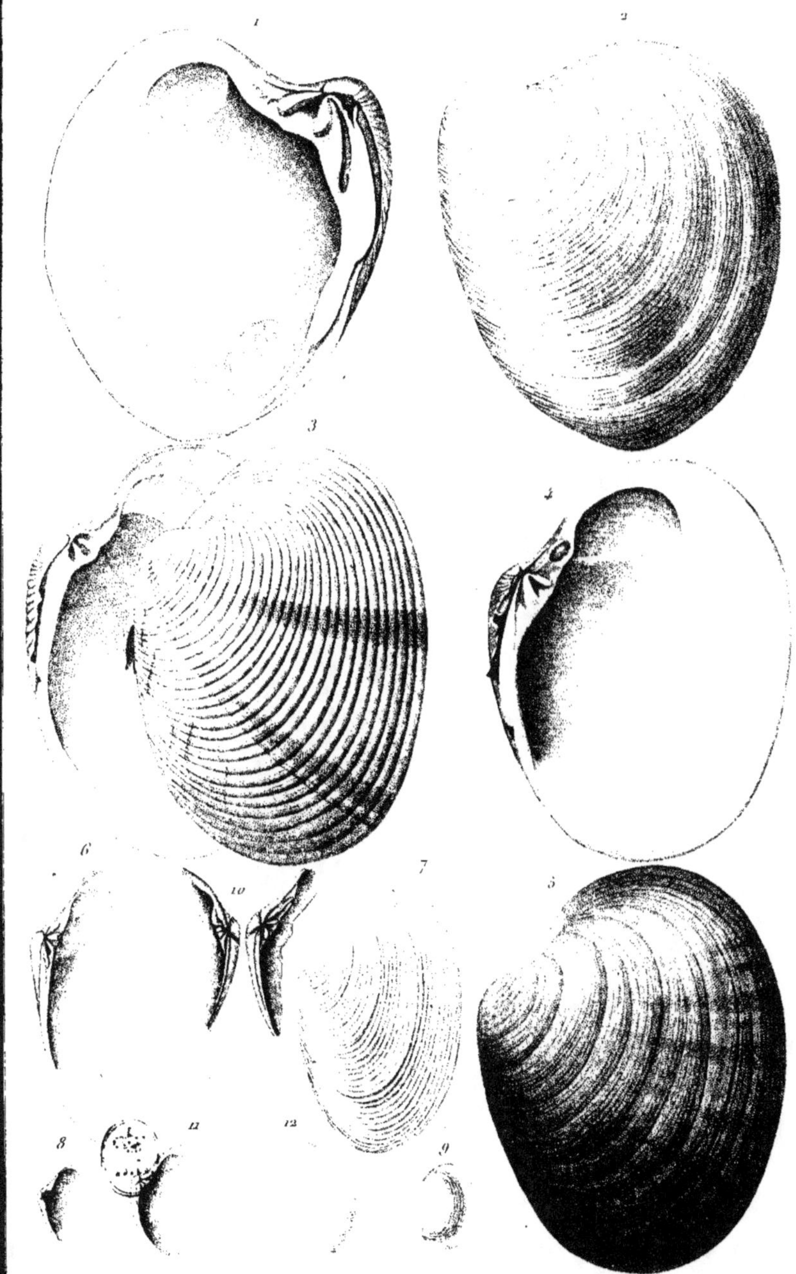

Annedouche Sculp.

P. Duménil Pinxit et Direxit

Annedouche Sculp.t

P. Duménil Pinxit et Direxit.

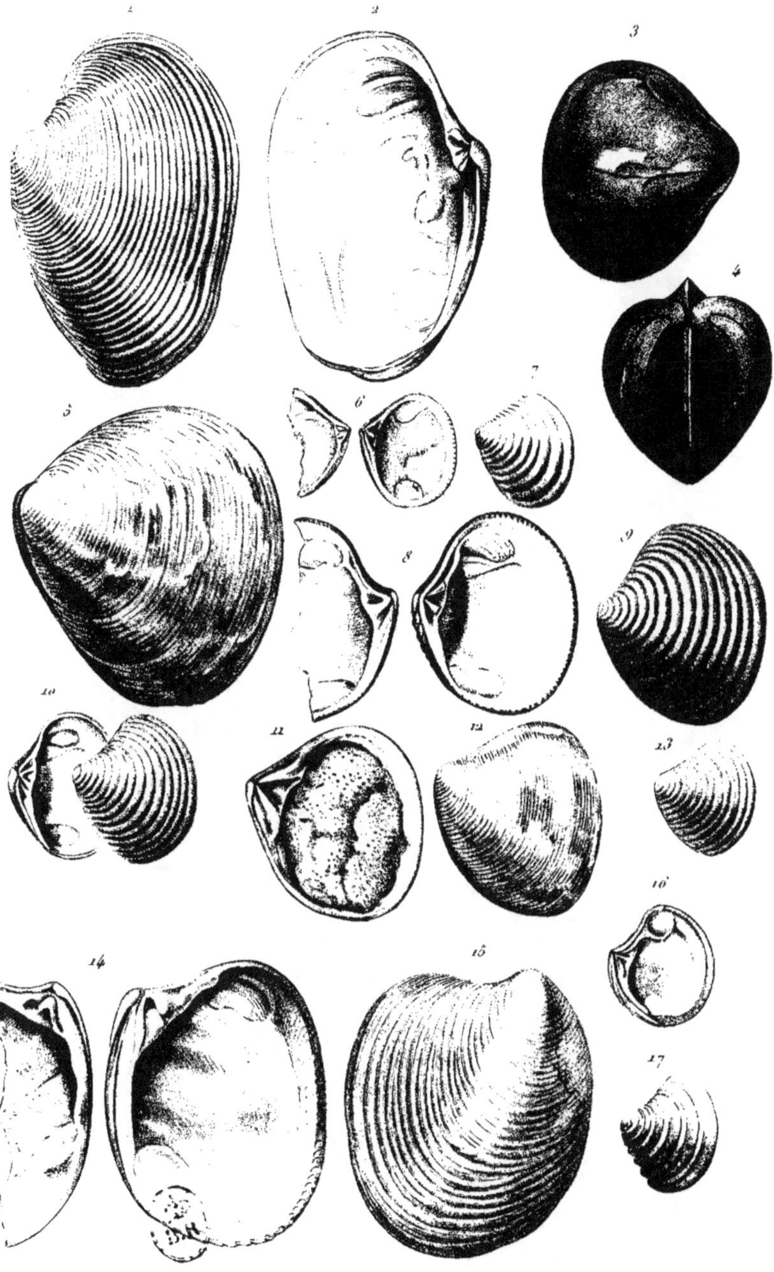

P. Dumenil Pinxit et Direxit.

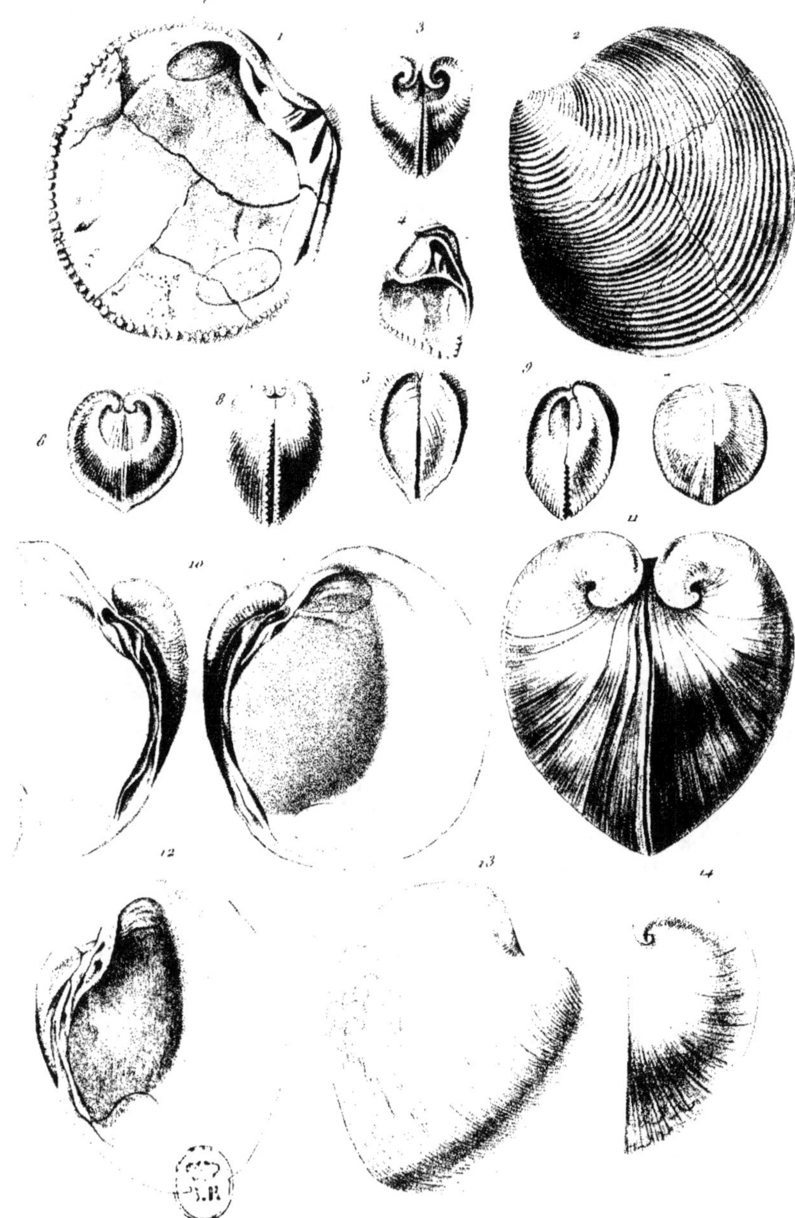

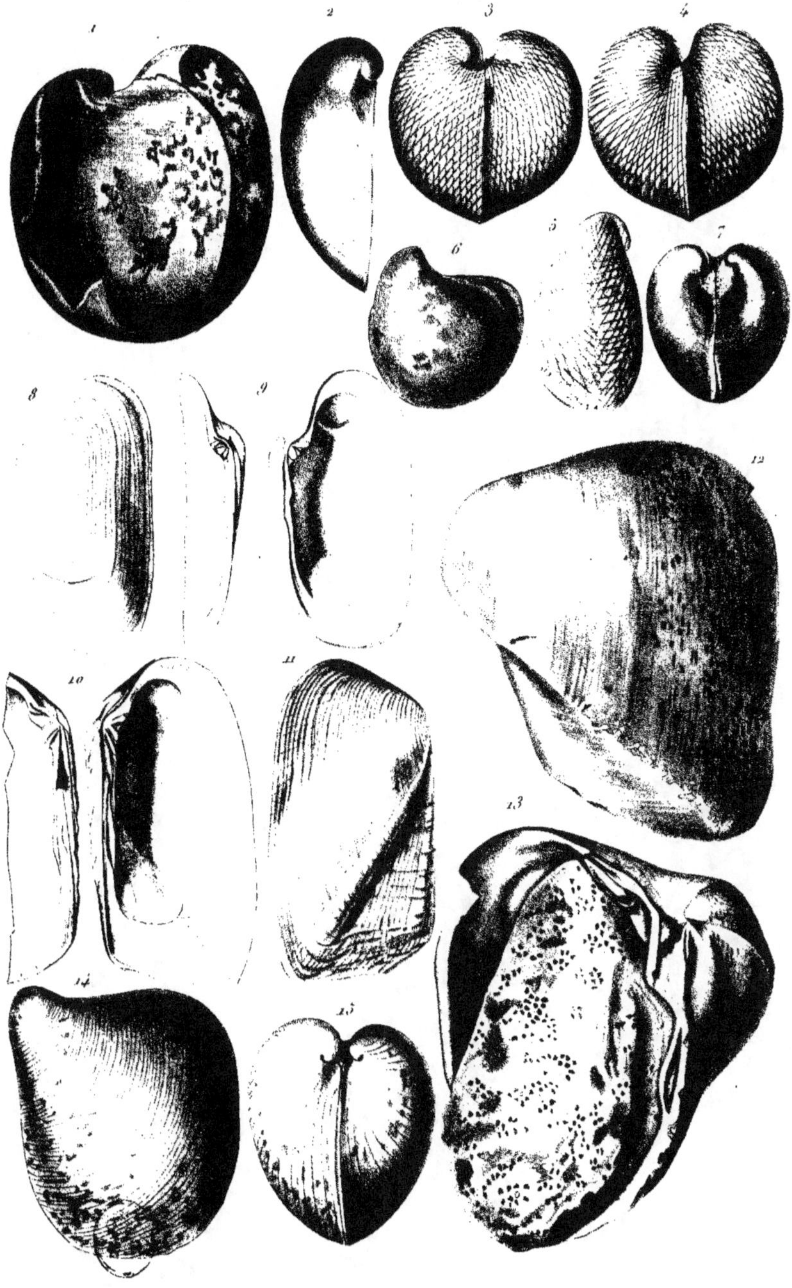

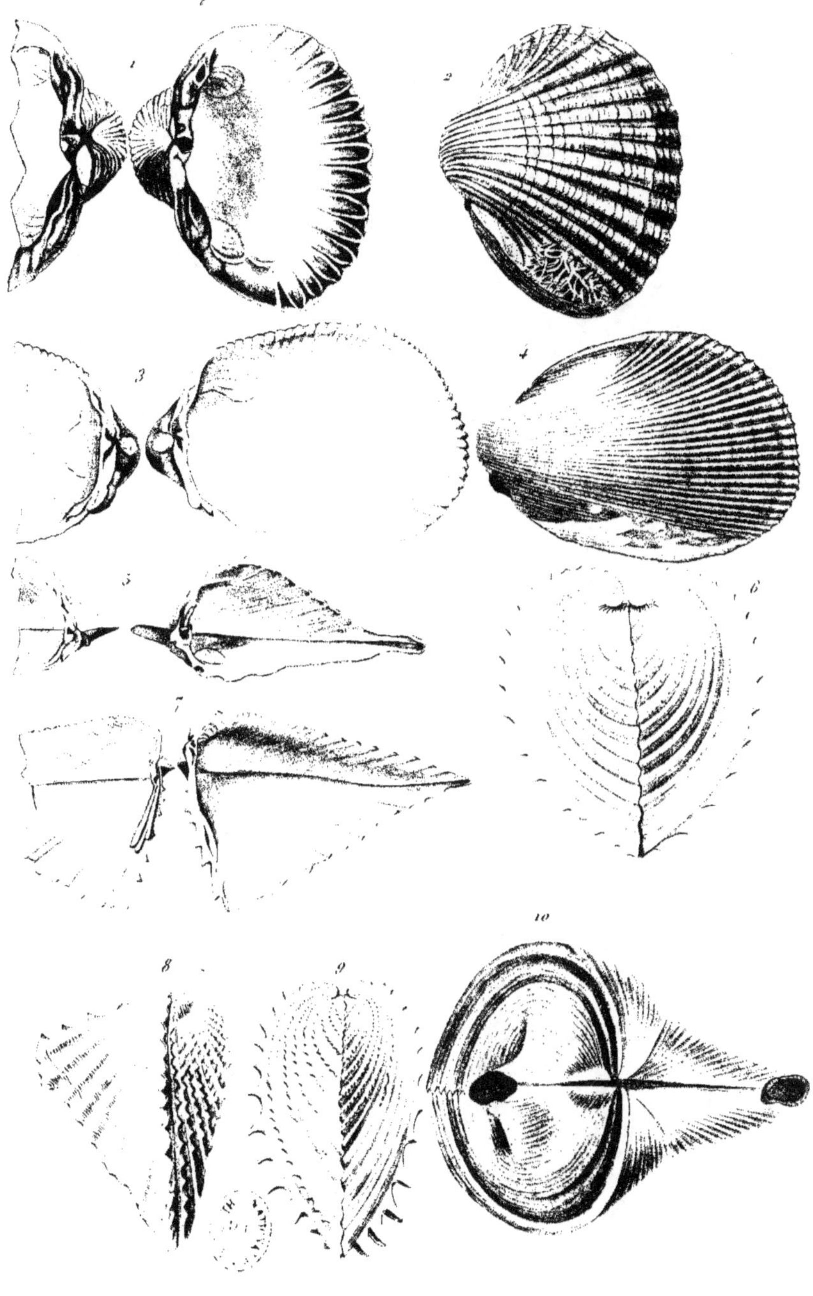

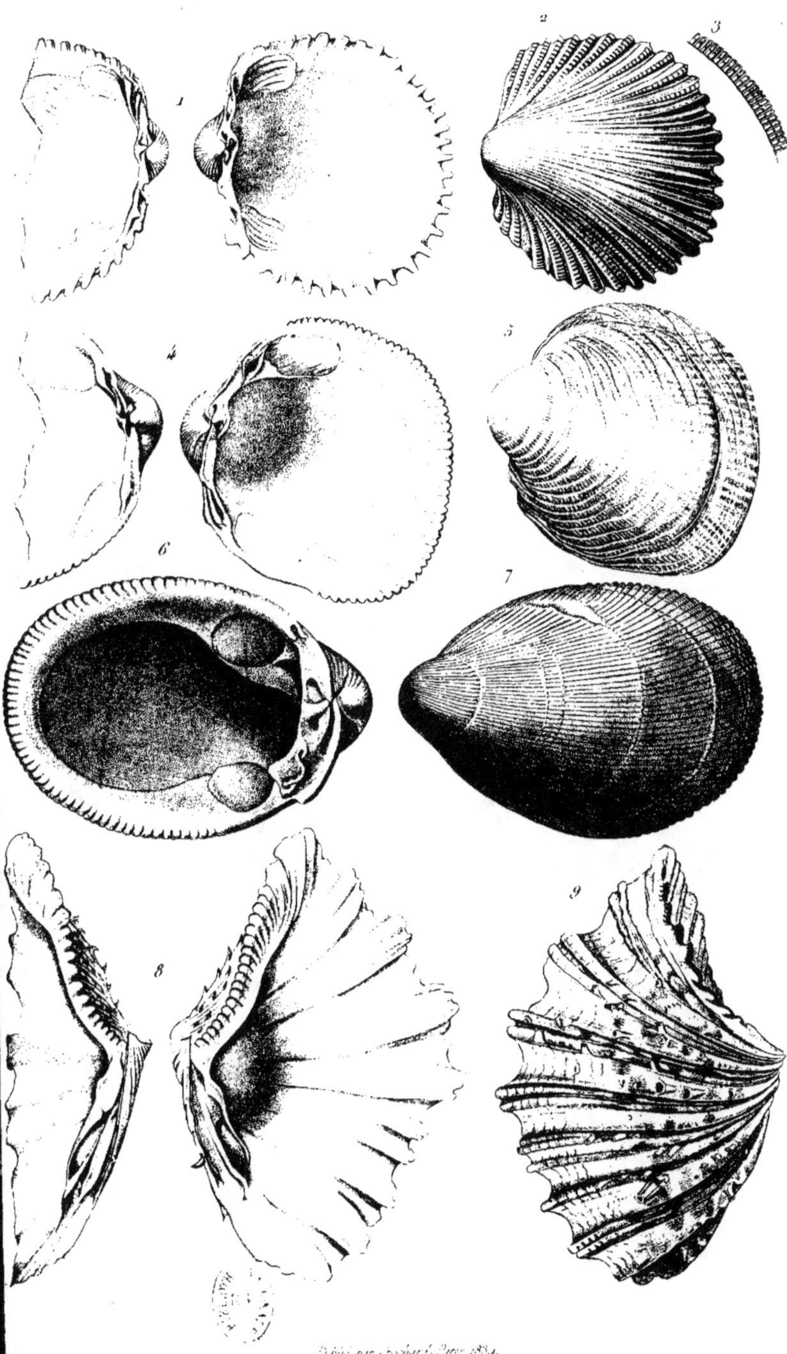

Publié par Roret, Paris 1834.

Annedouche Sculp.t   P. Dumenil Pinxit et Direxit.

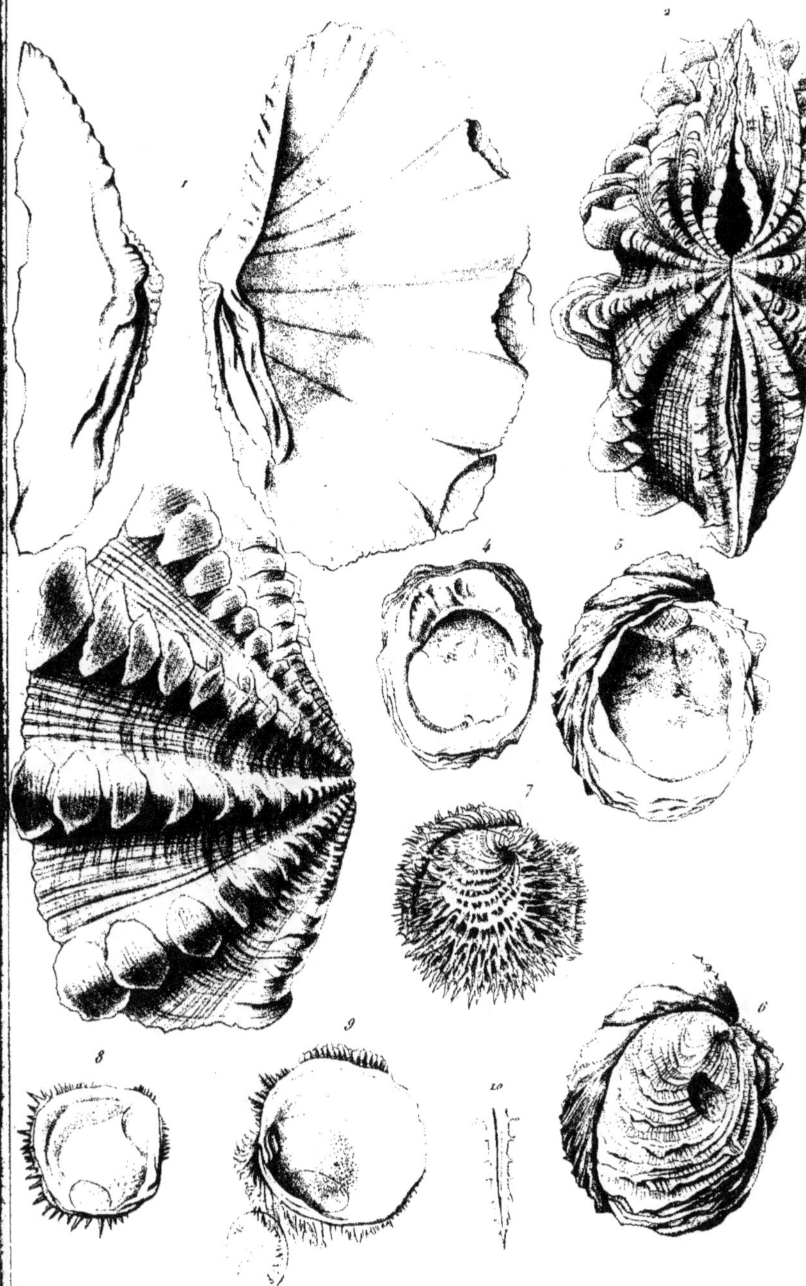

P. Duménil Pinxit et Direxit
Annedouche Sculp.t

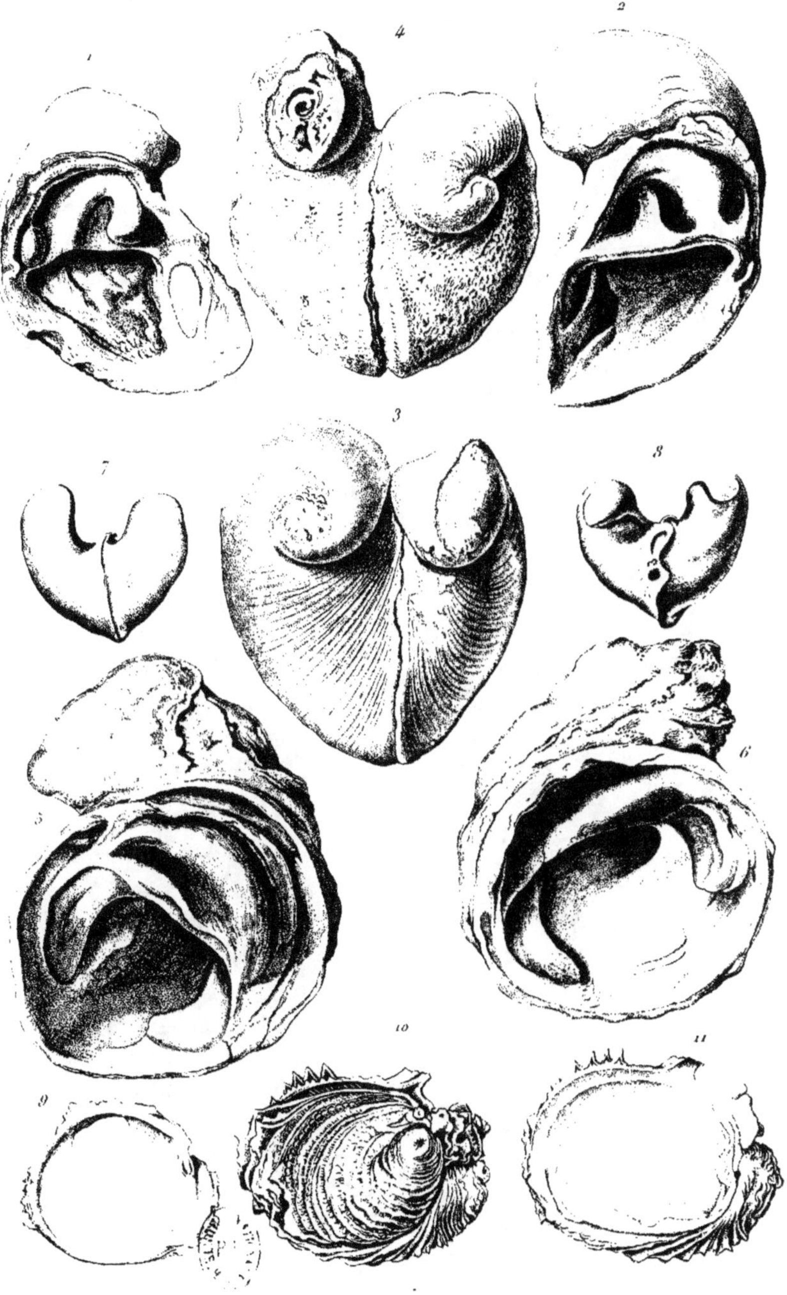

Annedouche Sculp.

P. Dumènil Pinxit et Direxit

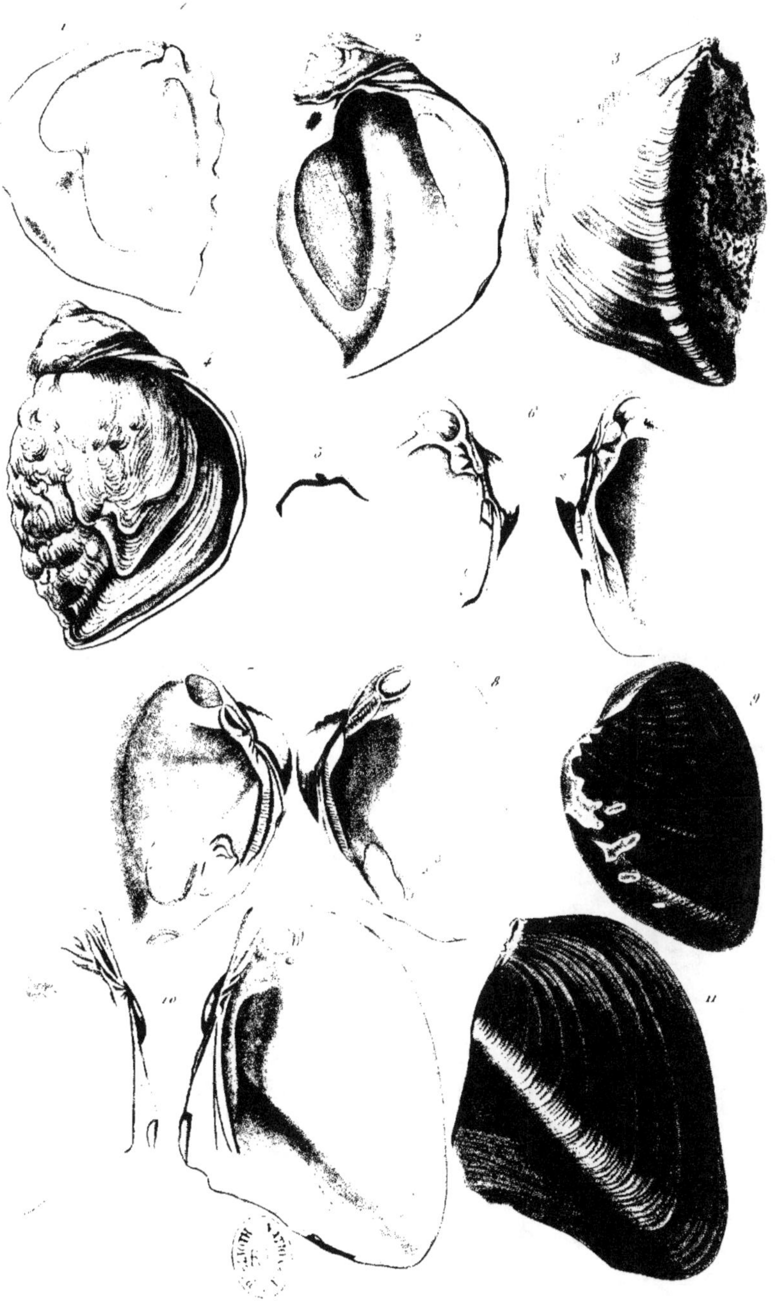

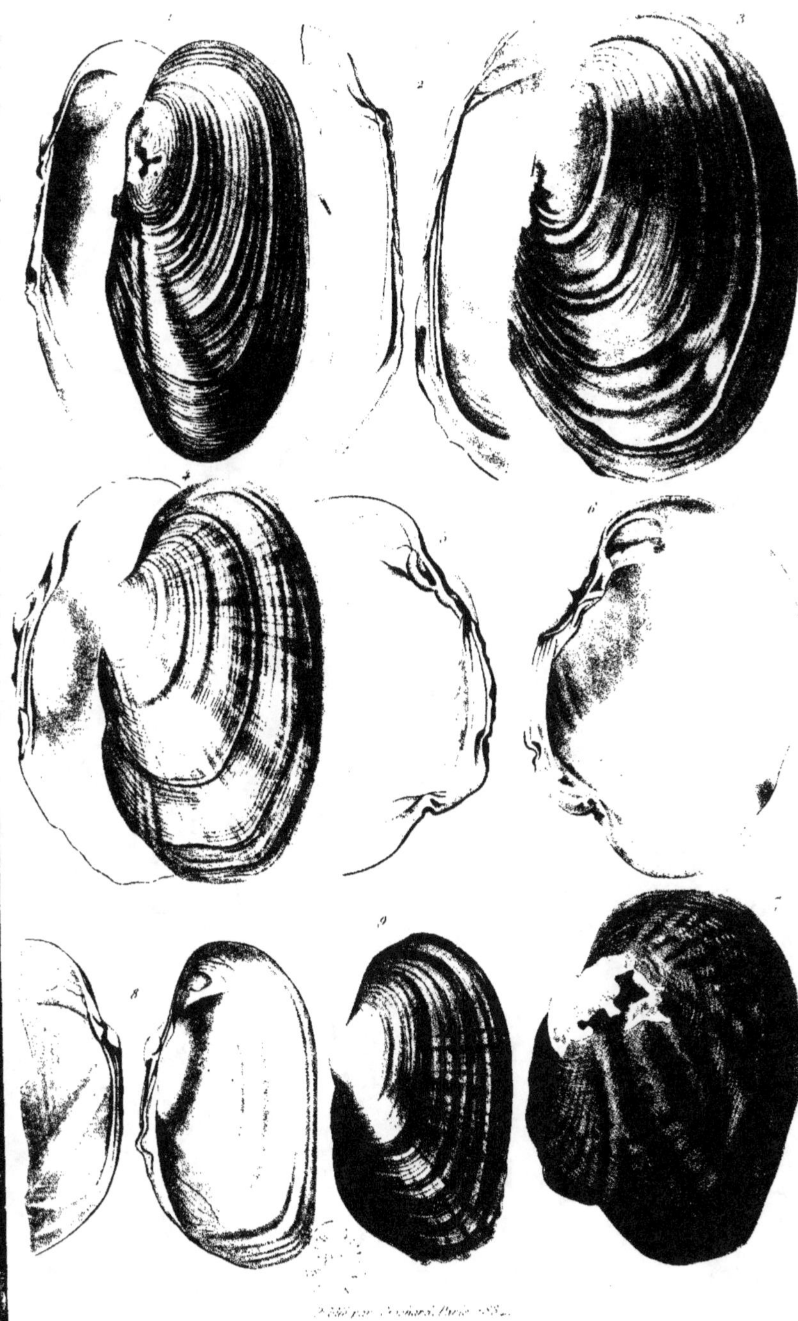

Annedouche Sculp.   P. Duménil Pinxit et Direxit.

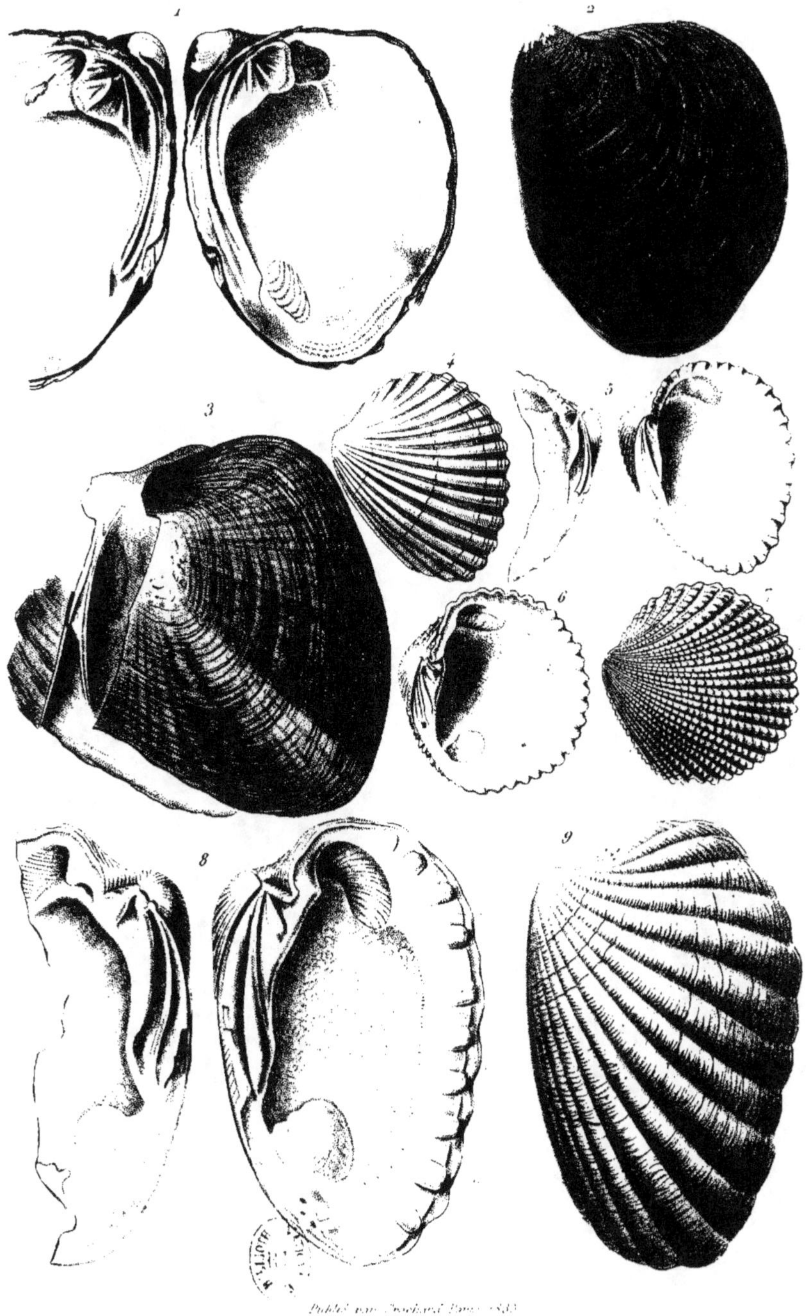

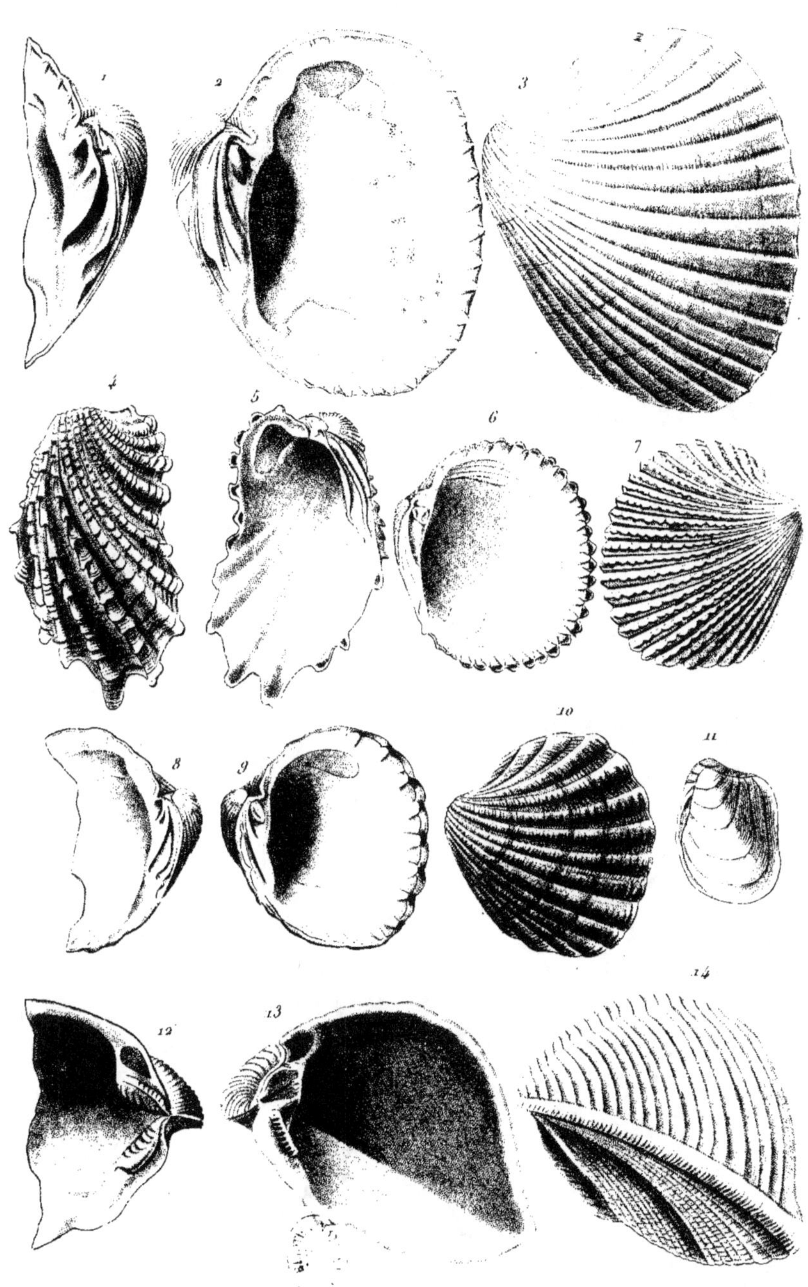

Publié par Crochard Paris 1835.

Annedouche Sculp.

P. Duménil Pinxit et Direxit

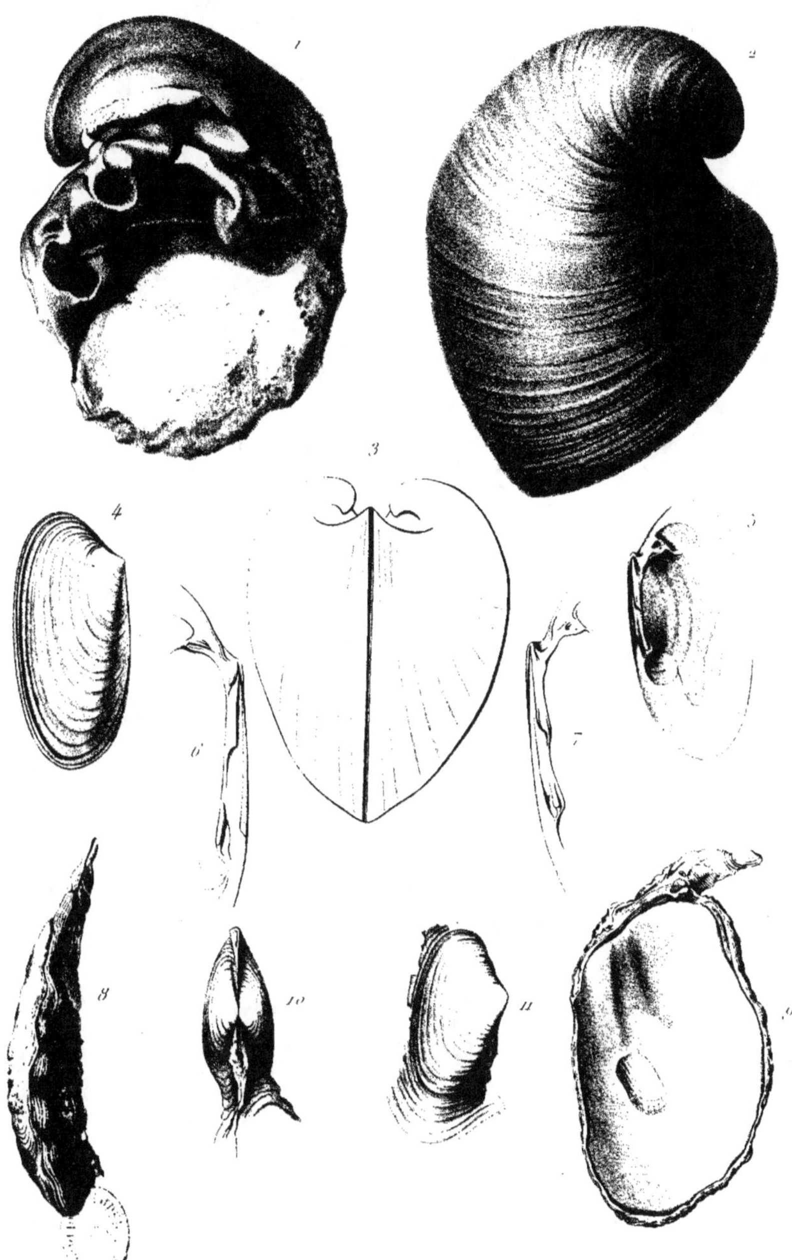

Publié par Victor Masson

Lackerbauer del.   N. Rémond imp. r. des Noyers 65. Paris.   Martin sc.

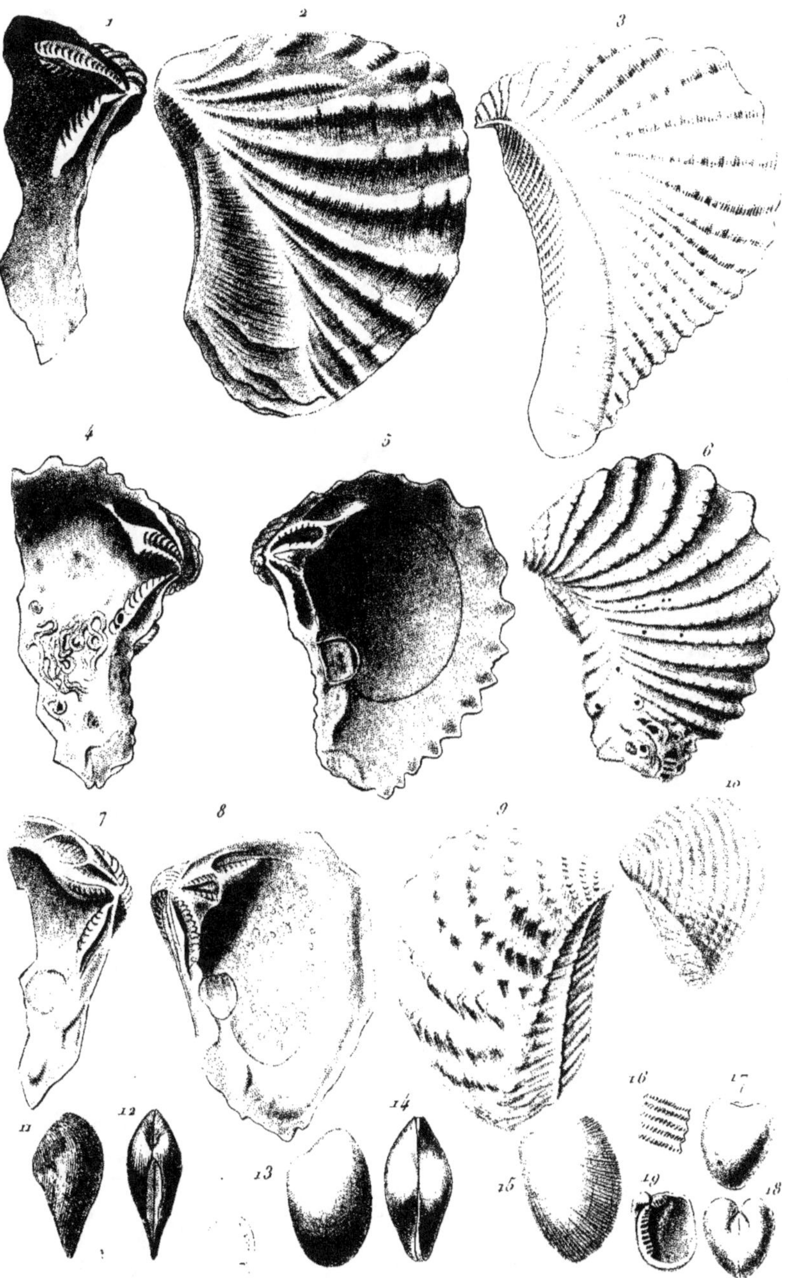

Publié par Boschard Paris 1833.
Annedouche Sculp.t
P. Duménil Pinxit et Direxit.

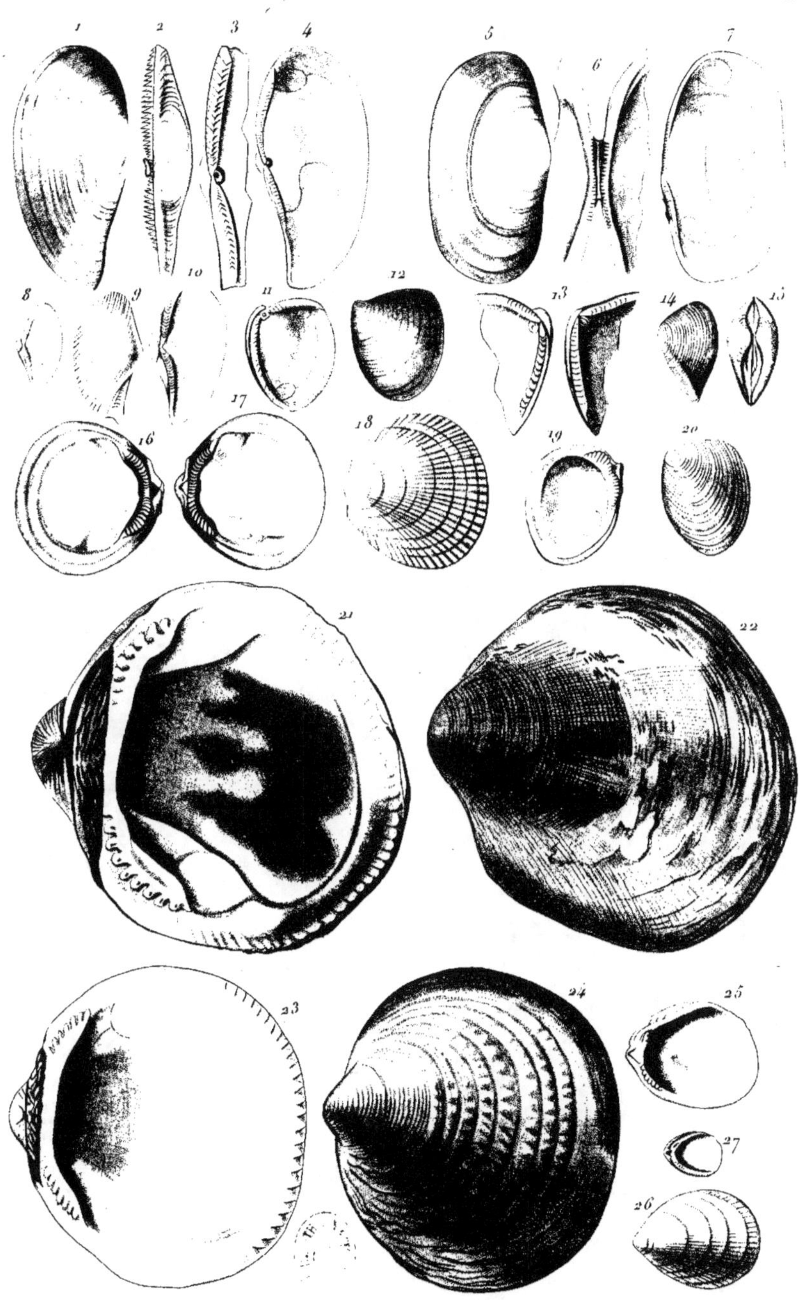

Annedouche Sculp.t   P. Duménil Pinxit et Direxit.

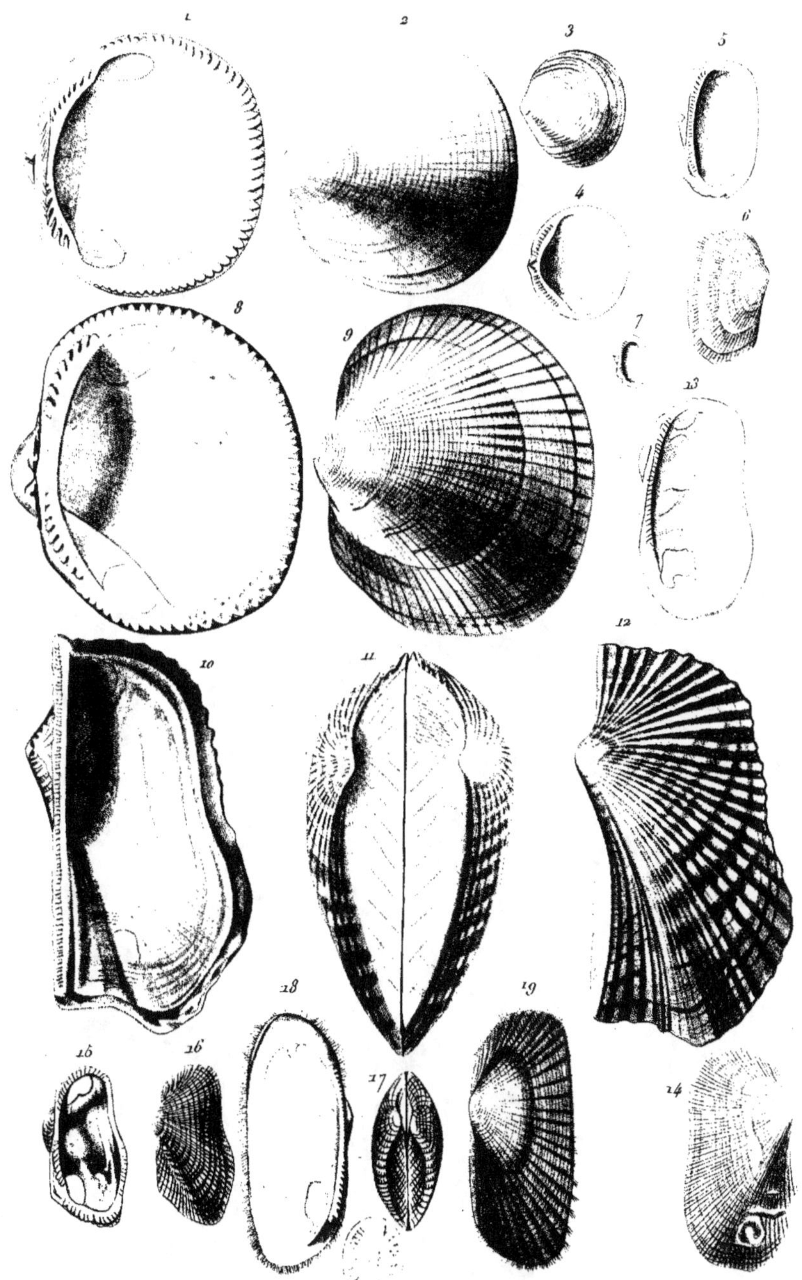

Publié par Crochard Paris 1835.

Annedouche Sculp.^t
P. Duménil Pinxit et Direxit.

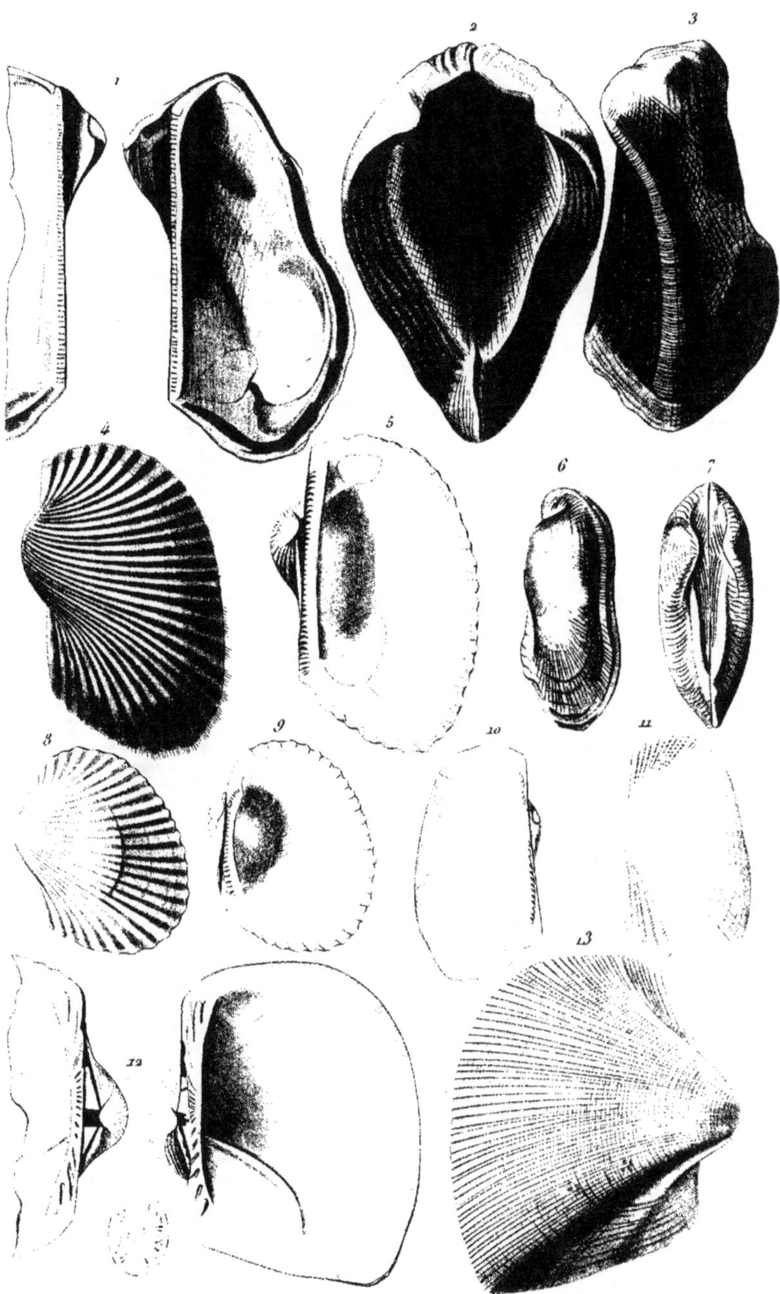

Publié par Crochard Paris 1835

Annedouche Sculp.t

P. Duménil Pinxit et Direxit

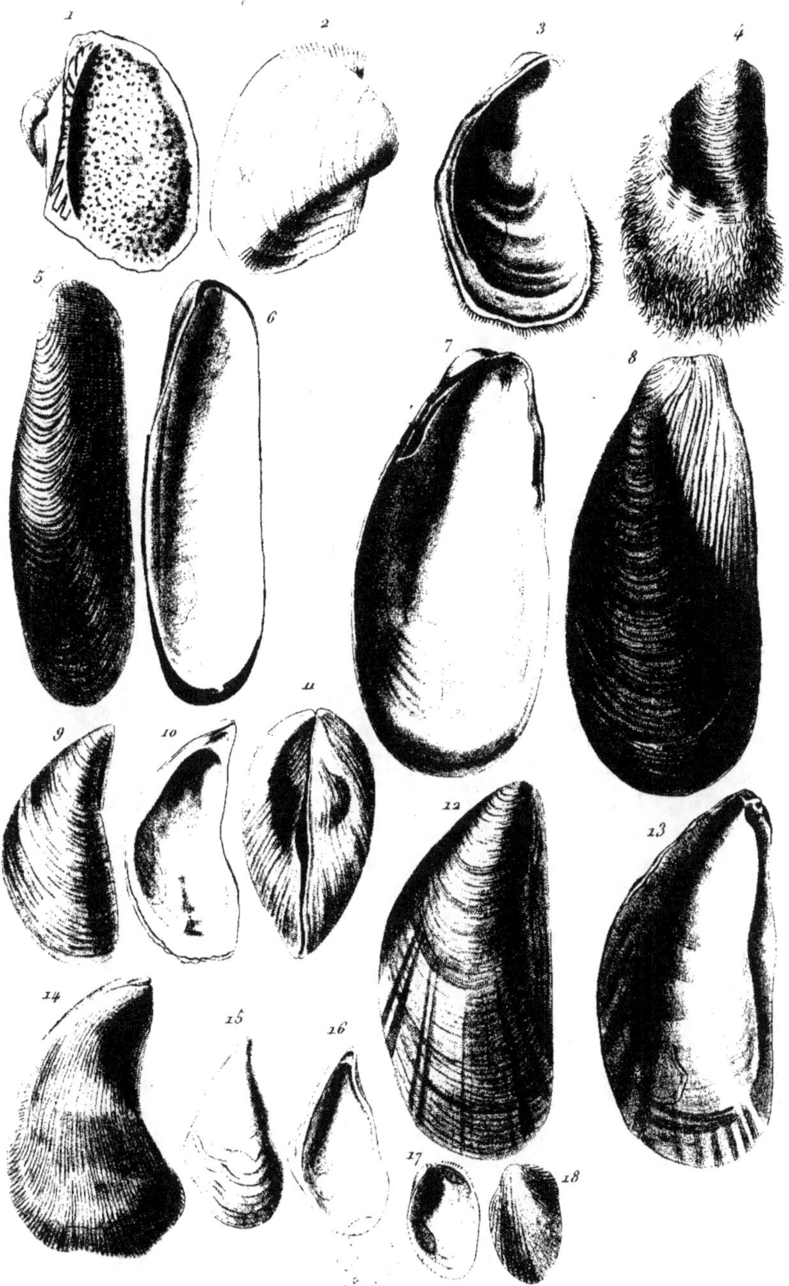

Publié par Crochard. Paris 1835.

Annedouche Sculp.t   P. Duménil Pinxit et Direxit.

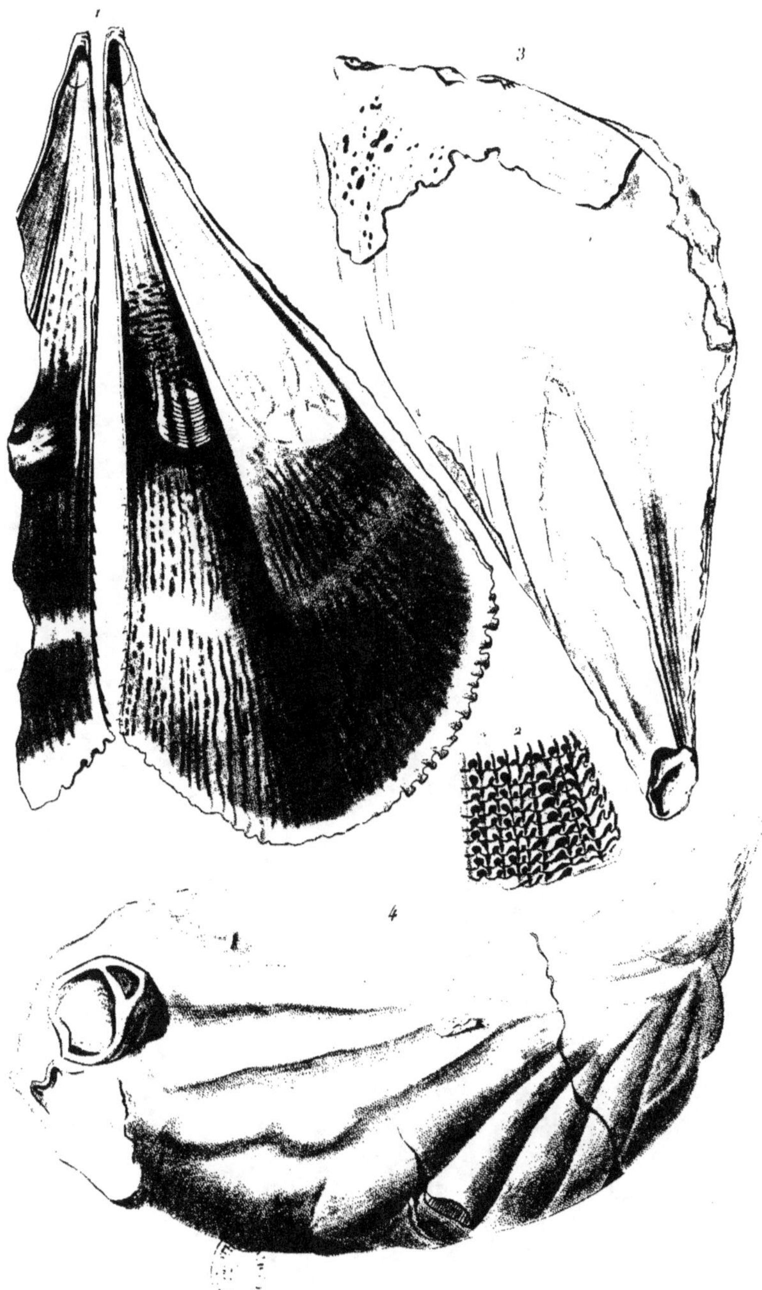

Publié par Crochard Paris 1843.

Annedouche Sculp.t *P. Duménil Pinxit et Direxit.*

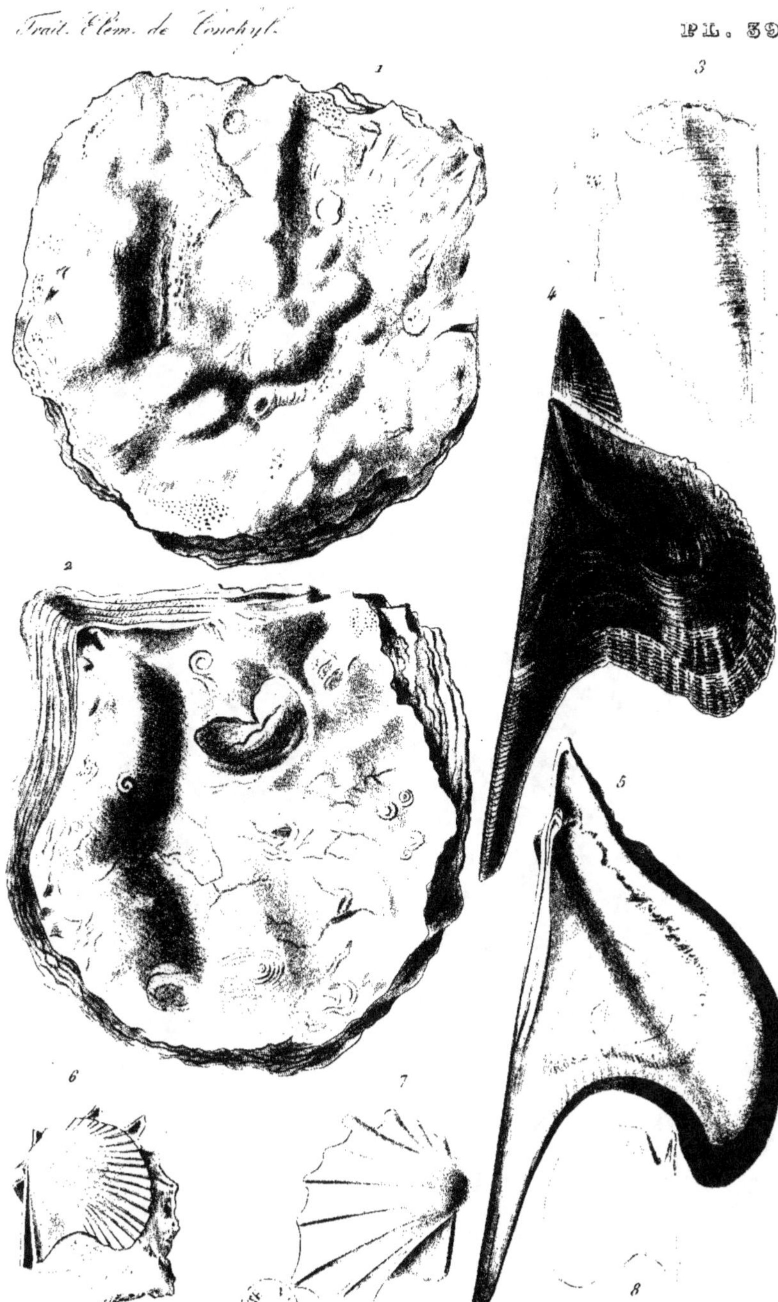

Annedouche. Sculp.t

Publié par Crochard Paris 1835.

P. Duménil Pinxit et Direxit.

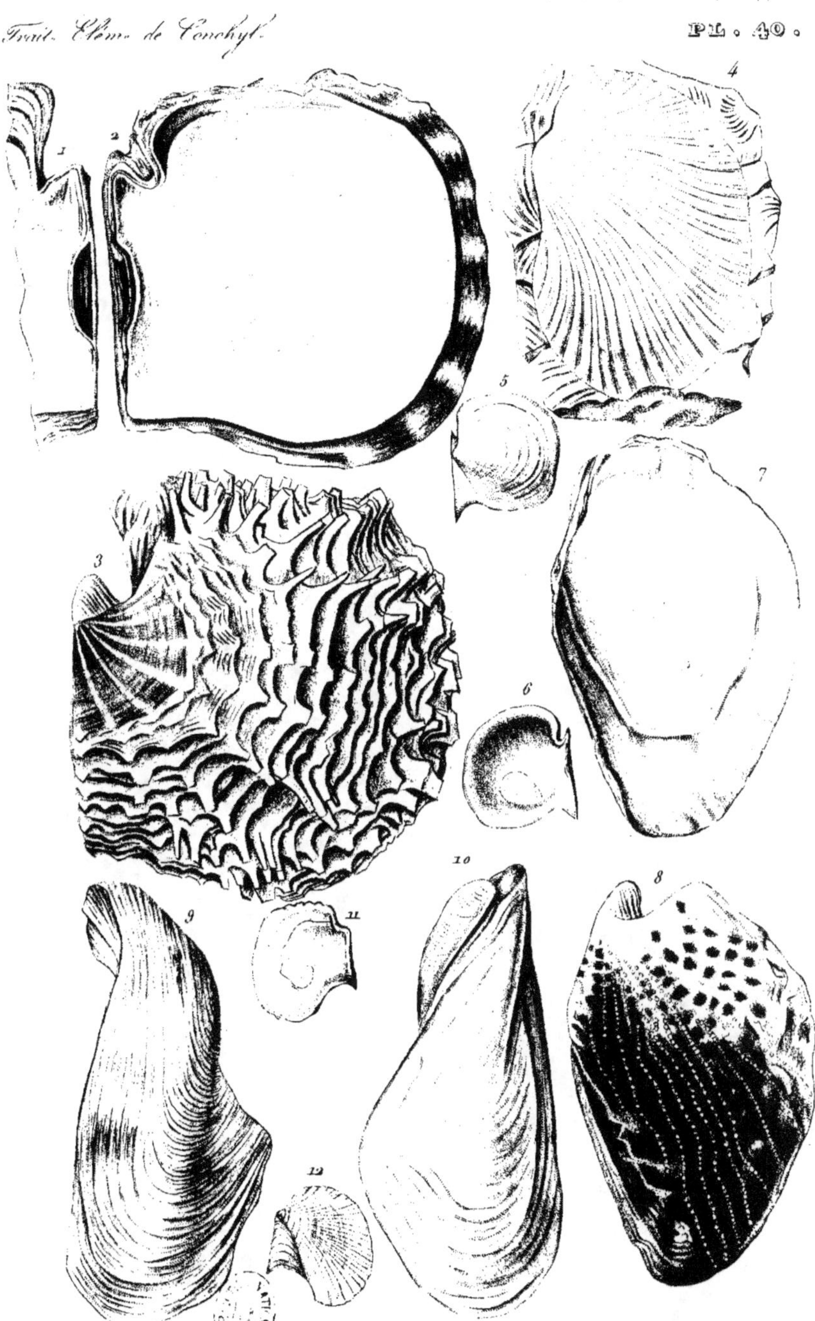

Publié par Crochard Paris 1833.

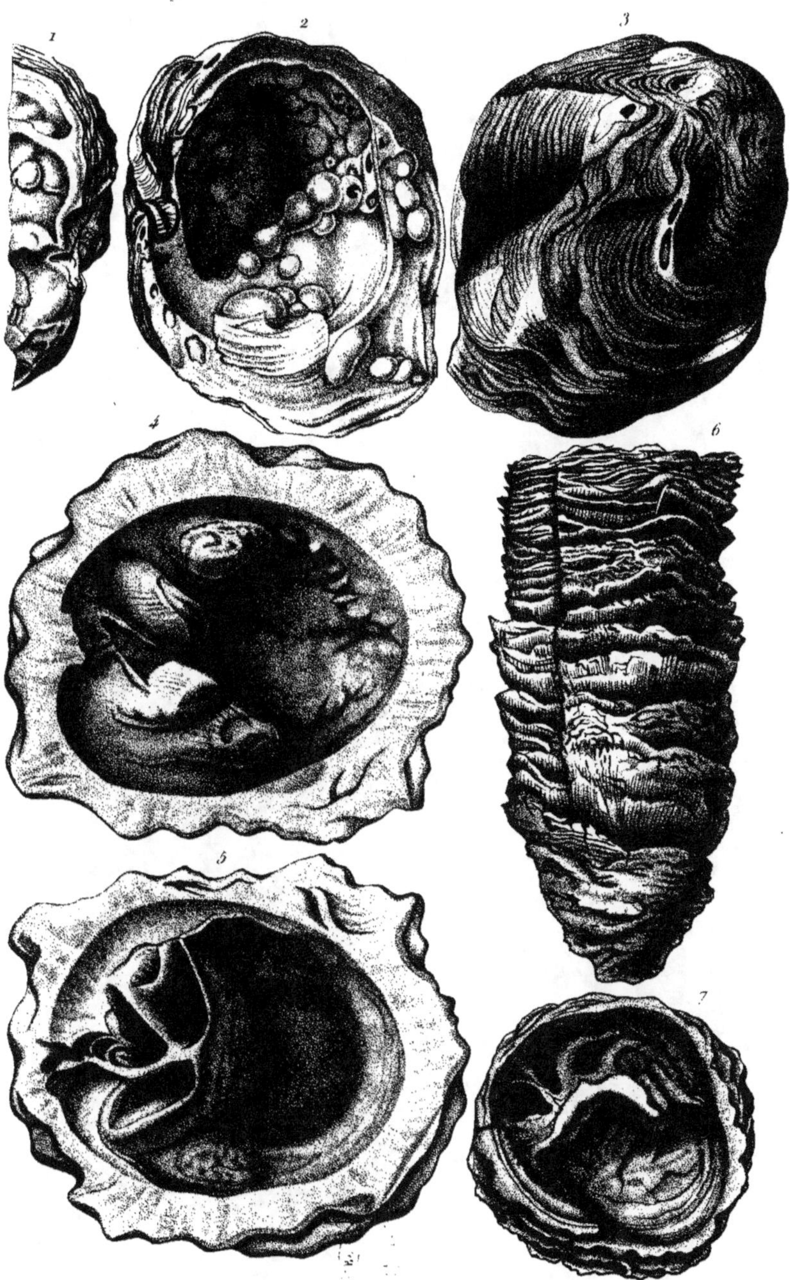

Publie par Roret 1836.

Dumenil del.   N. Remond imp.   M.e Egasse Plée sc.

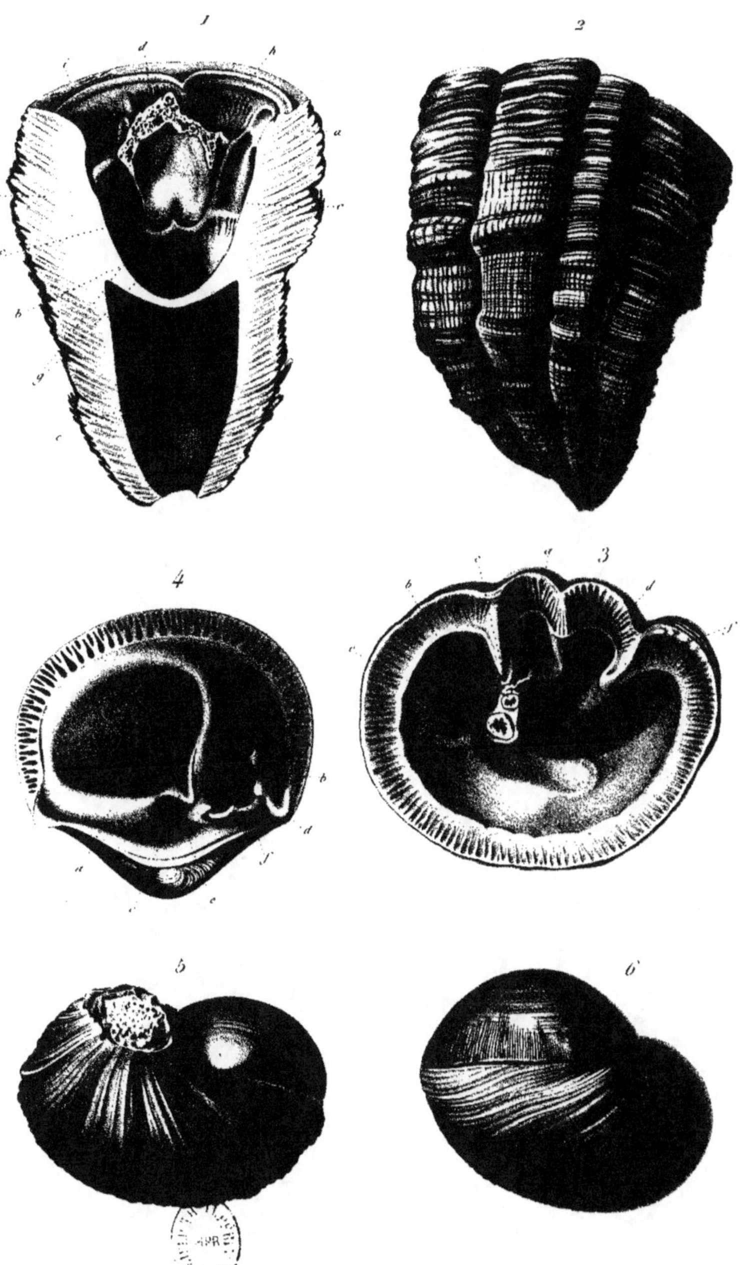

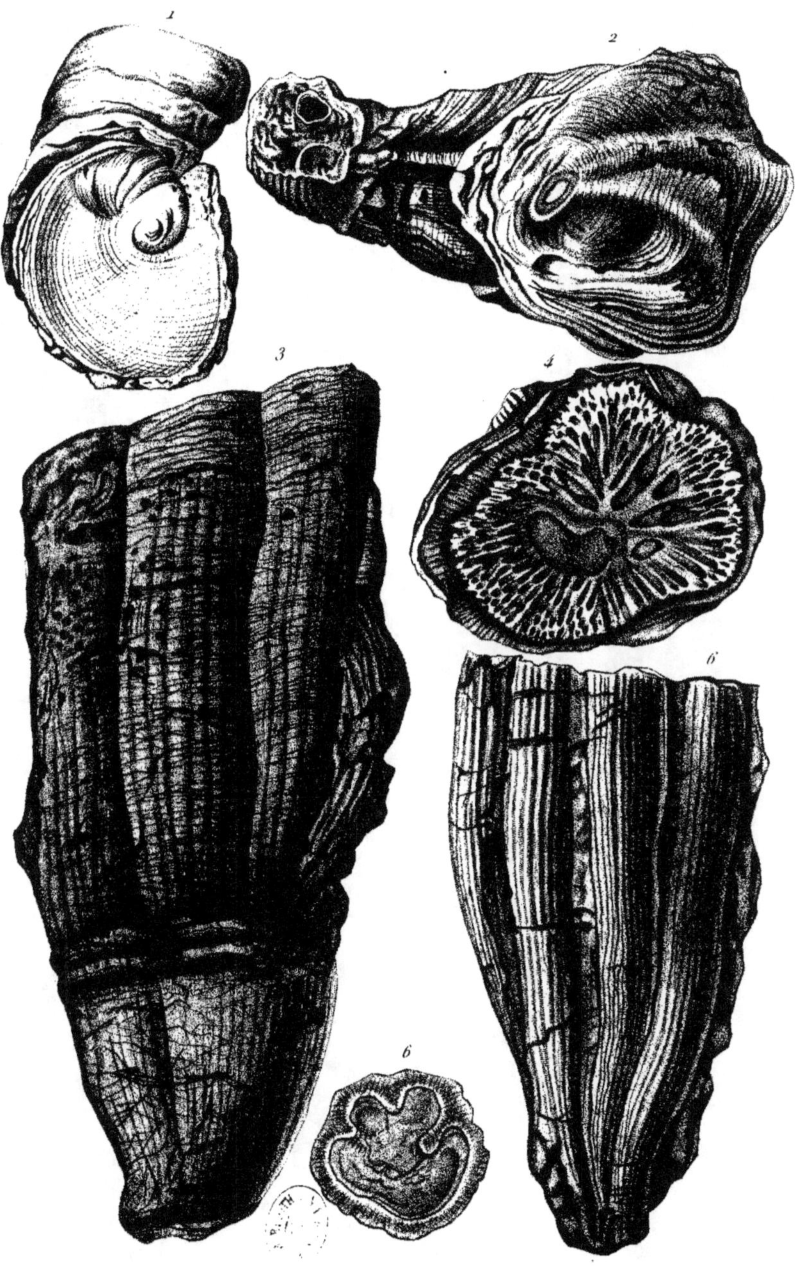

Publié par Béchard & C.ᵉ 1839.

Duménil del.   N. Rémond imp.   M.ᵉ Egasse Plée sc

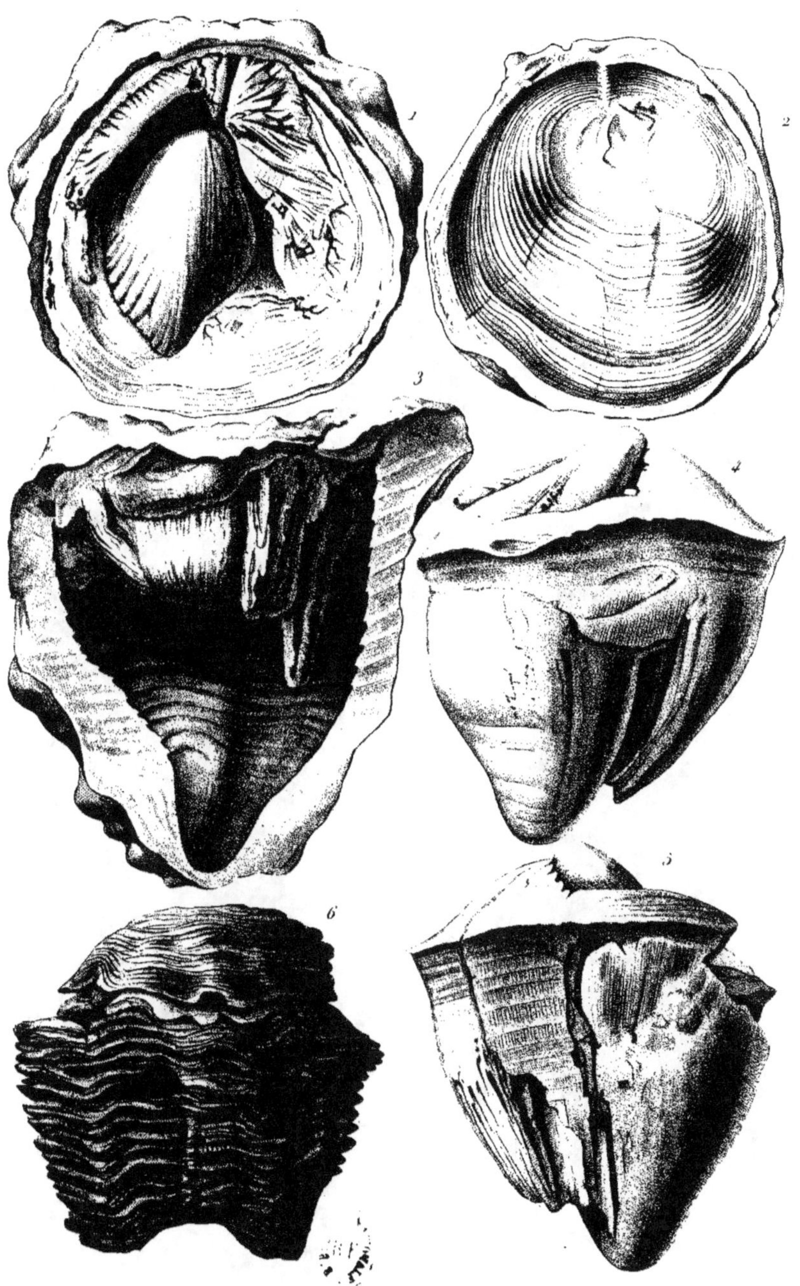

Publié par Firmin Didot et Cie.

Duménil del.
N. Rémond imp.

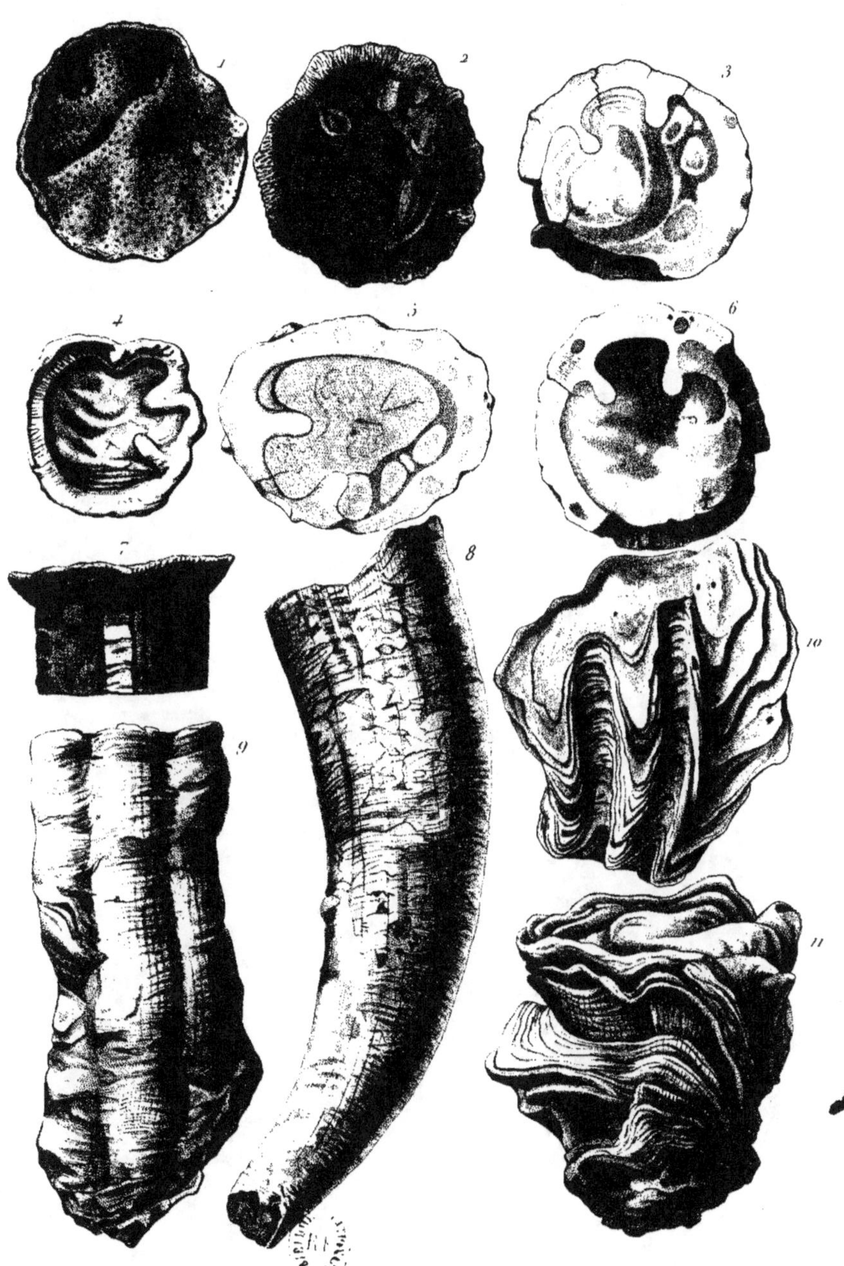

Publié par Fortin Masson et C.ᵉ

Dumenil del.   N. Rémond imp.

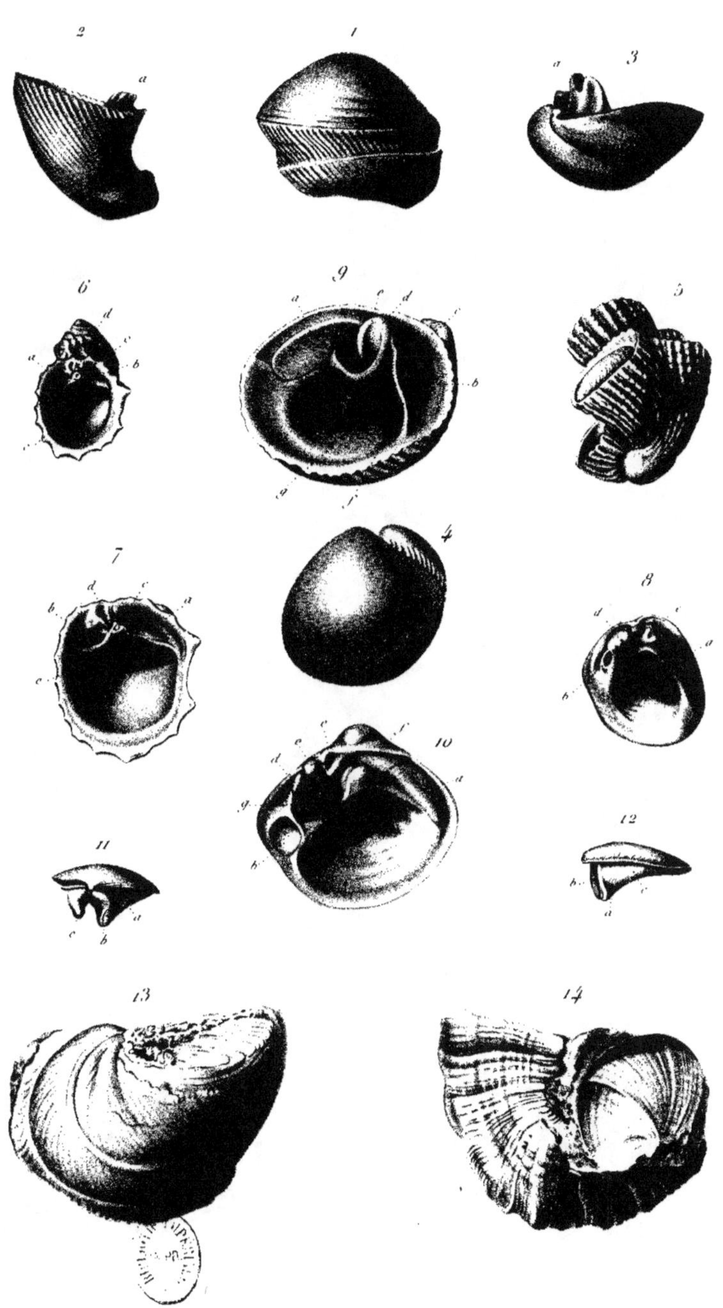

Lackerbauer pinx. N. Rémond imp Martin sc.

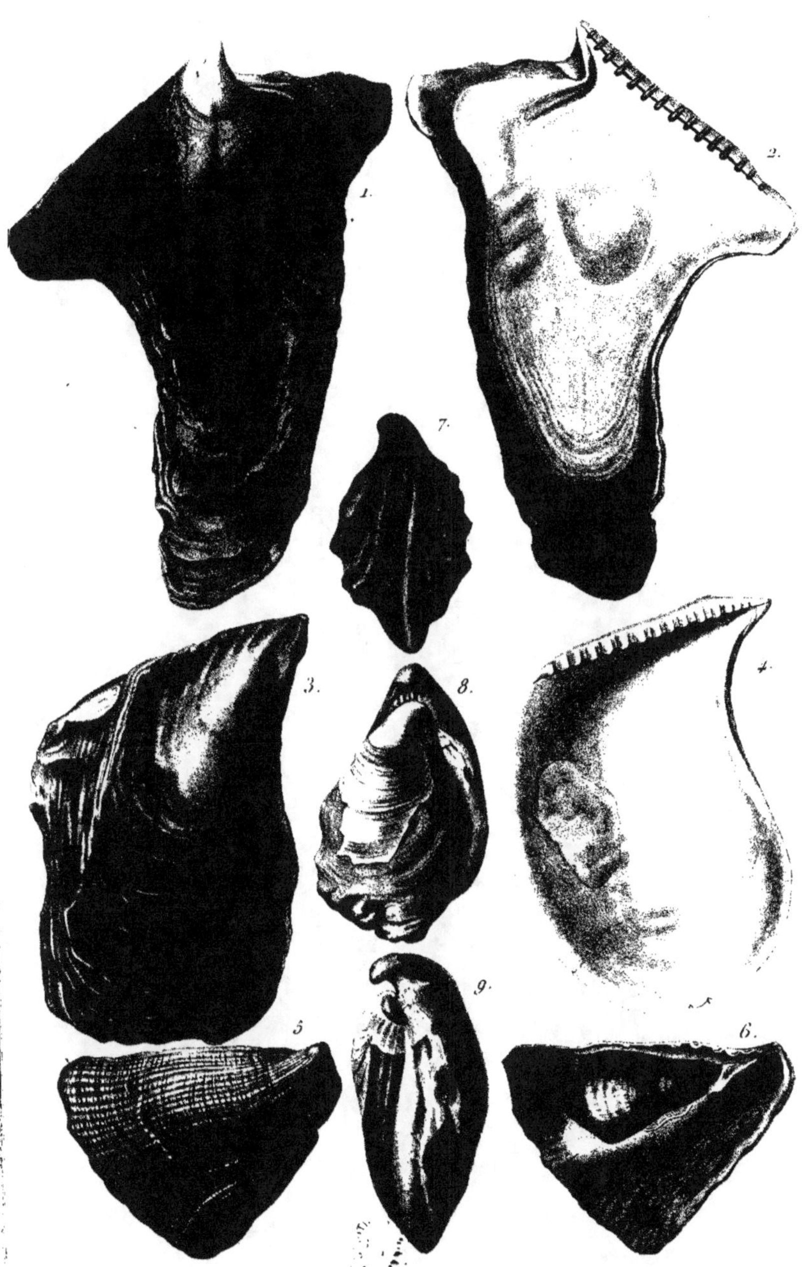

1.
2.
7.
3.
8.
4.
5.
9.
6.

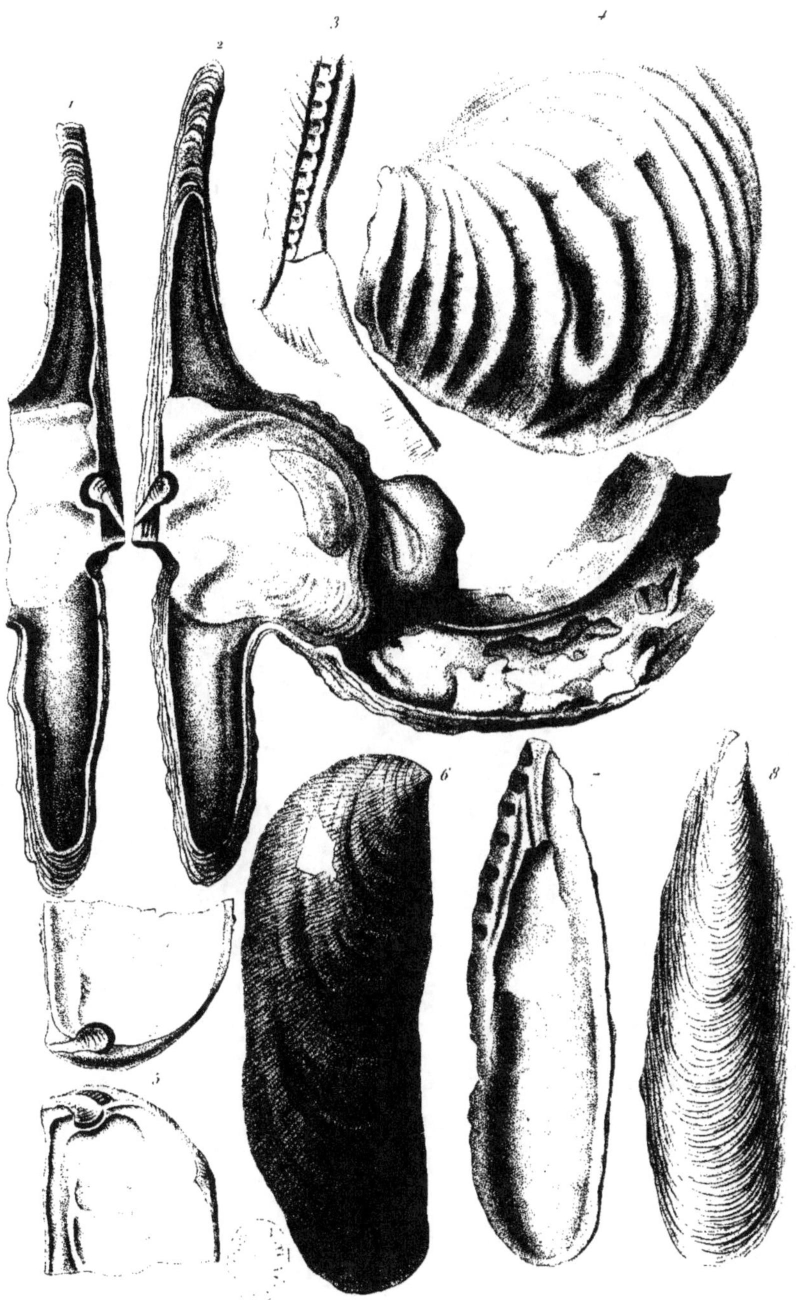

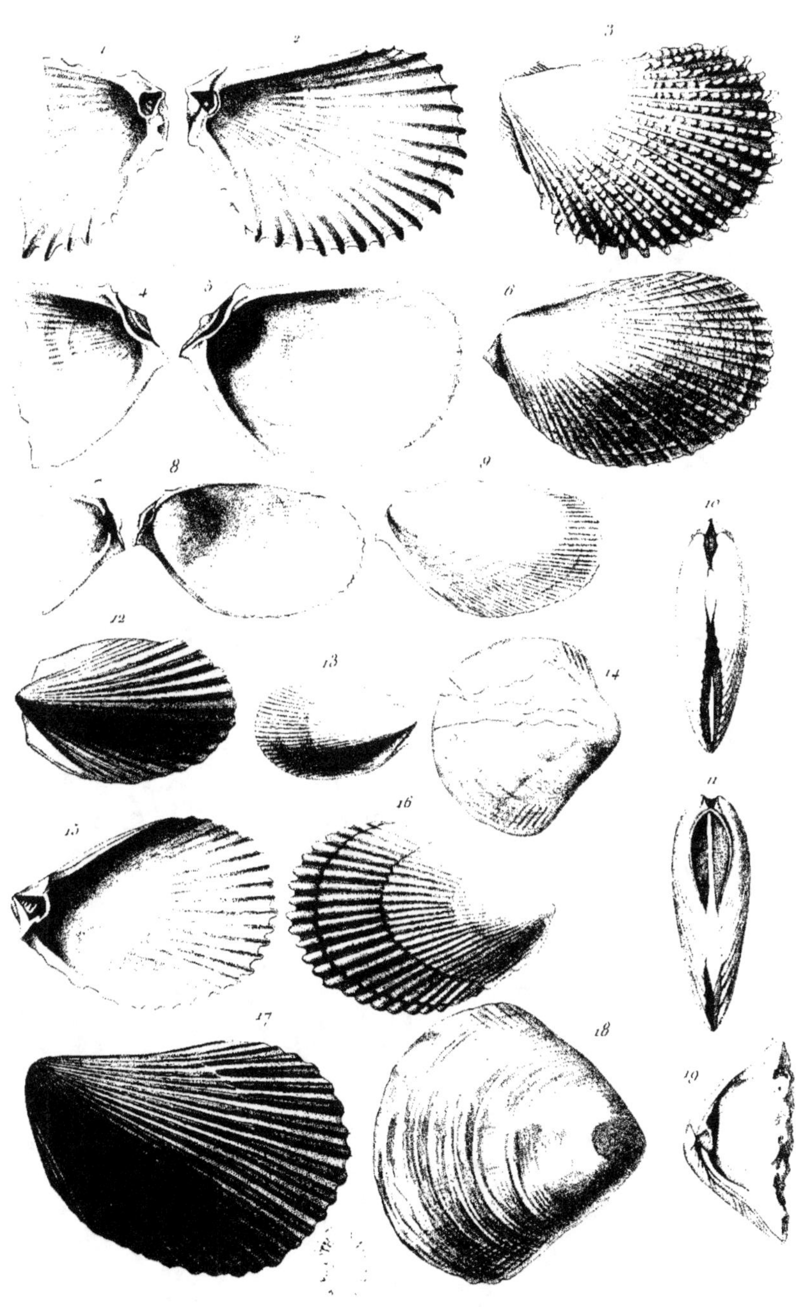

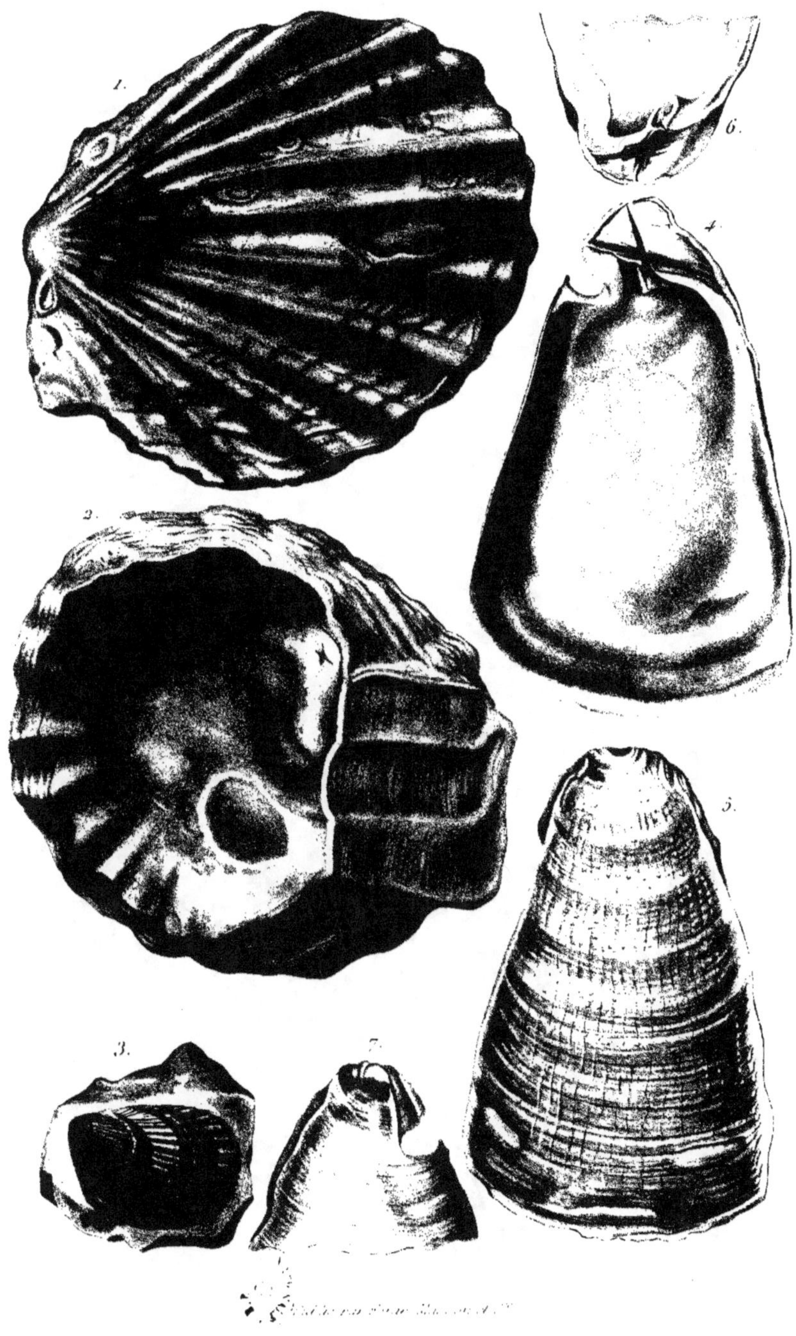

1.
2.
3.
7.
4.
5.
6.

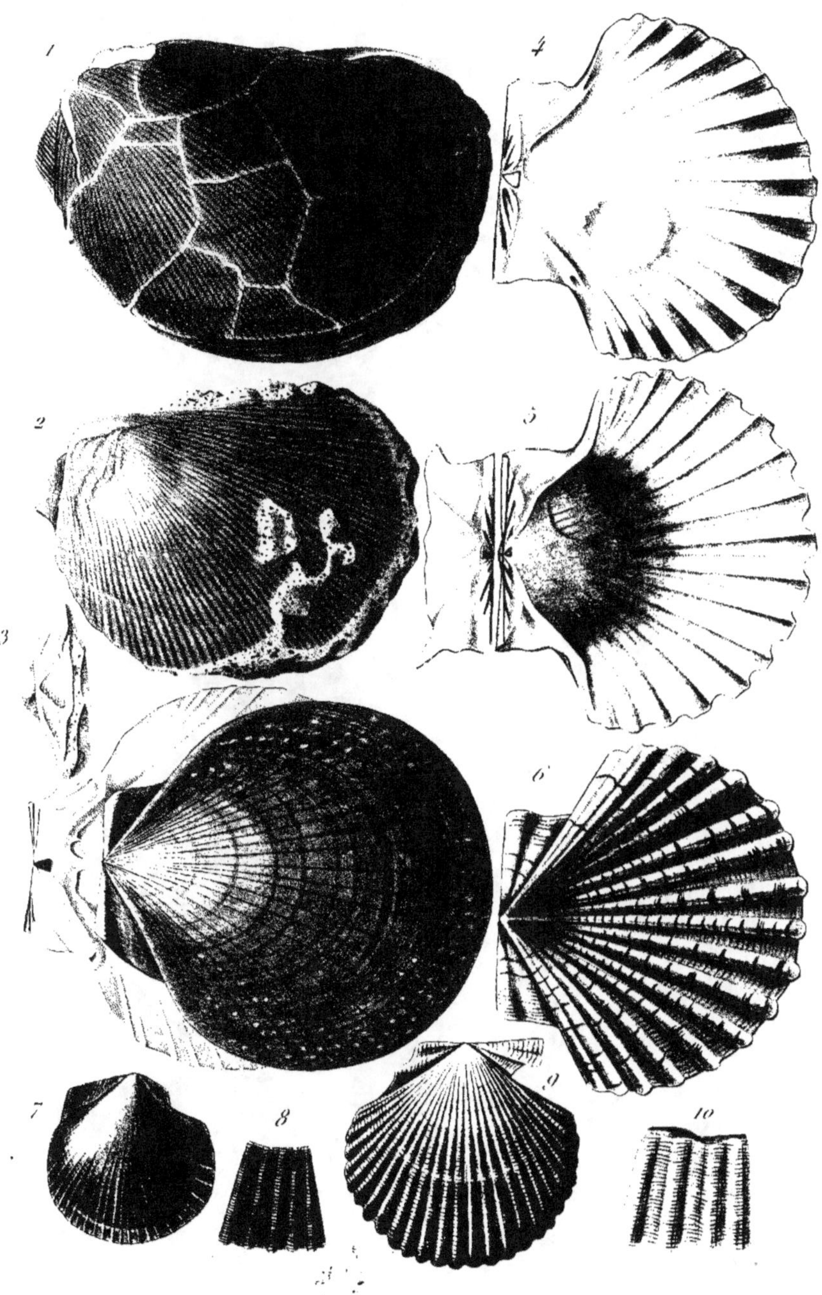

Publié par Victor Masson

Vaillant del.   N. Rémond imp.   Bocourt sc.

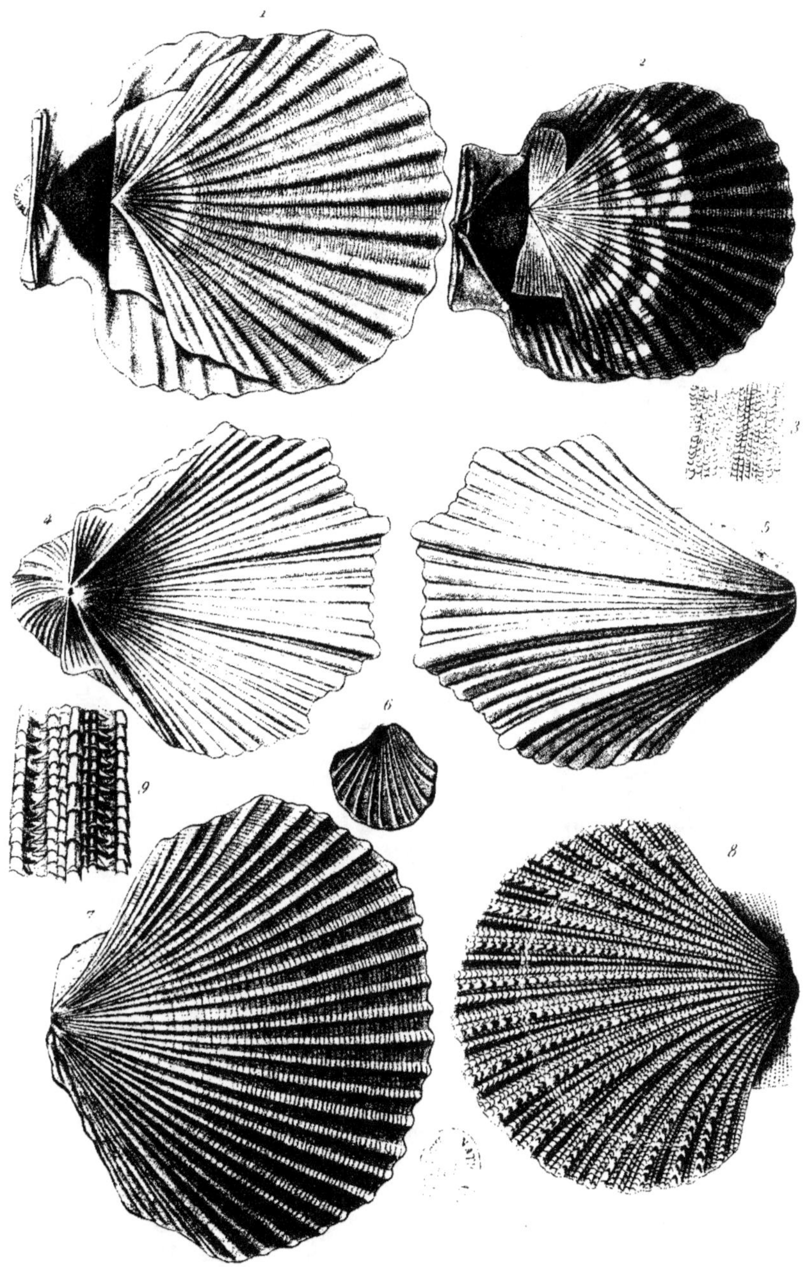

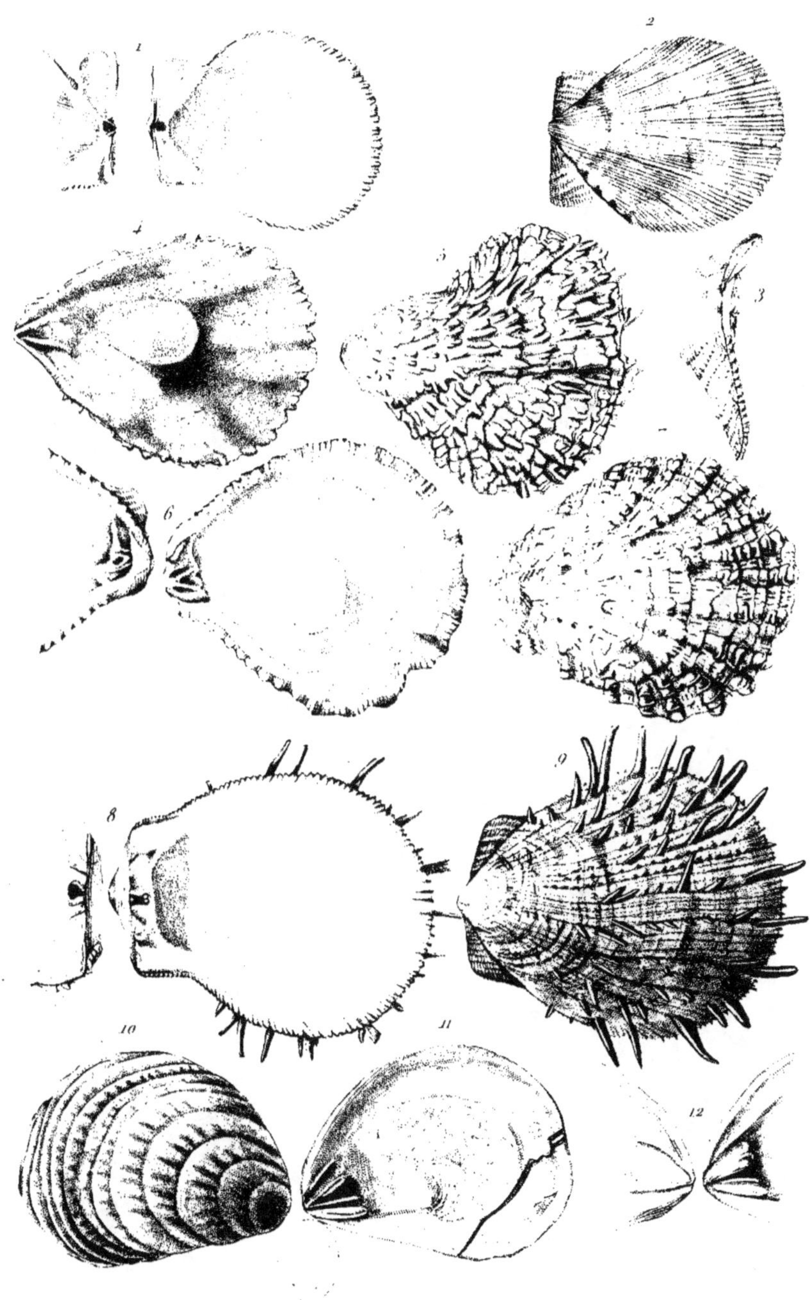

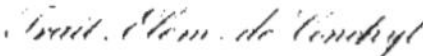

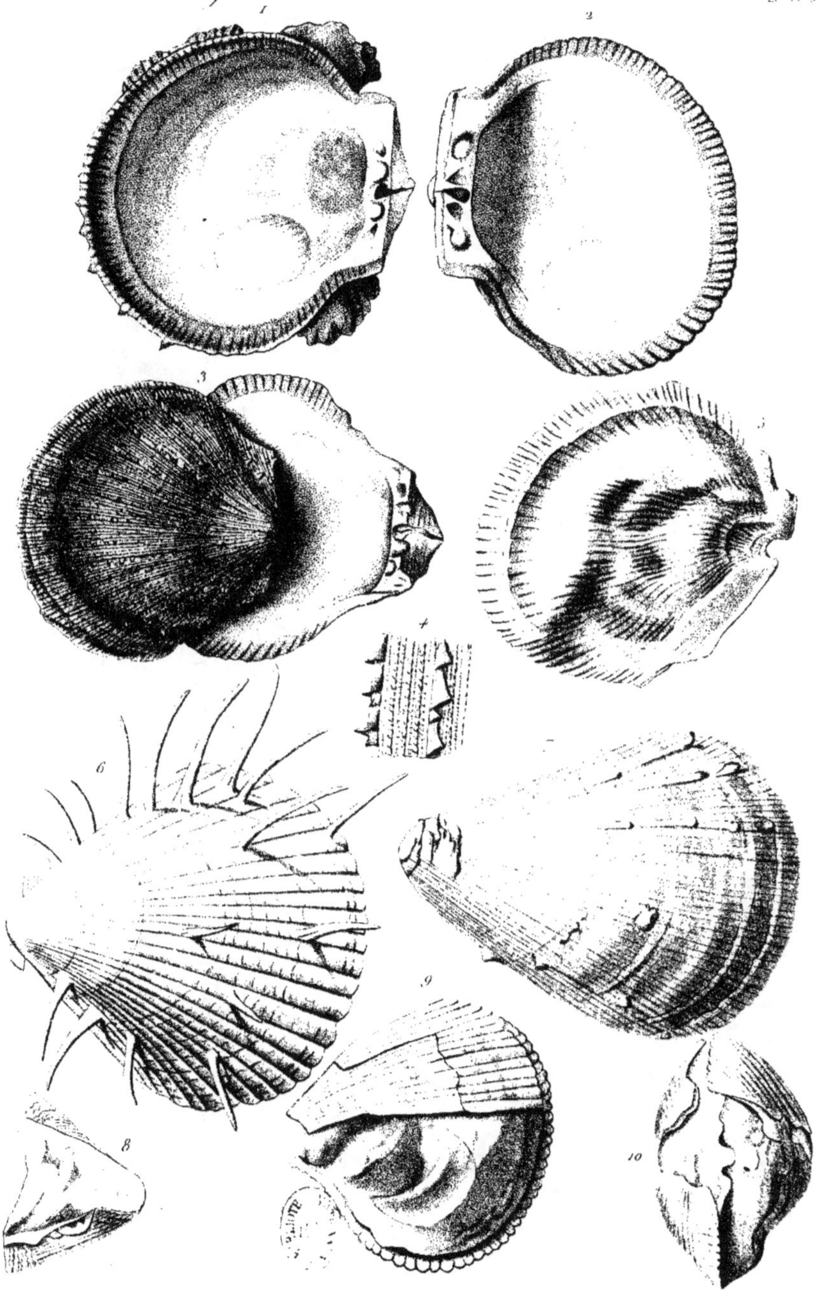

Duménil del.   N. Rémond imp.   Lebrun sc.

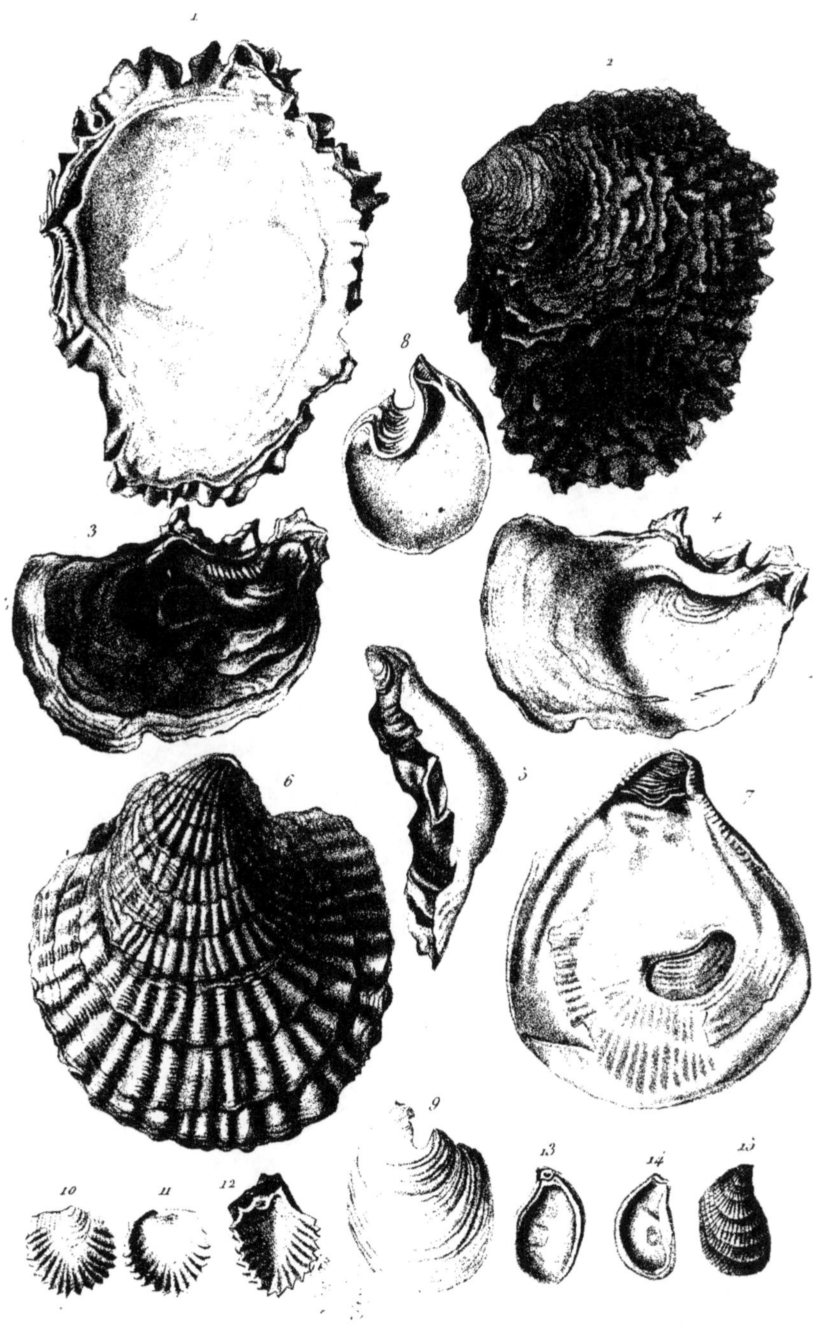

Publié par Crochard & Cie 1839
Dumenil pinx.
N. Rémond imp

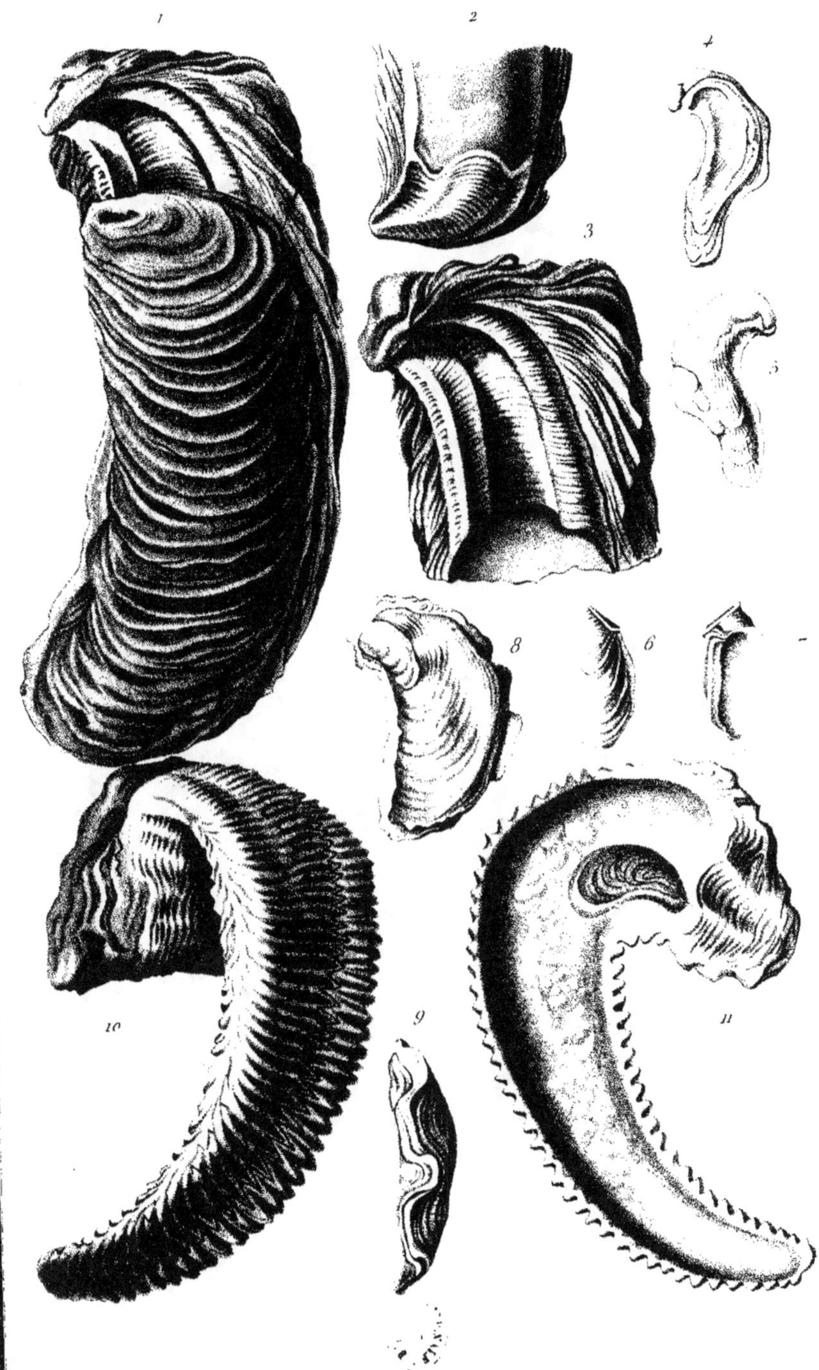

Duménil del.   N. Rémond imp.   H. Legrand sc.

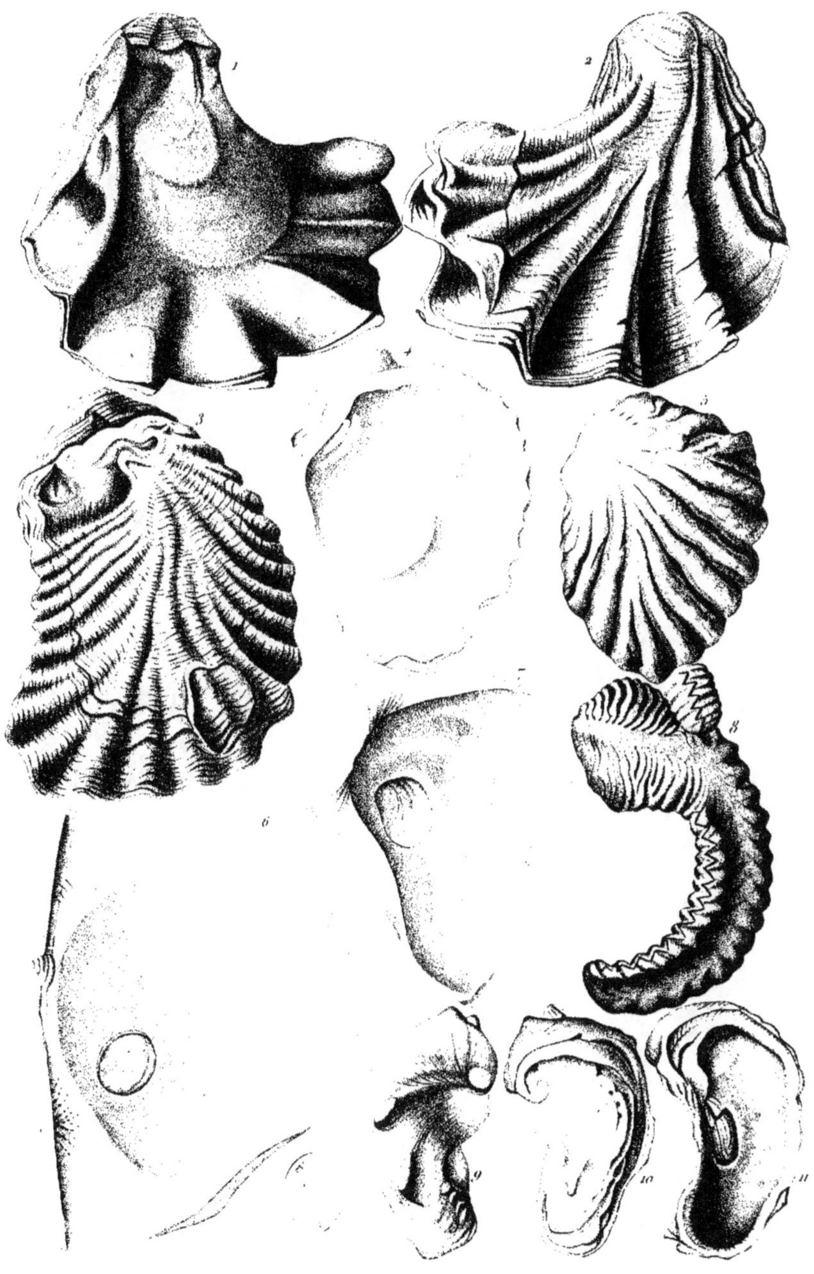

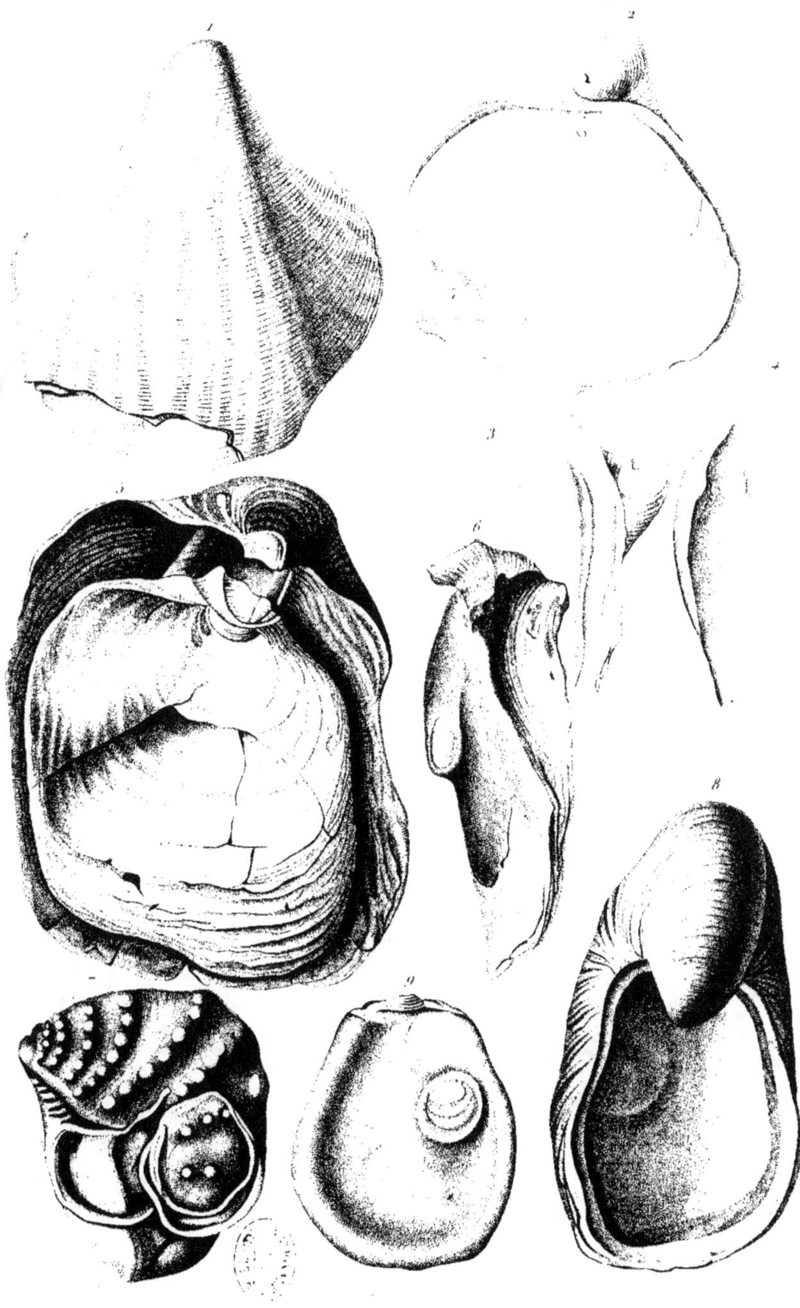

Caillant del.

N. Rémond imp.

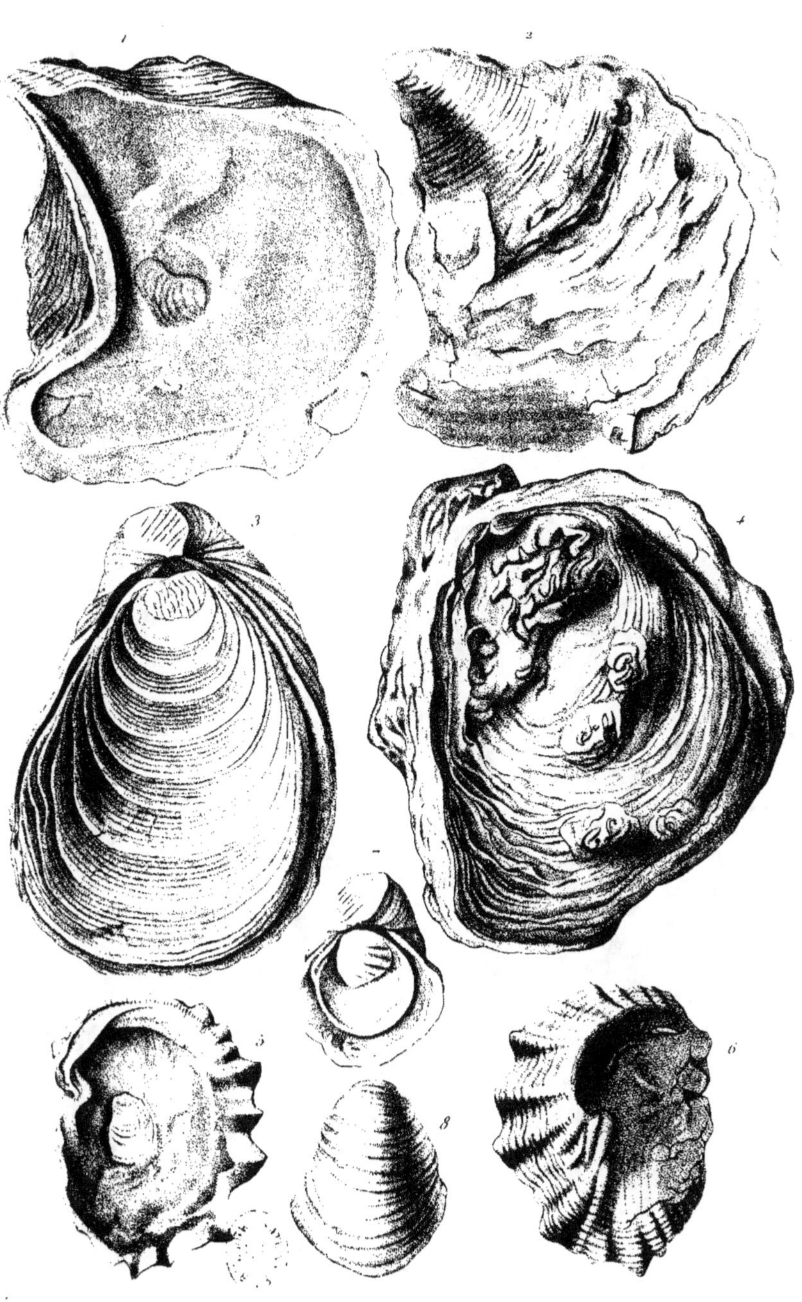

Thiolat pinx.

Bacourt sc.

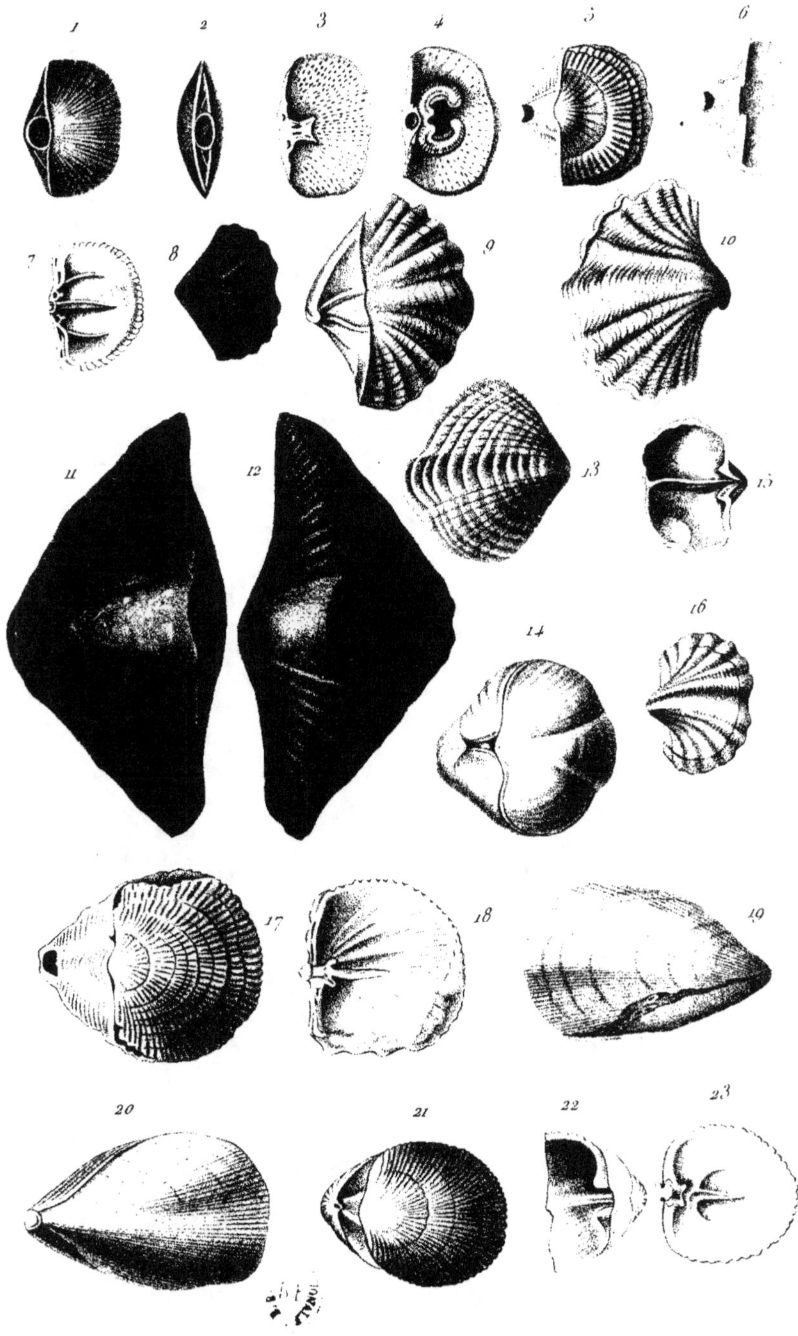

Publié par Fortin Masson et Cie

Dumenil del.   N. Remond imp   H. Legrand sc

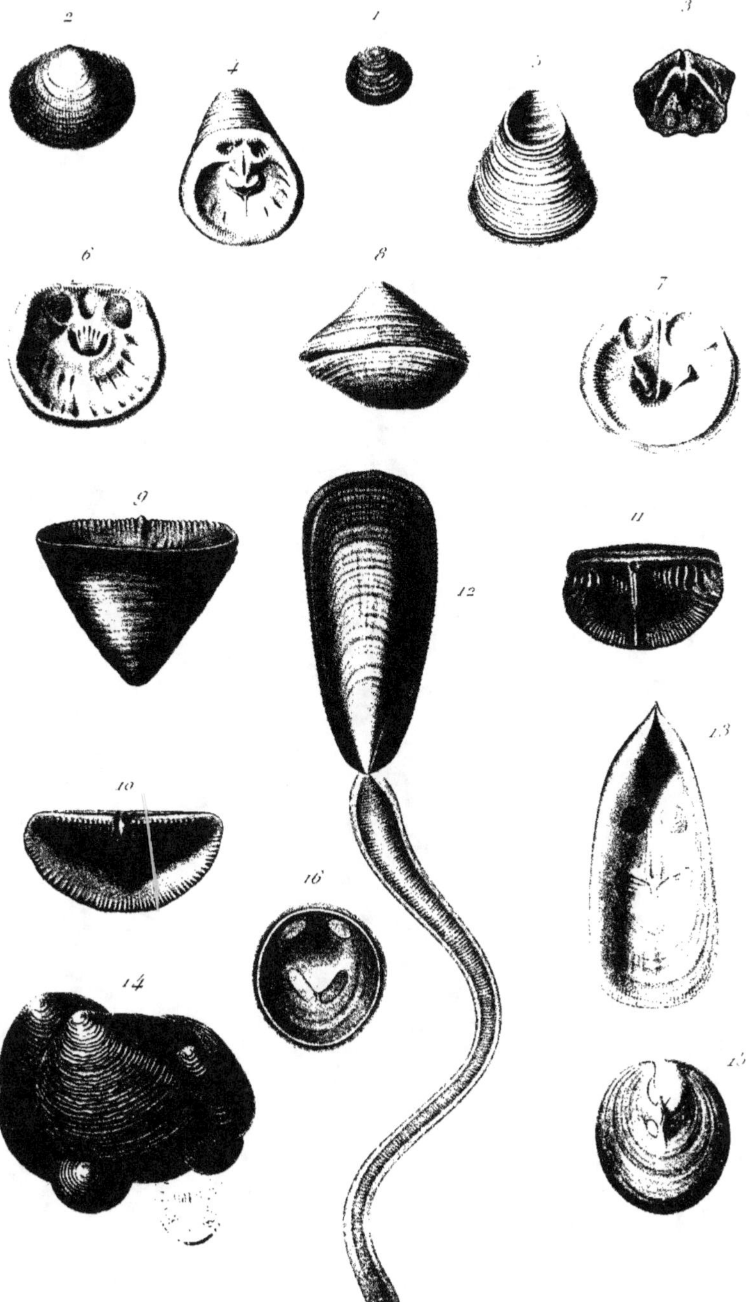

Publié par Victor Masson.

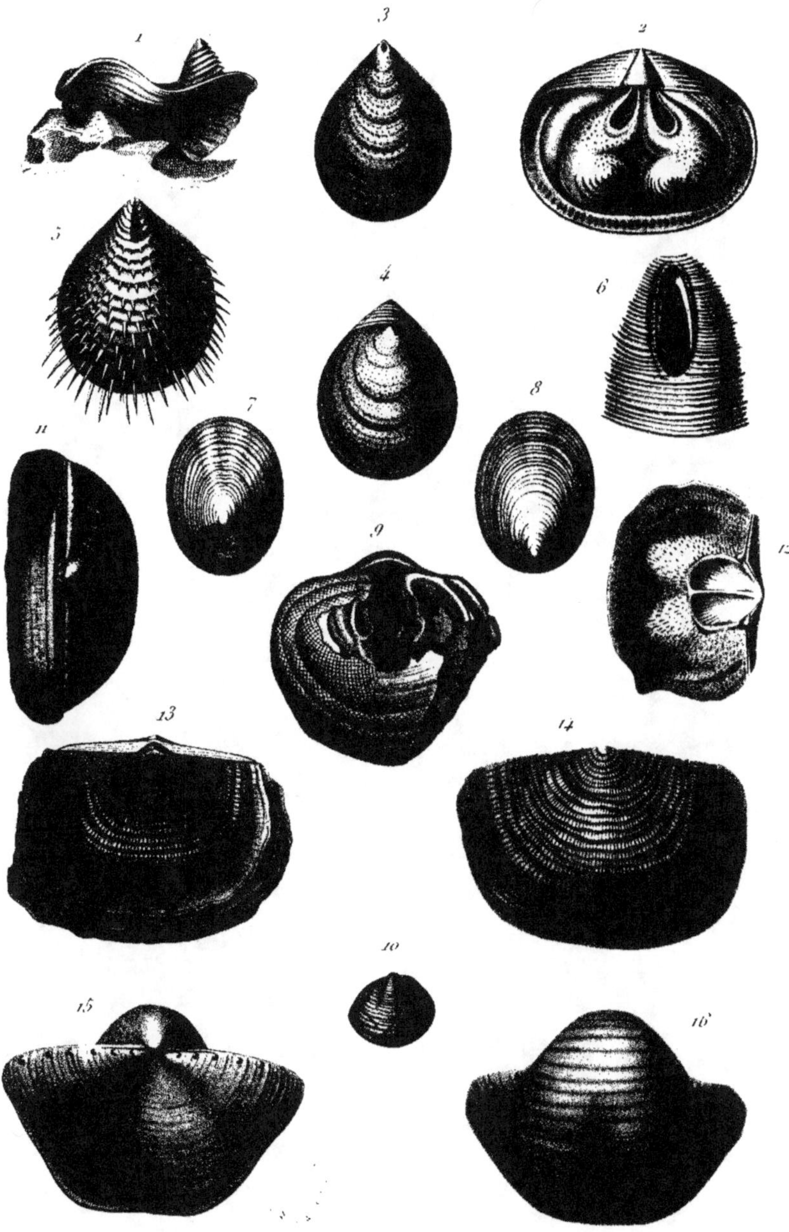

Publié par Victor Masson.

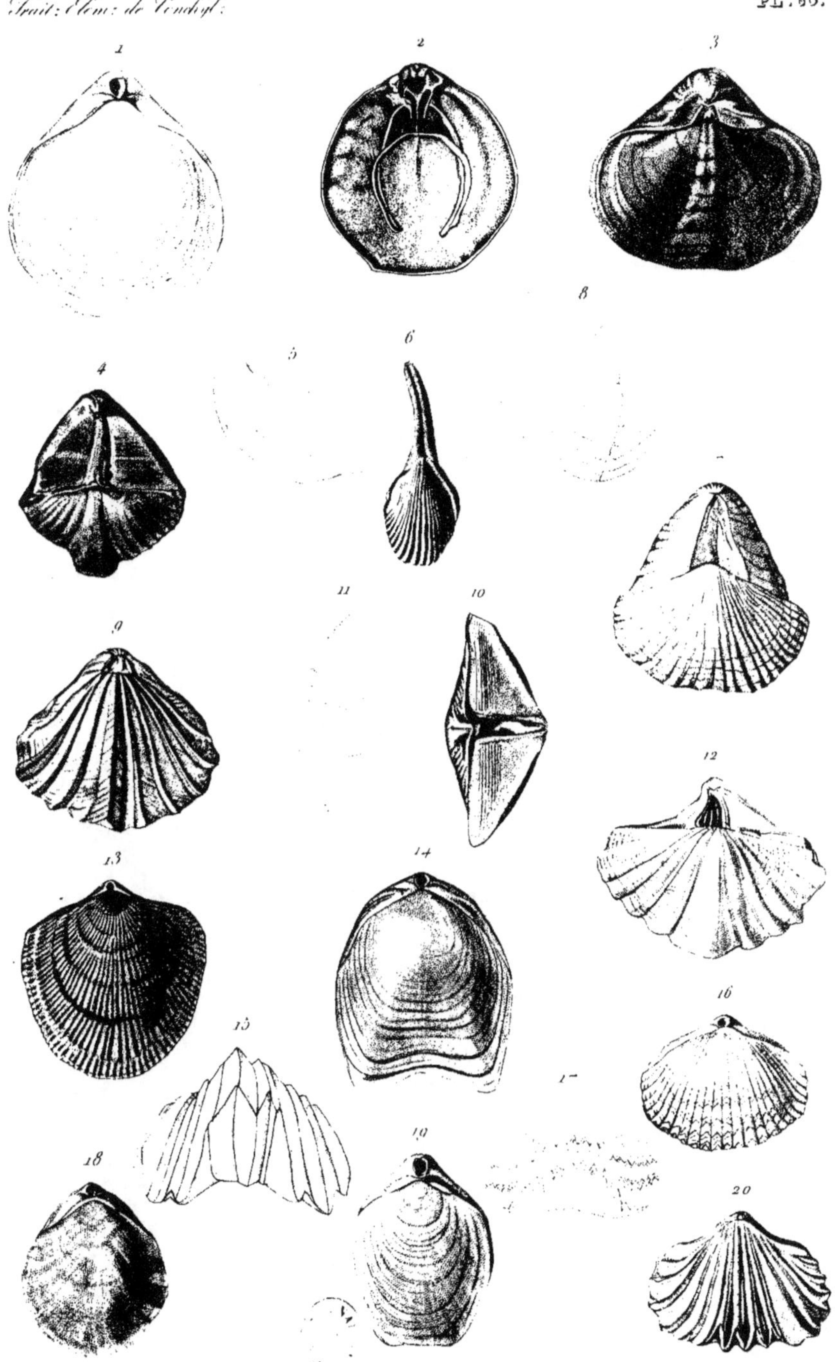

Thiolat Del.
N. Rémond imp.

Publié par Victor Masson.

Lackerbauer del.   N Remond imp.   Martin sc

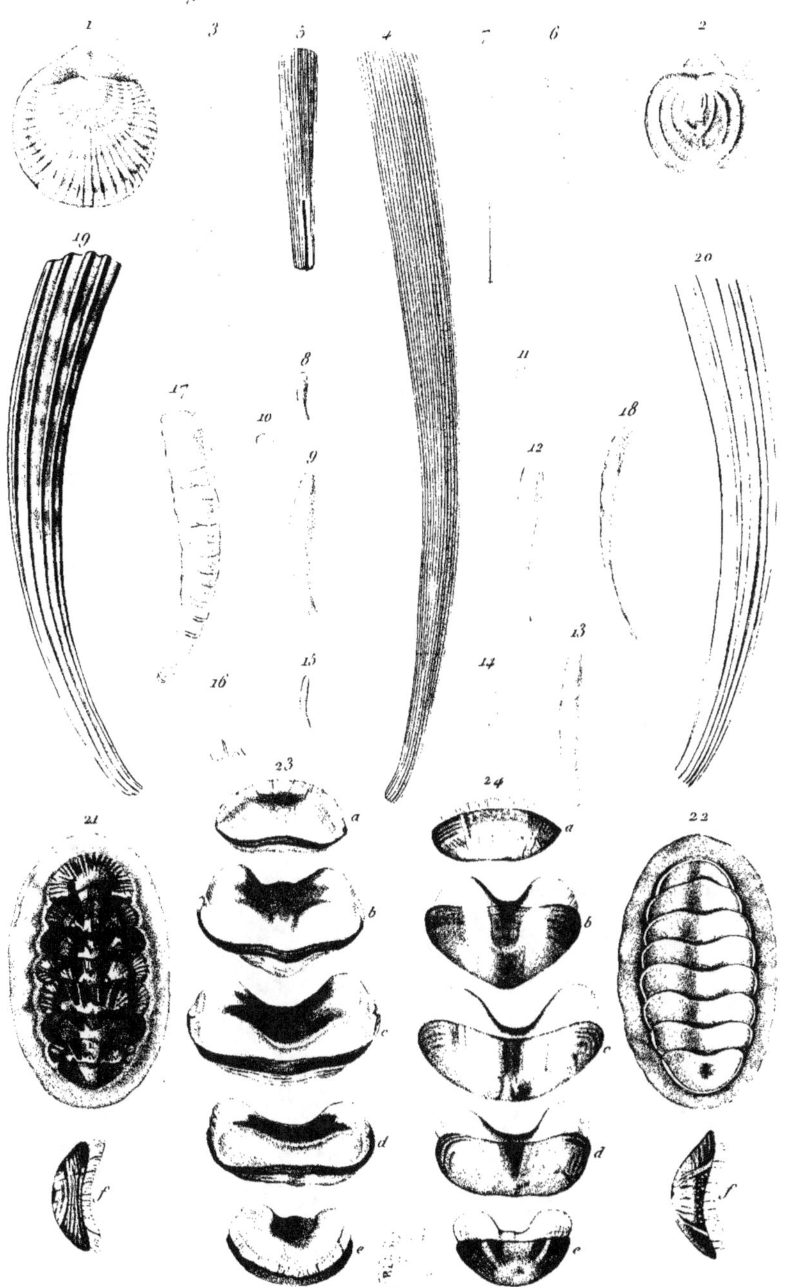

Trait. Elem. de Conchyl.
PL. 61.
1 3 5 4 7 6 2
19 20
8
17 11
10 18
9 12
16 15 14 13
23 24
21 22
a a
b b
c c
d d
e e
f f
Publié par Béchard & C.ie 1839
Duménil pinx.
N. Rémond imp.
Bourgeois sc.

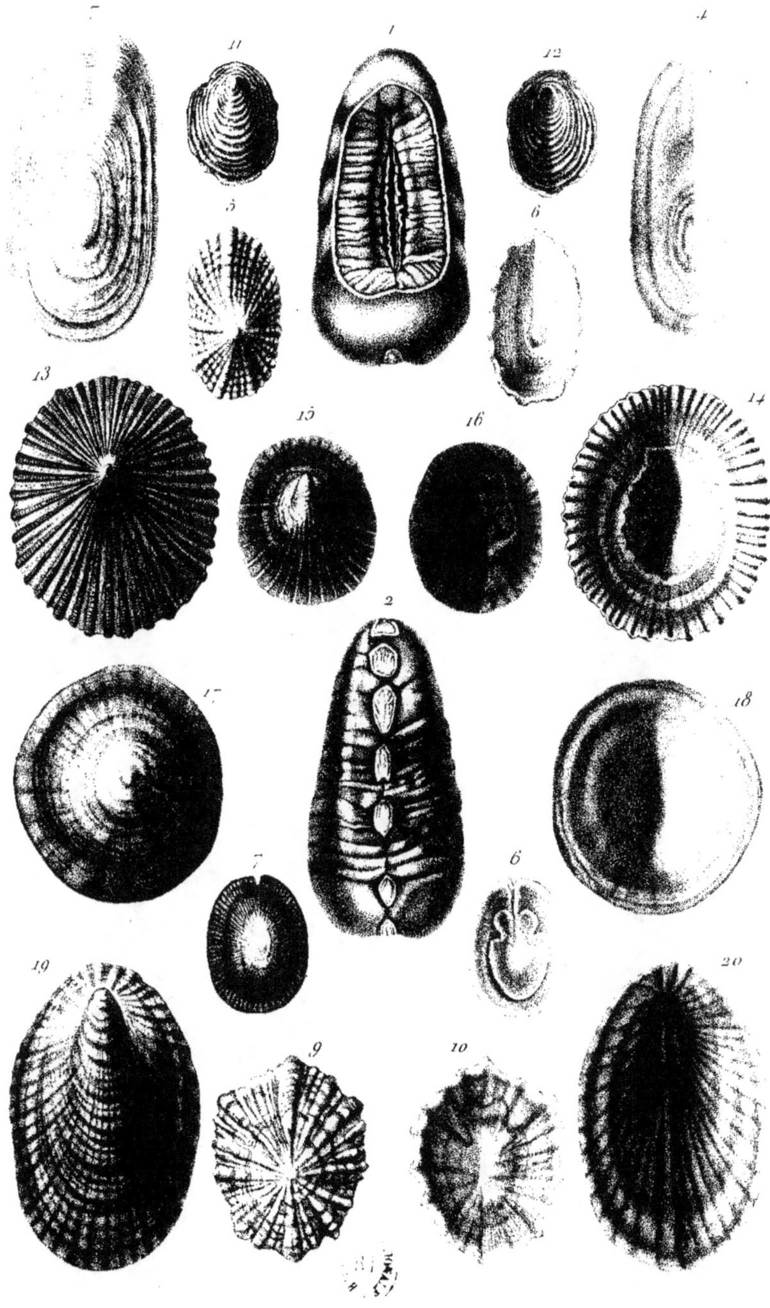

Duménil del. N. Rémond imp

Duménil pinx.

Bocourt sc.

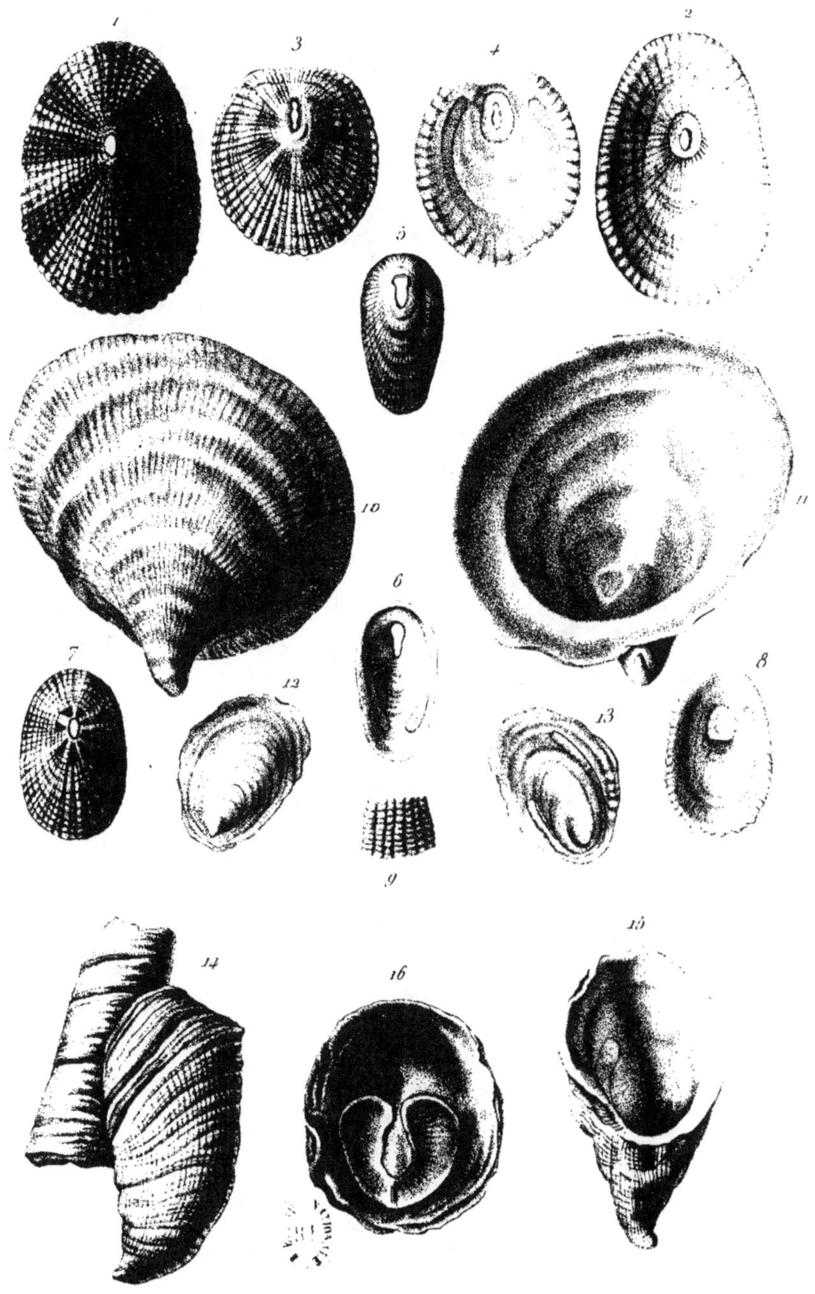

Dumenil del.

N. Rémond imp.

Rocourt sc.

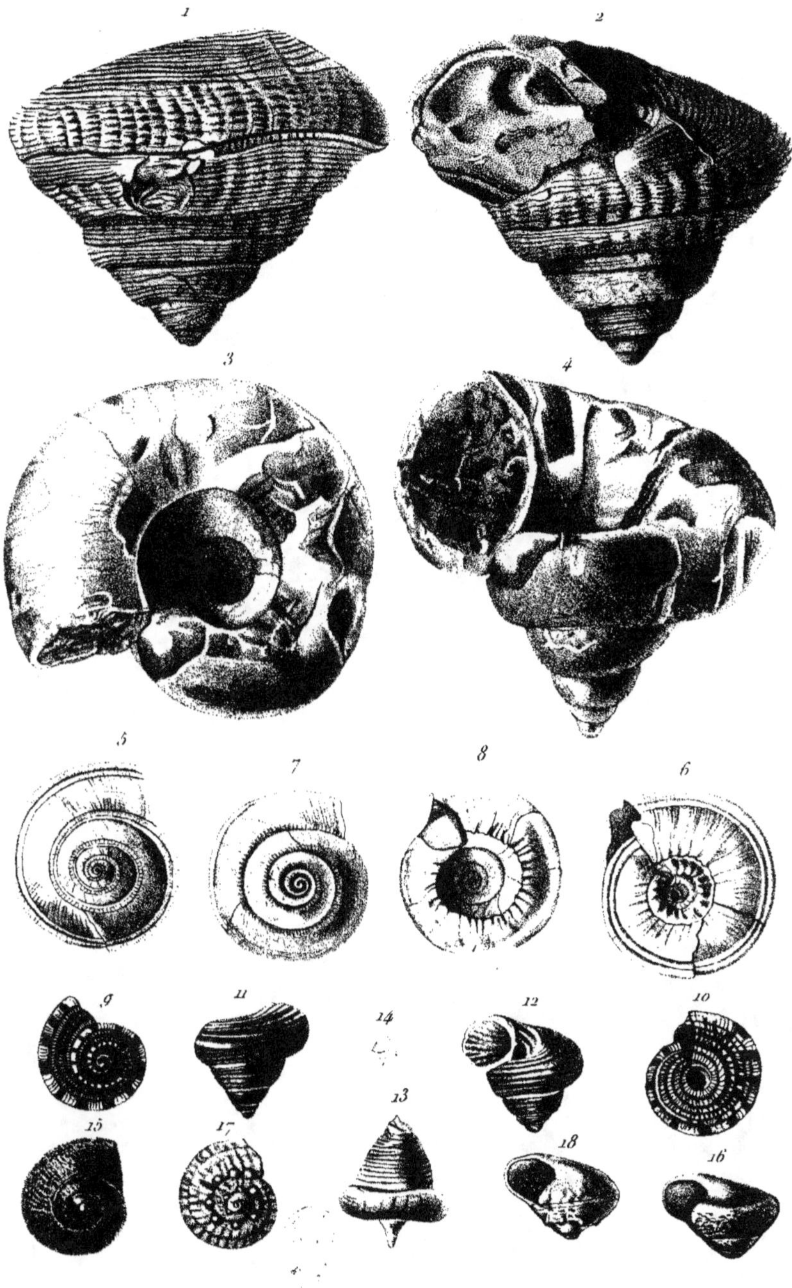

Publié par Crochard & C.ᵉ 1830.

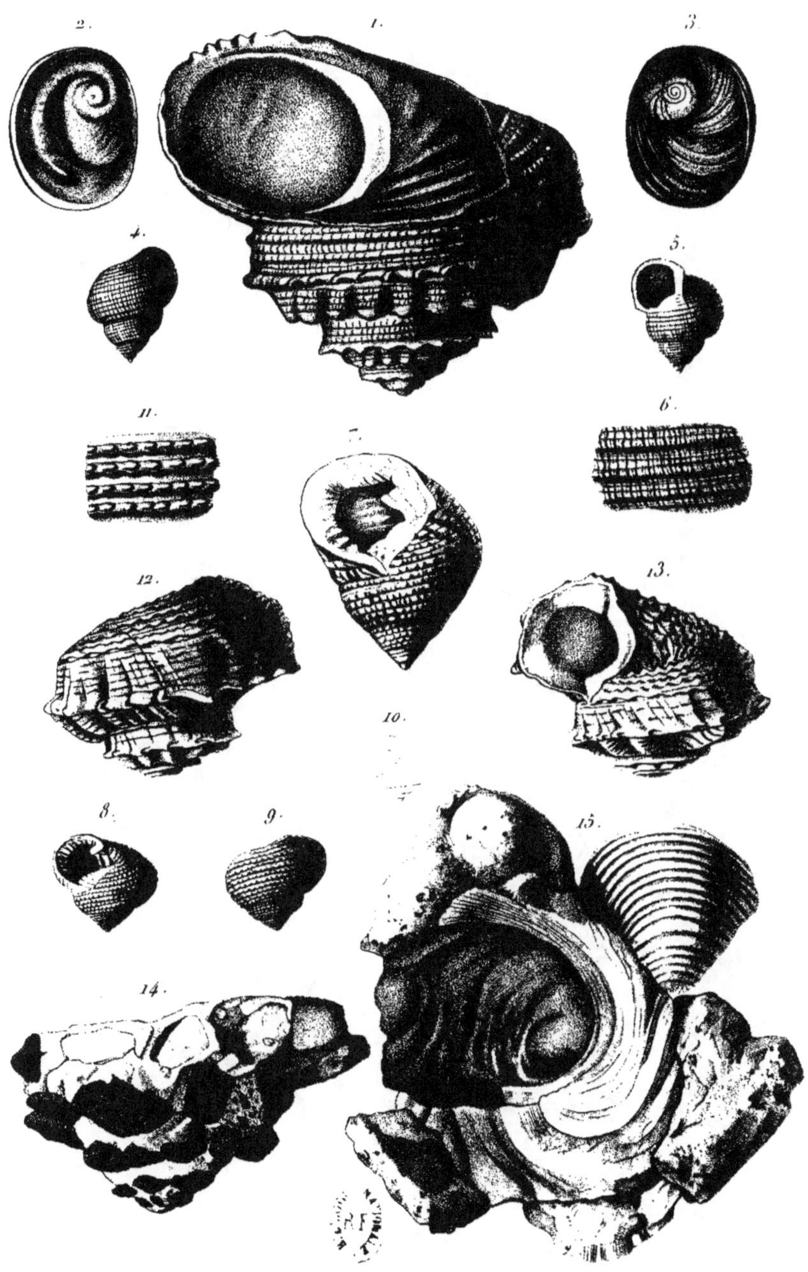

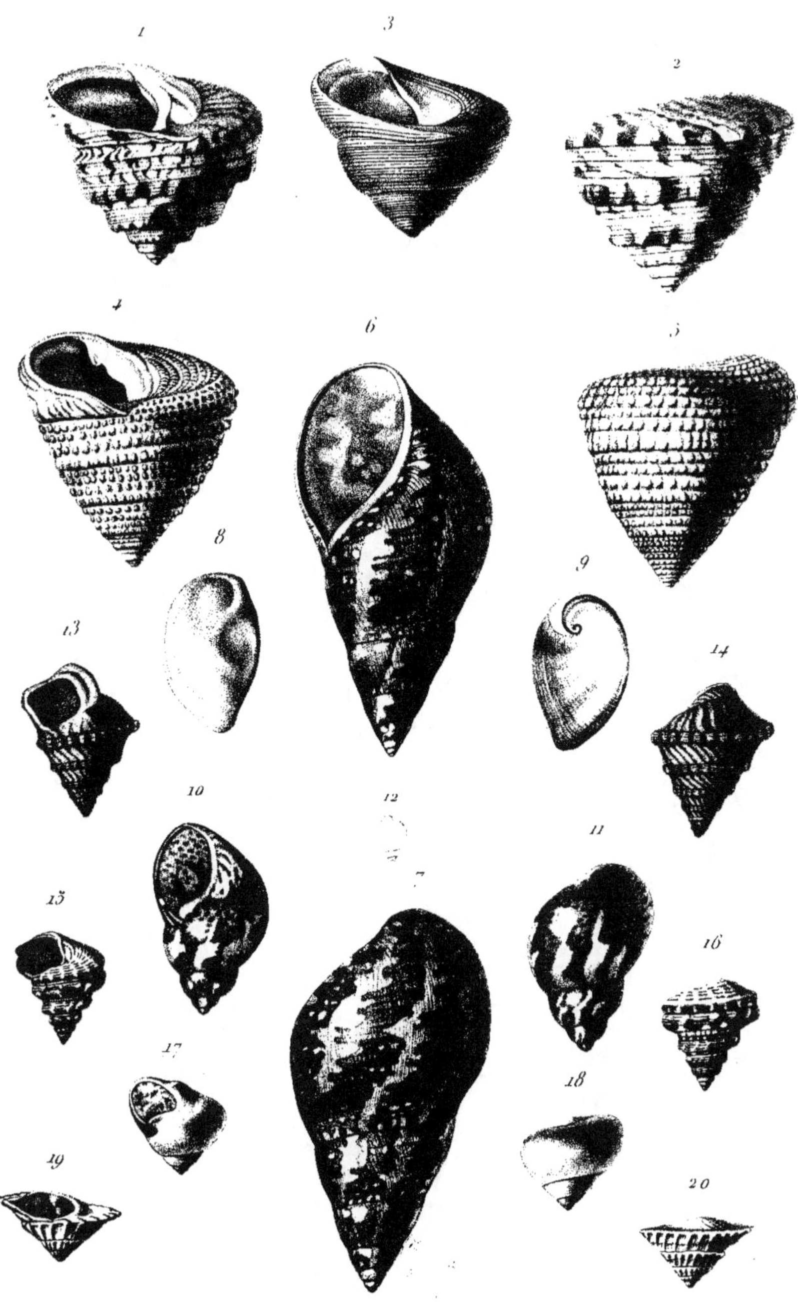

Publié par Baillière & Cie

Thiolat pinx.

N. Rémond imp.

Bocourt sculp.

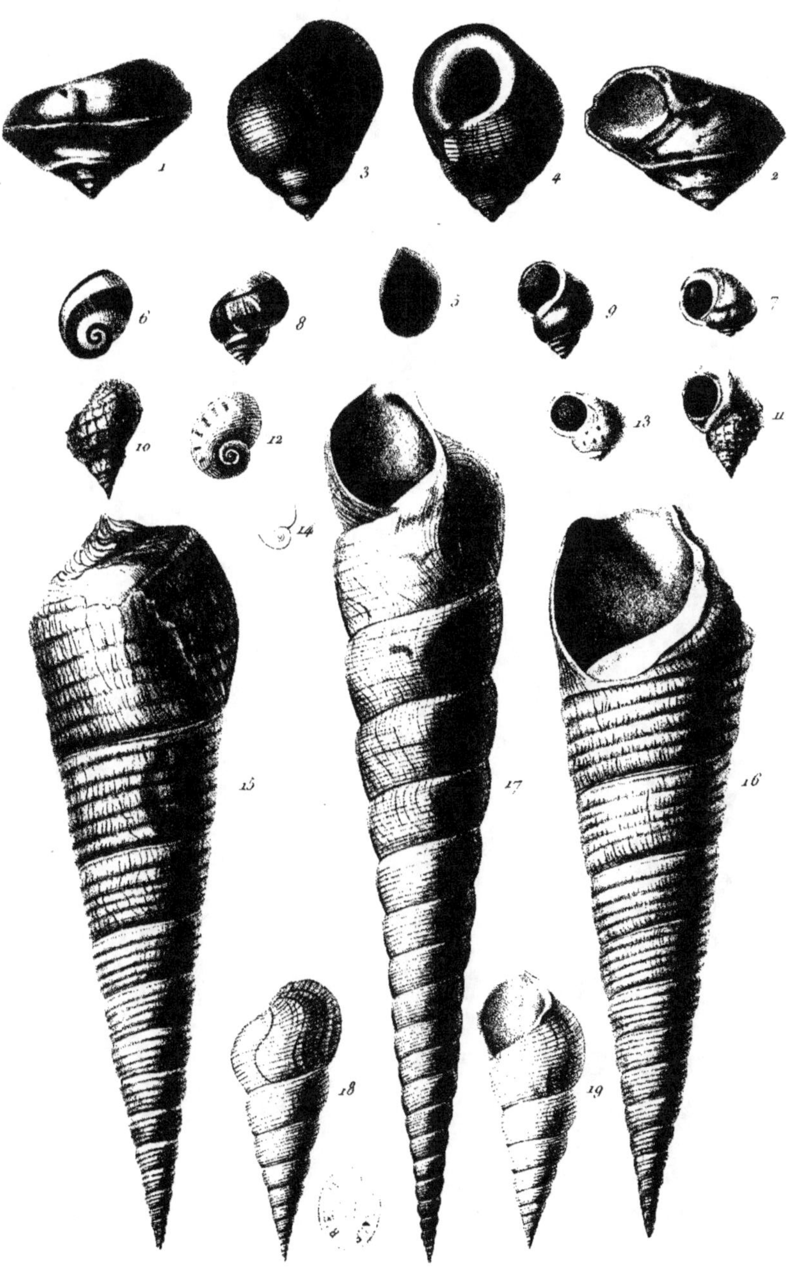

Publié par Roret & Cie 1839.

Dumenil del. N. Rémond imp. Annedouche sc.

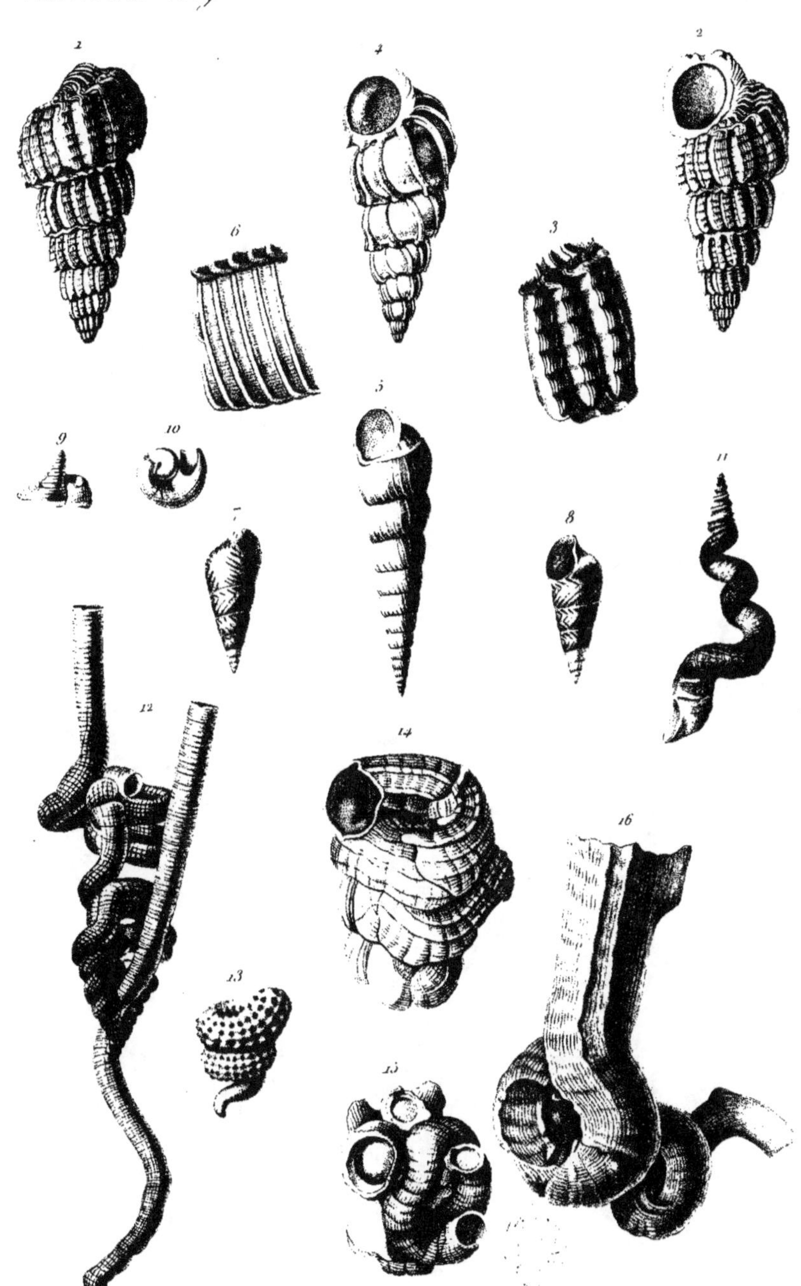

Thiolat del.
N. Rémond imp
Bocourt sc.

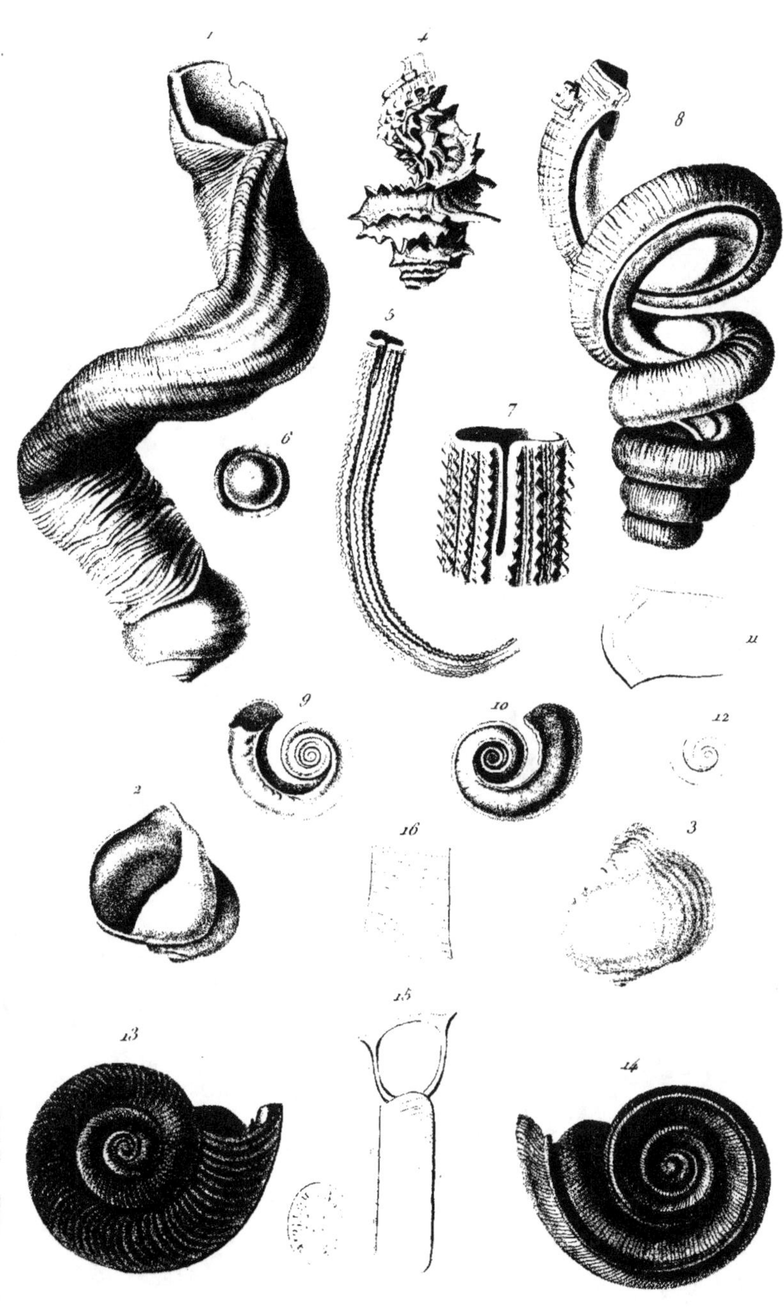

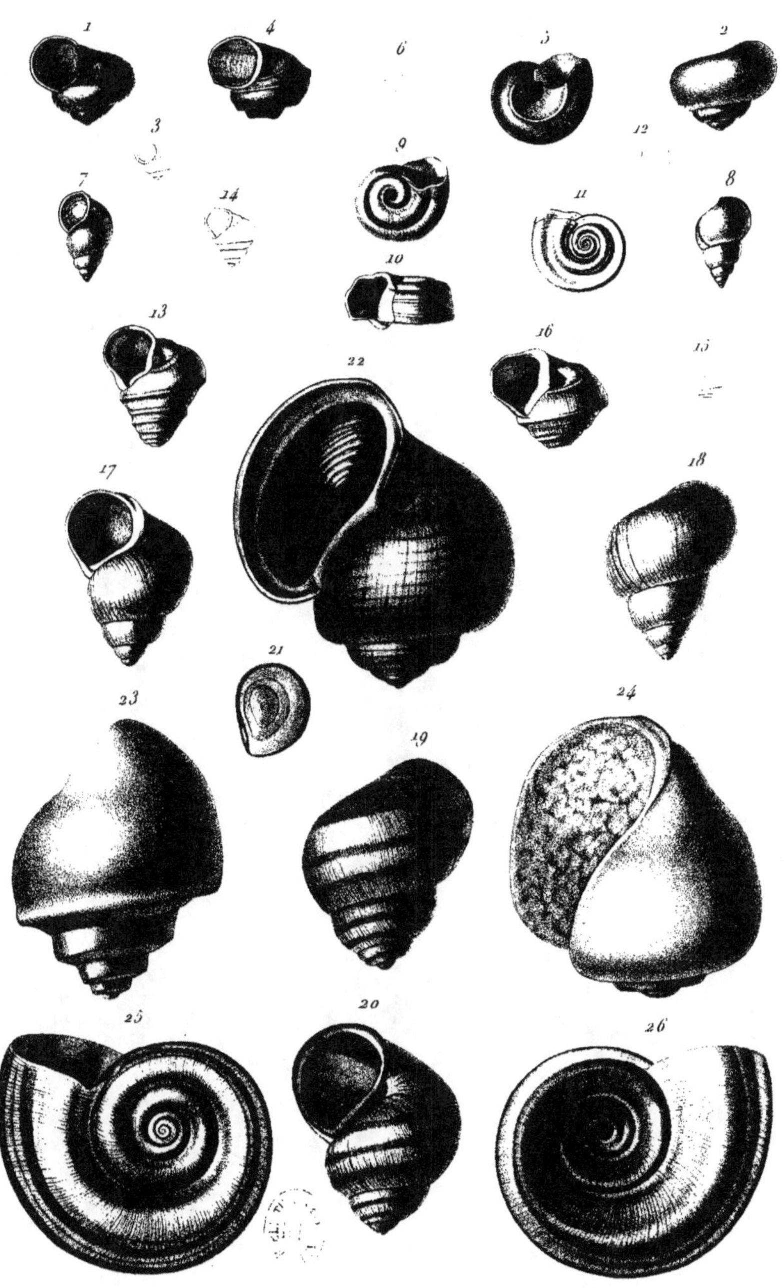

Thiolat del.

N. Rémond imp.

Bocourt sc.

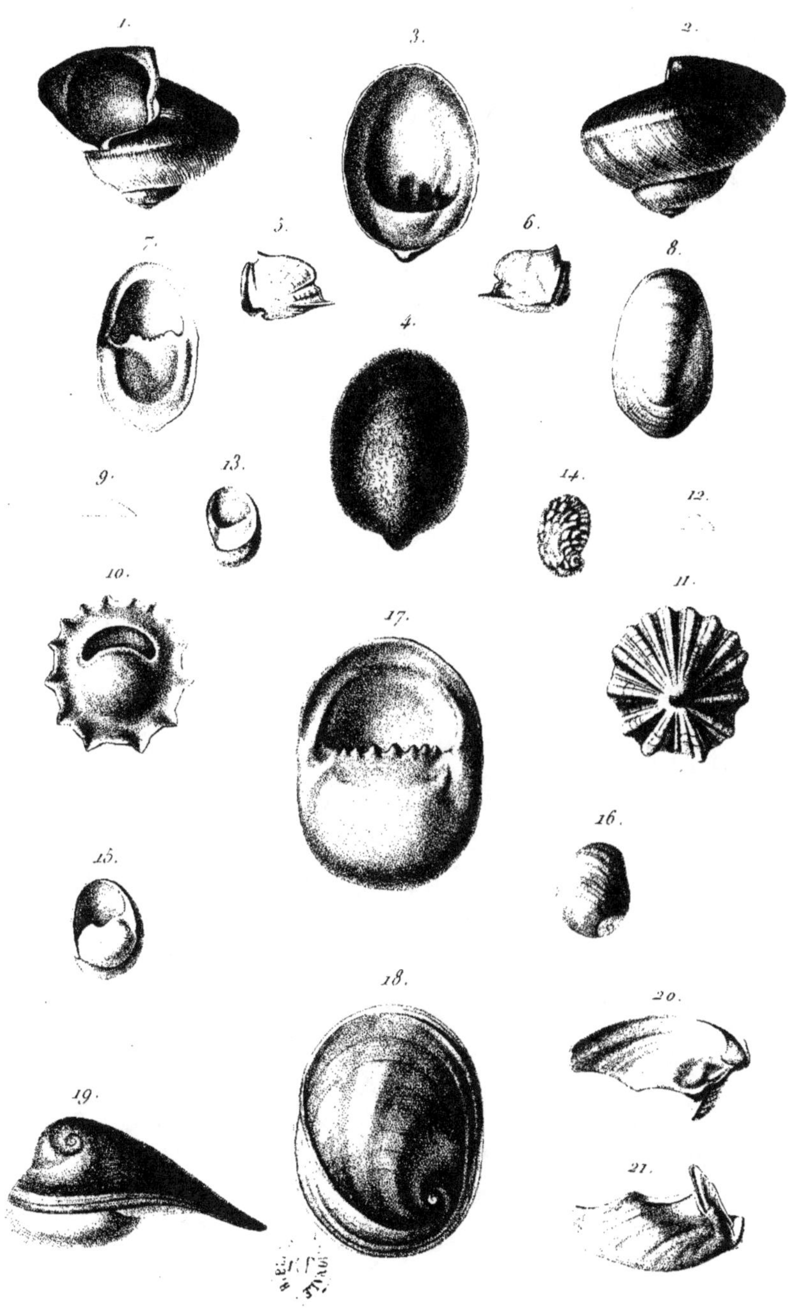

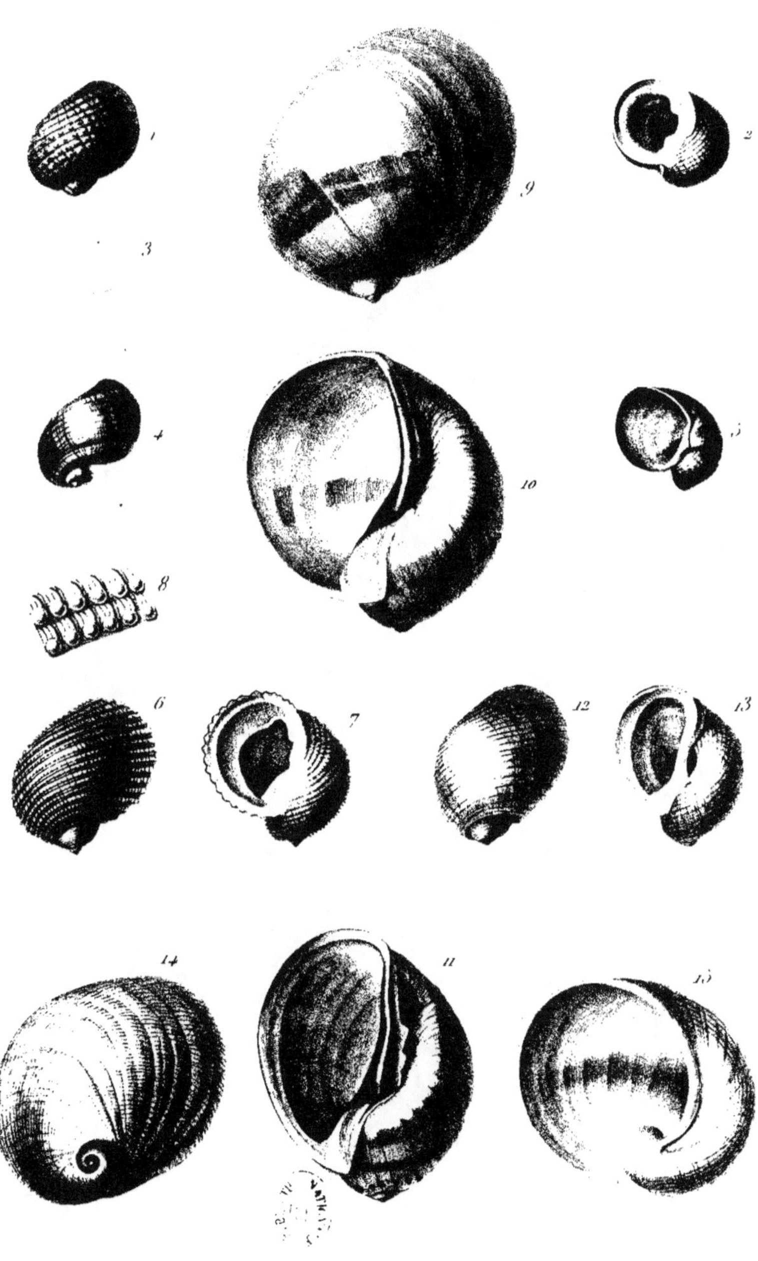

Publié par Victor Masson

Tholat del.   Rémond imp.   Bocourt sc.

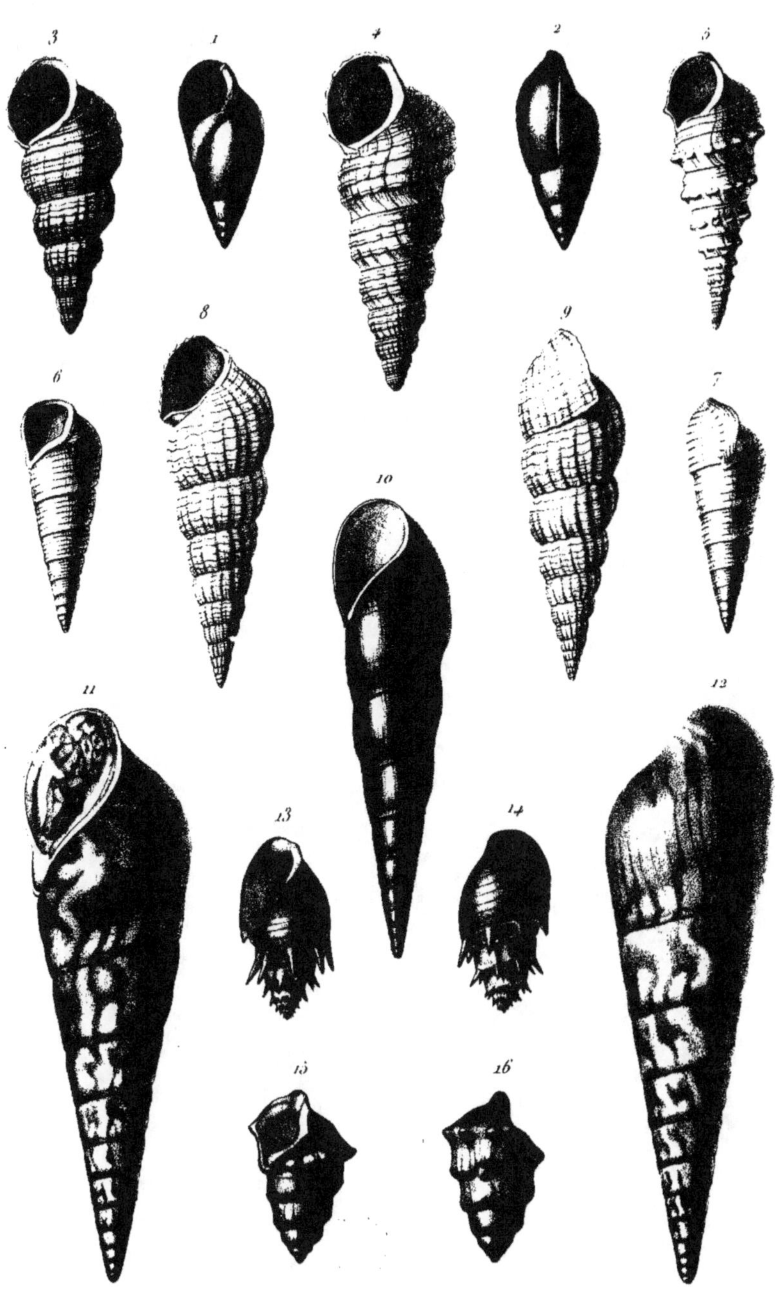

Thiolat del.

N. Rémond imp.

Becourt sc.

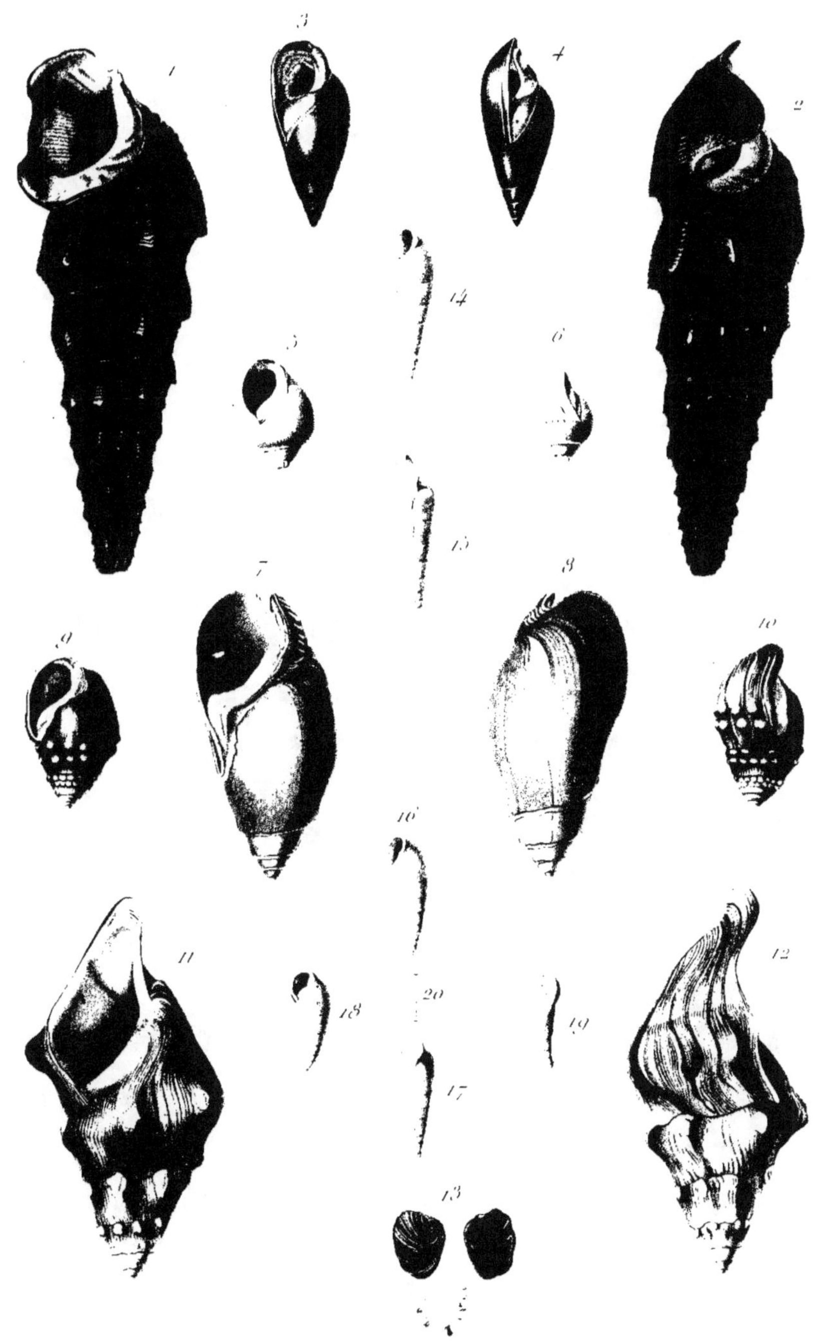

Thiollat pinx.   N. Remond imp.   Annedouche sc.

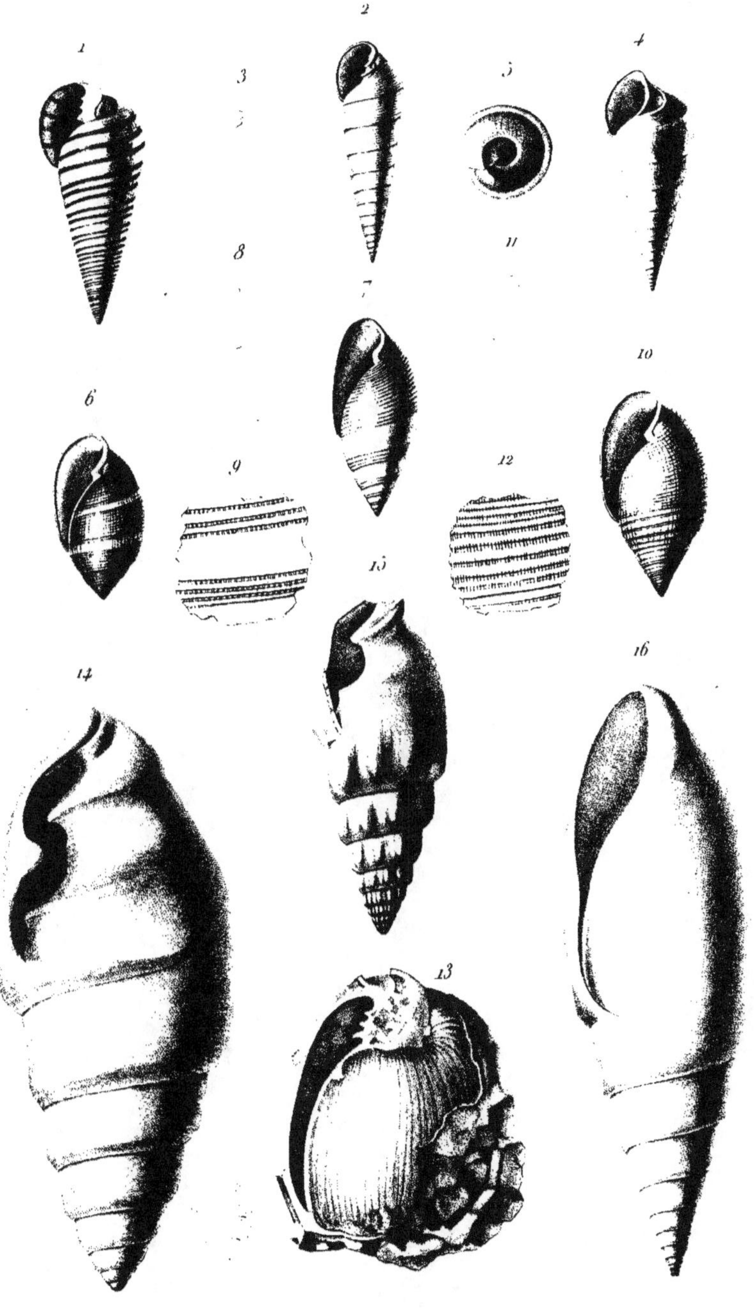

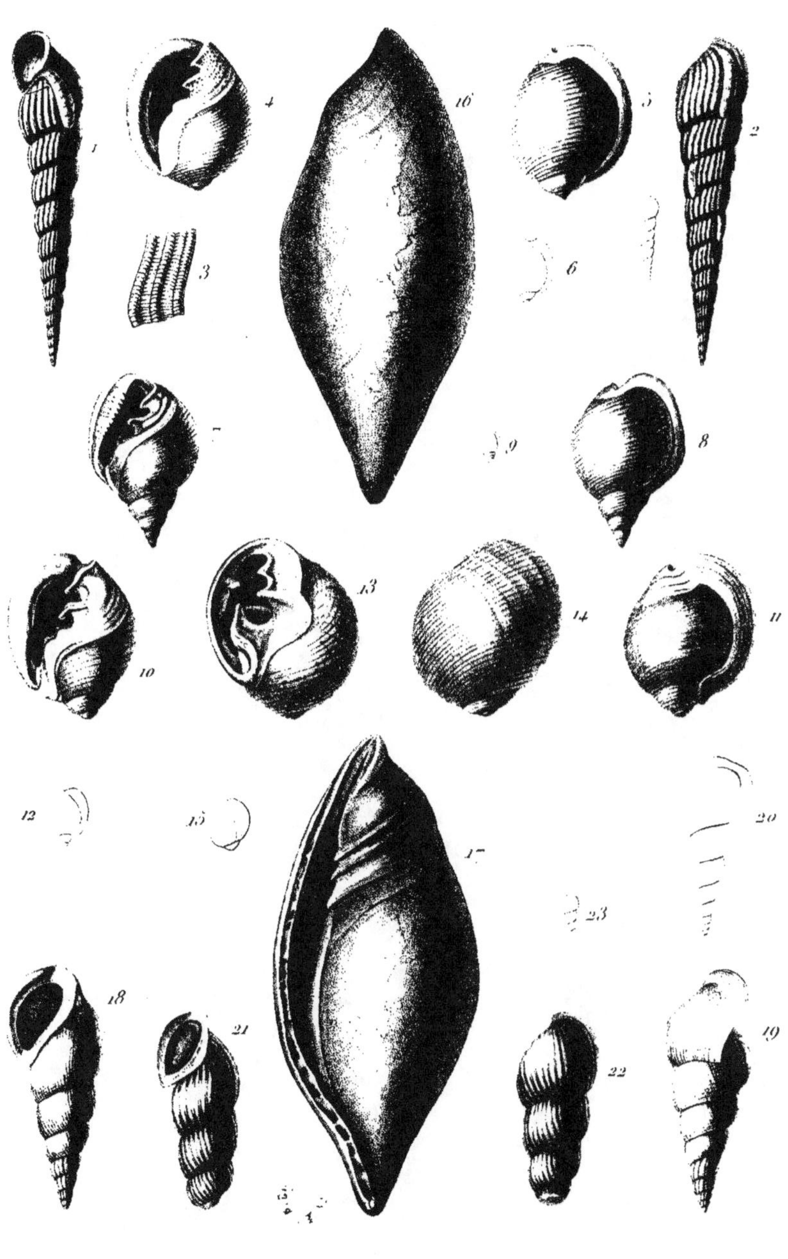

Publié par Victor Masson.

Lackerbauer del.

N. Remond imp.

Martin sc.

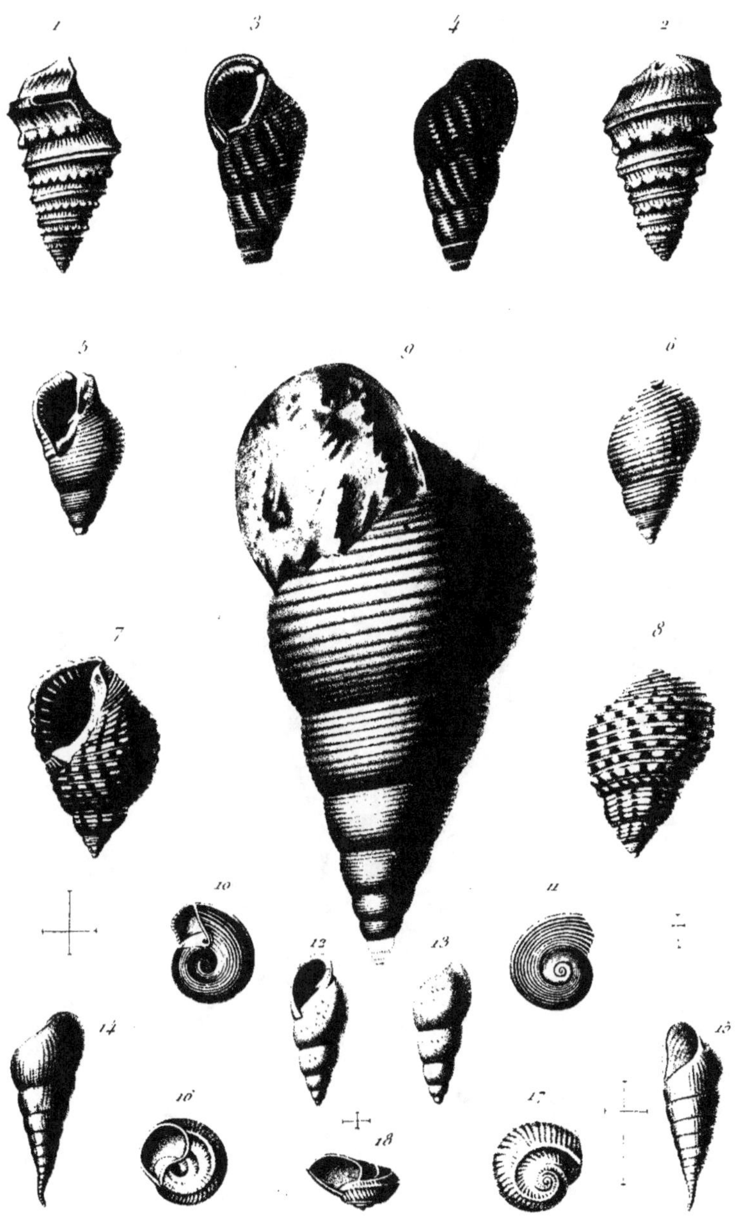

Publié par Victor Masson

Lackerbauer pinx.   N. Rémond imp.   Martin sc.

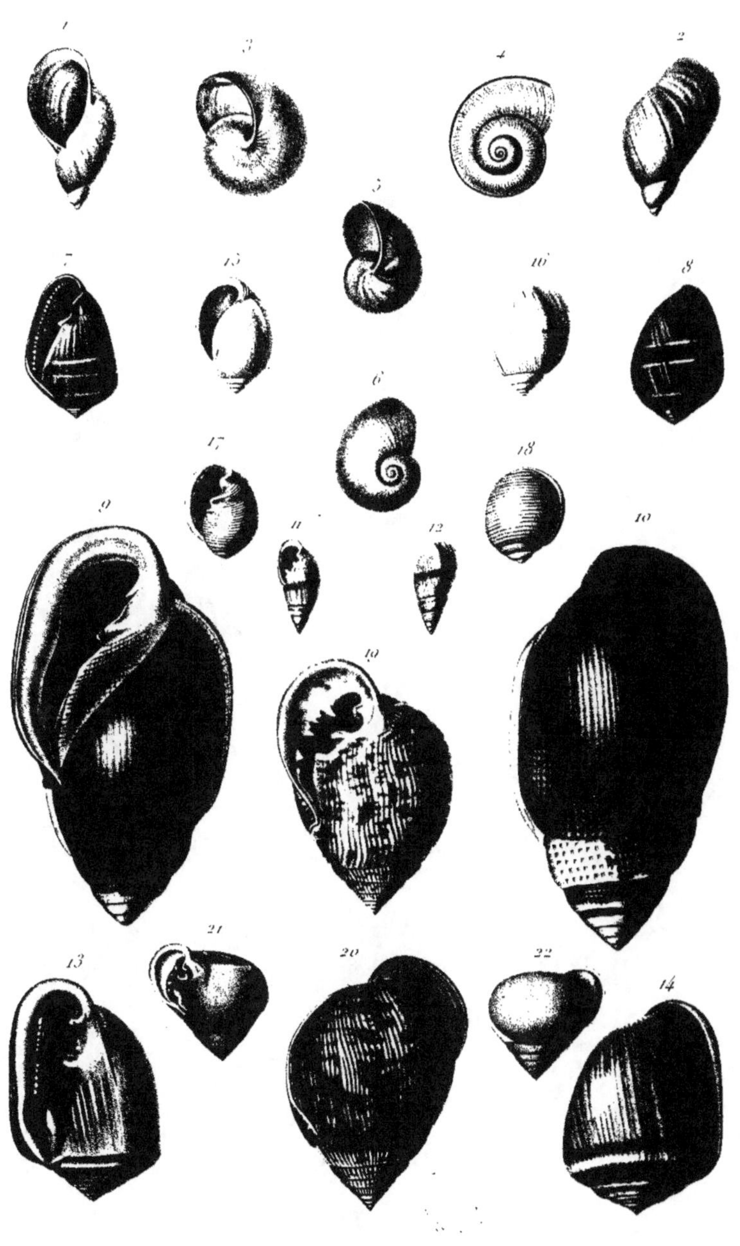

Publié par Victor Masson

Lackerbauer del.   N. Remond imp.   Martin sc

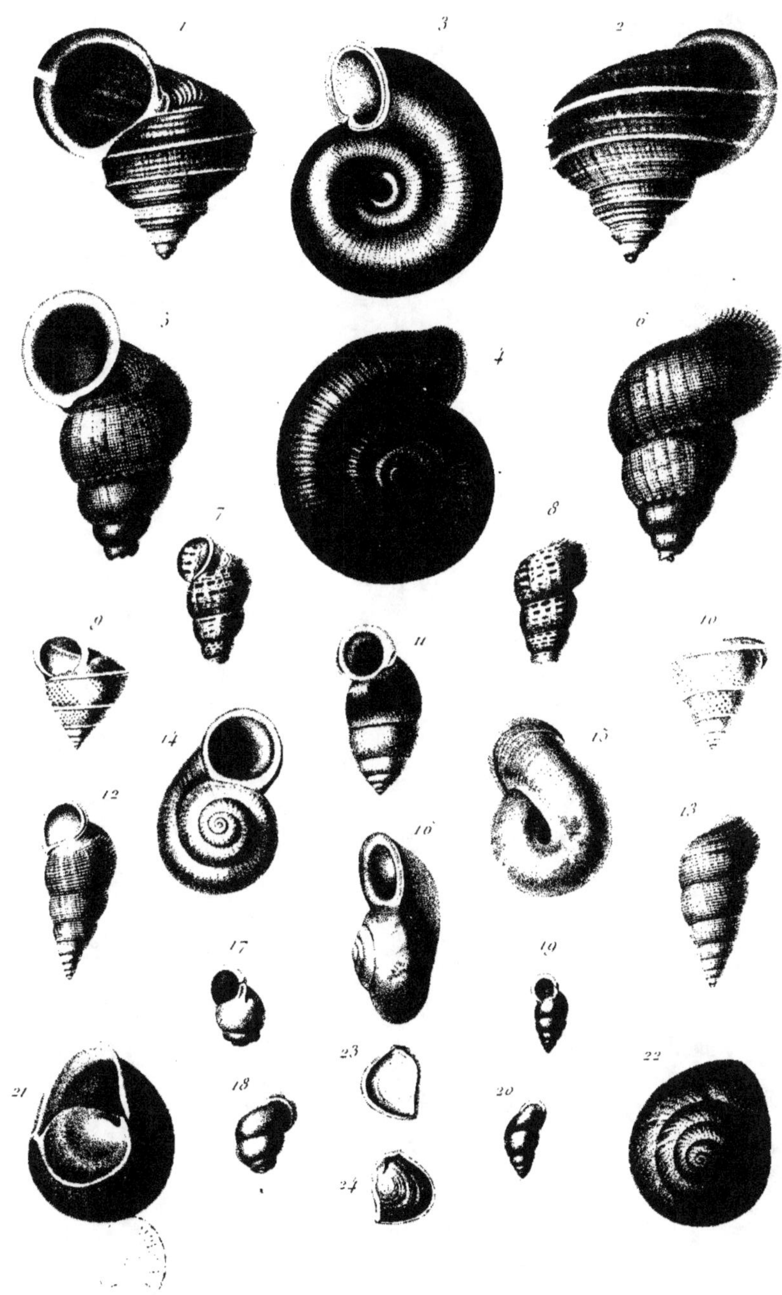

Publié par Victor Masson

Wackerbauer del.   N. Rémond imp.   Martin sc.

Publié par Victor Masson

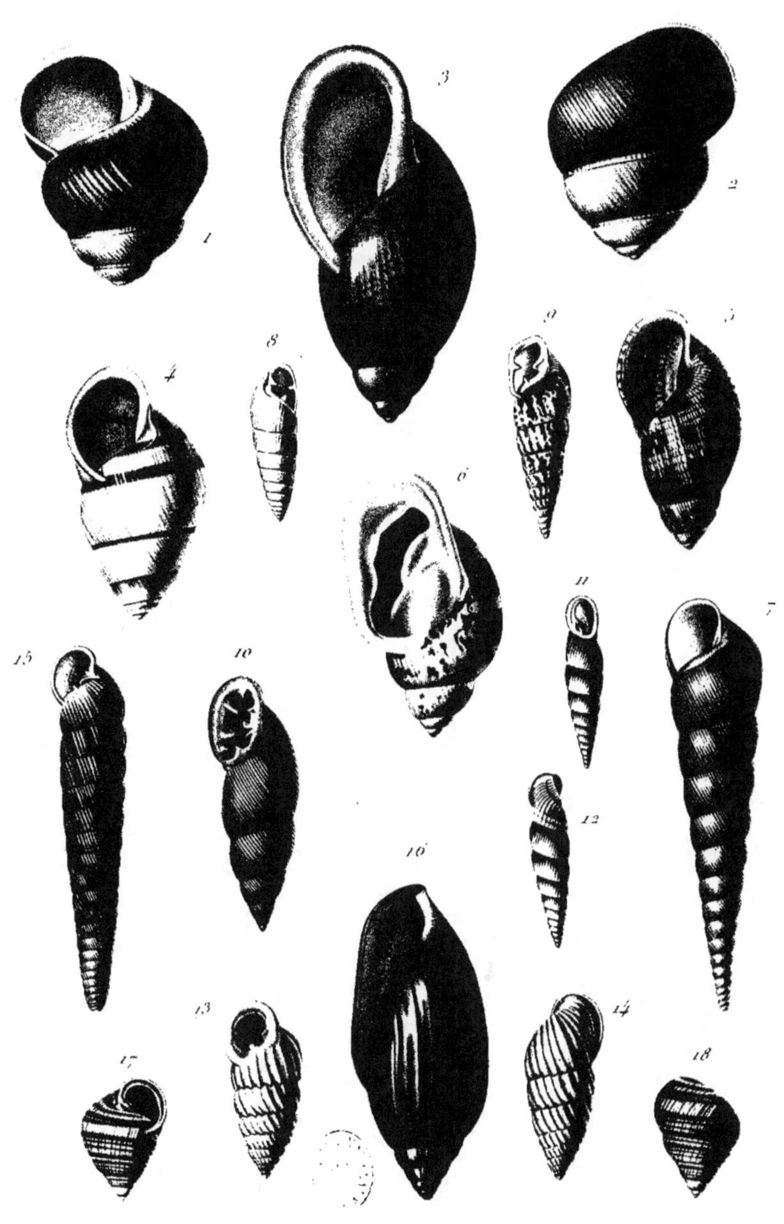

Publié par Victor Masson

Lackerbauer pinx.   N. Rémond imp.   Martin sc.

Publié par Victor Masson

Lackerbauer del.   N. Rémond imp.   Martin sc.

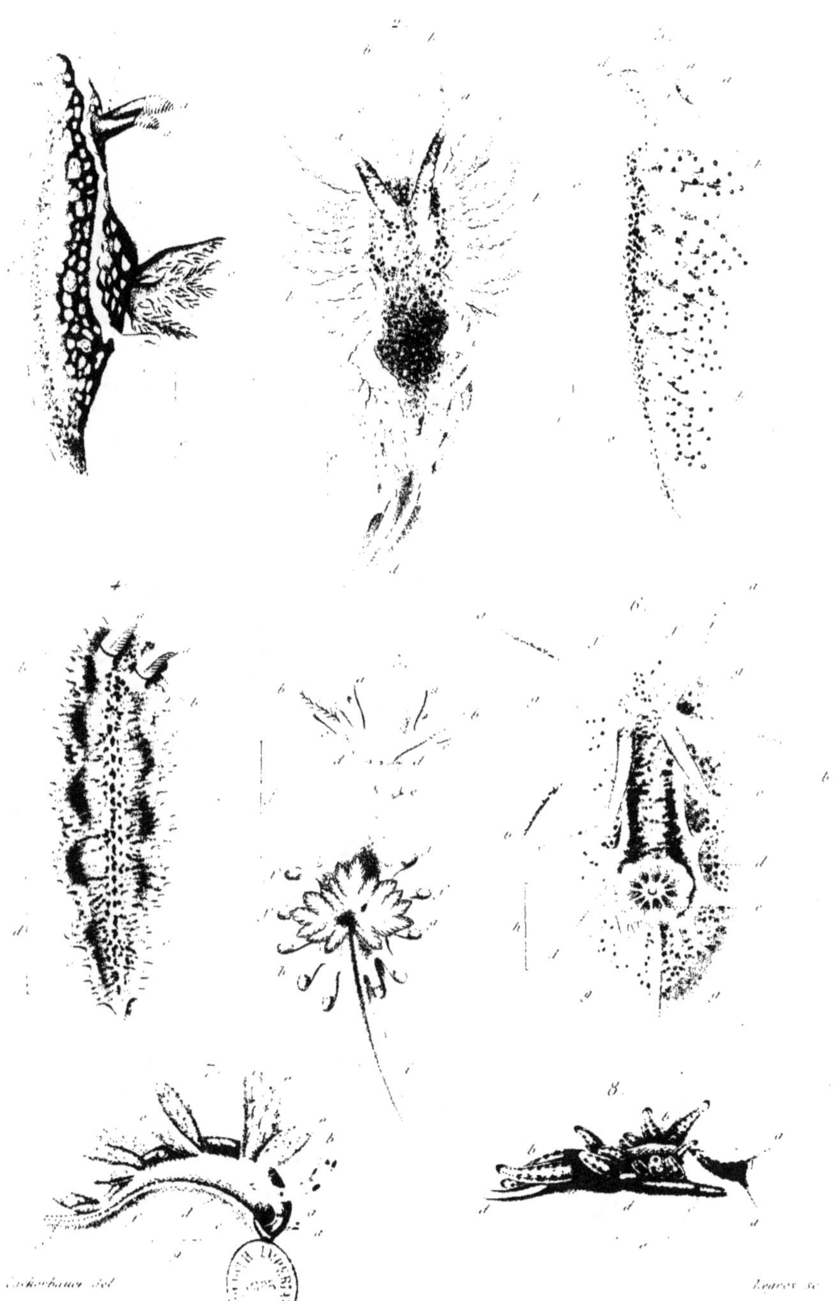

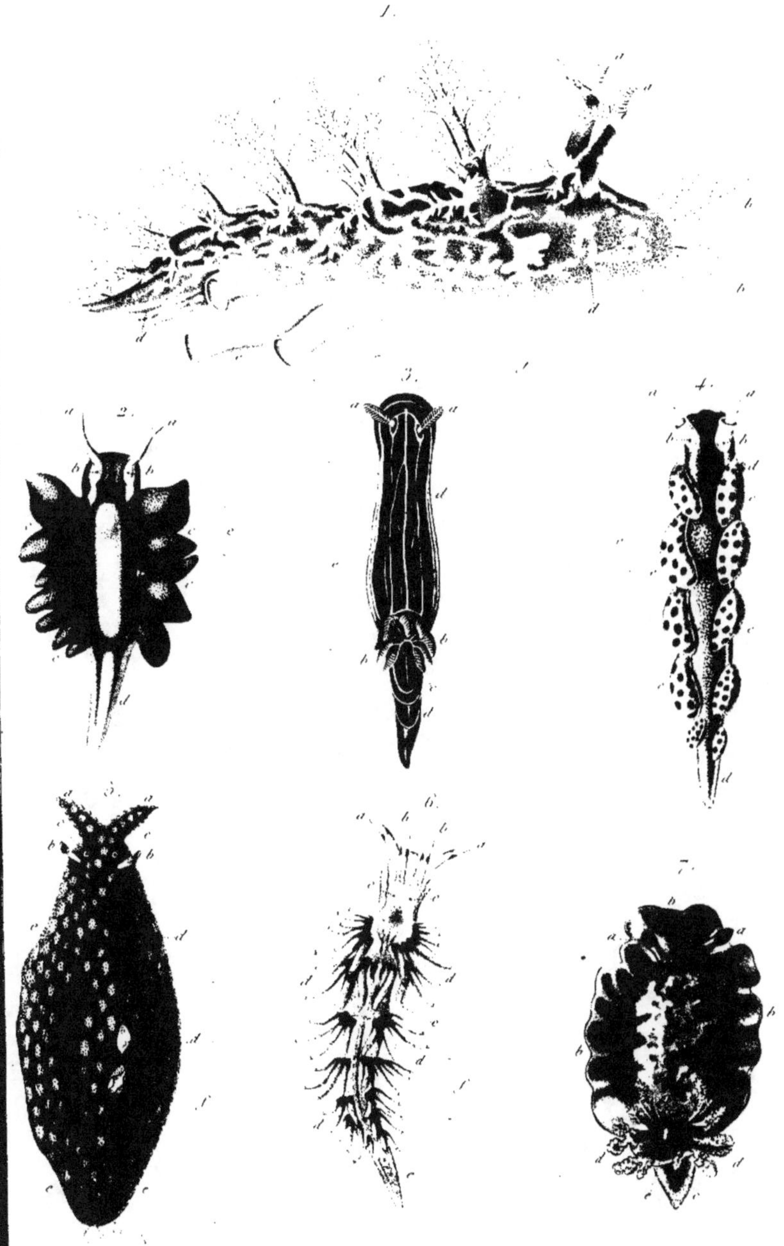

Scherbauer del.

Legros sc.

Publié par Victor Masson

A Bécquet imp. r. des Noyers 65 Paris

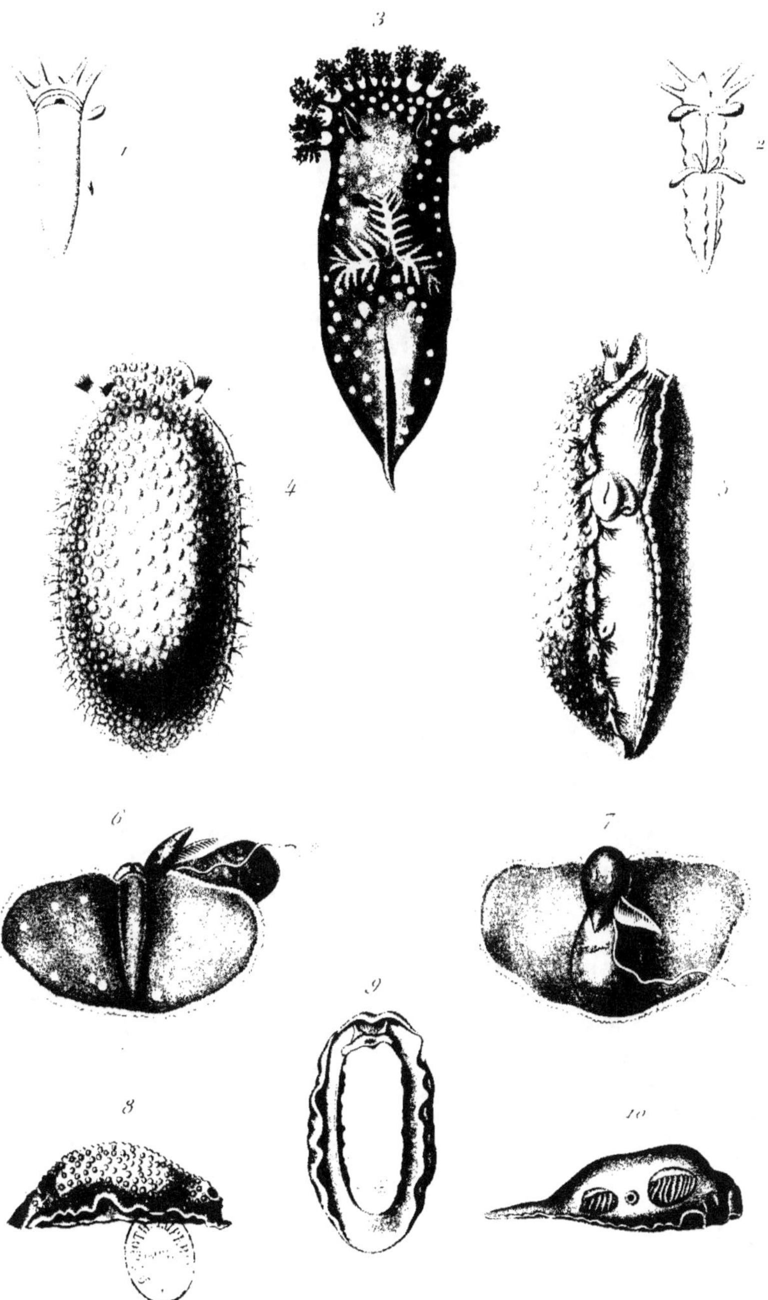

Publié par Victor Masson.

Lackerbauer pinx.   N. Rémond imp. r. des Noyers. Paris.   Martin sc.

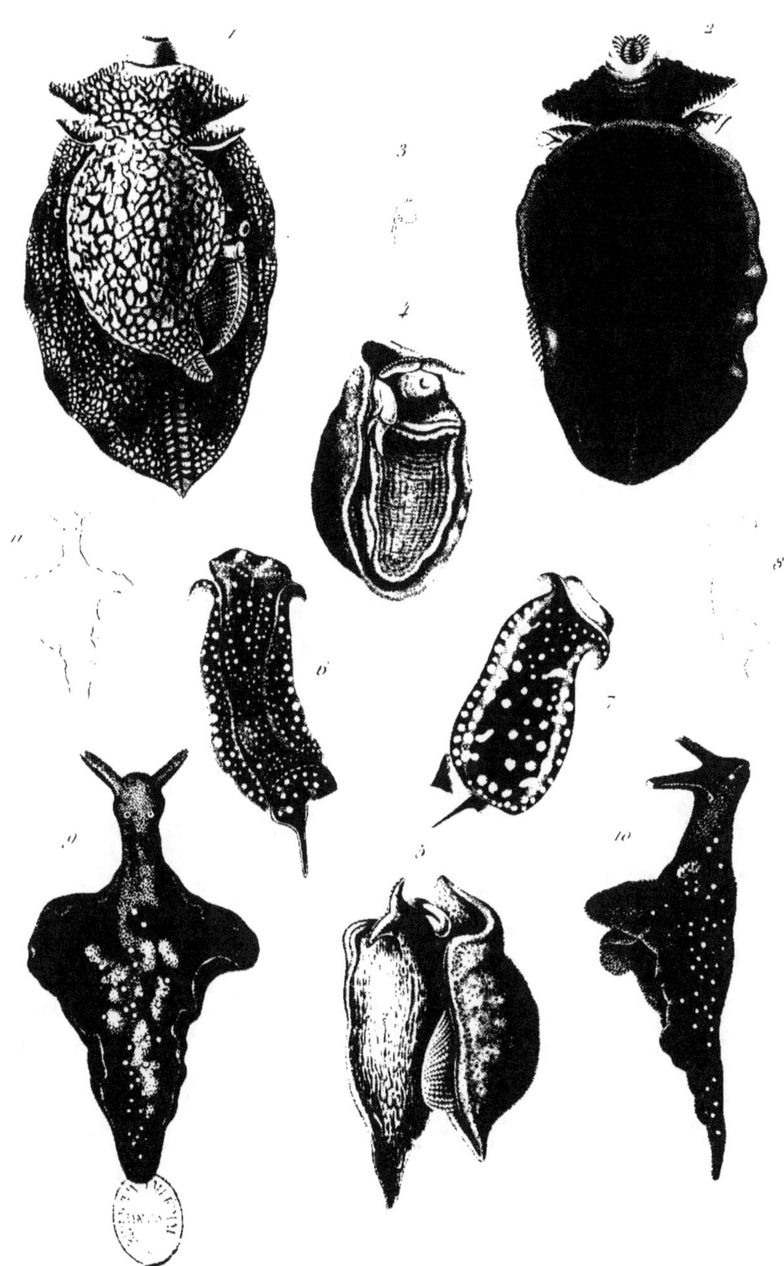

Publié par Victor Masson.

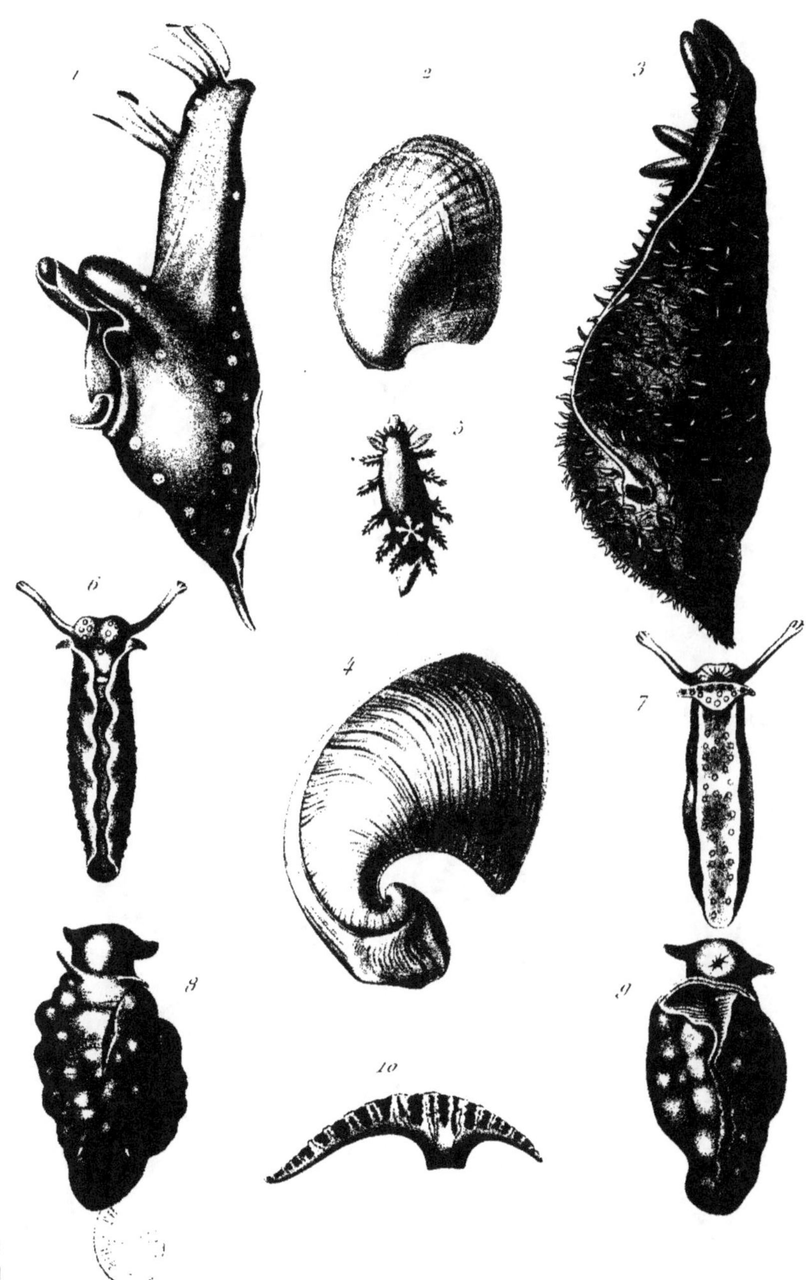

Publié par Victor Masson

Lackerbauer del.   N. Remond imp. r. des Noyers 63 Paris.   Martin sc.

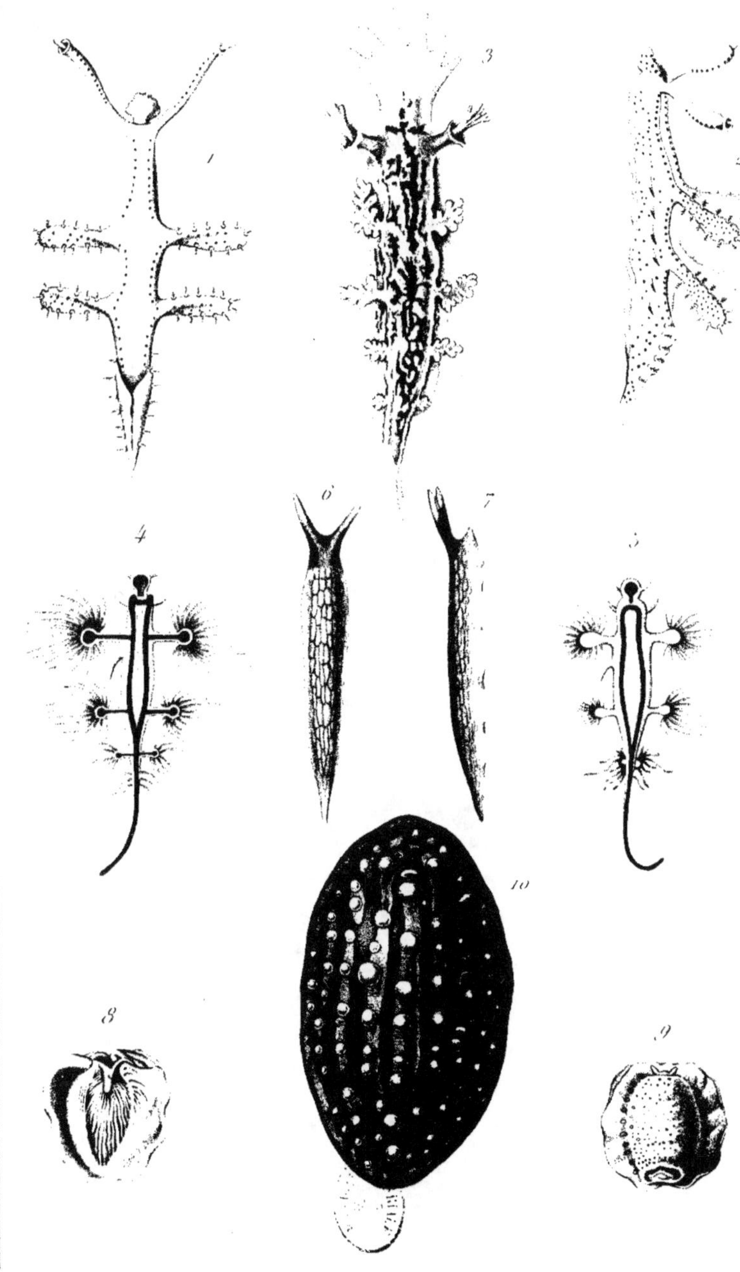

Publié par Victor Masson

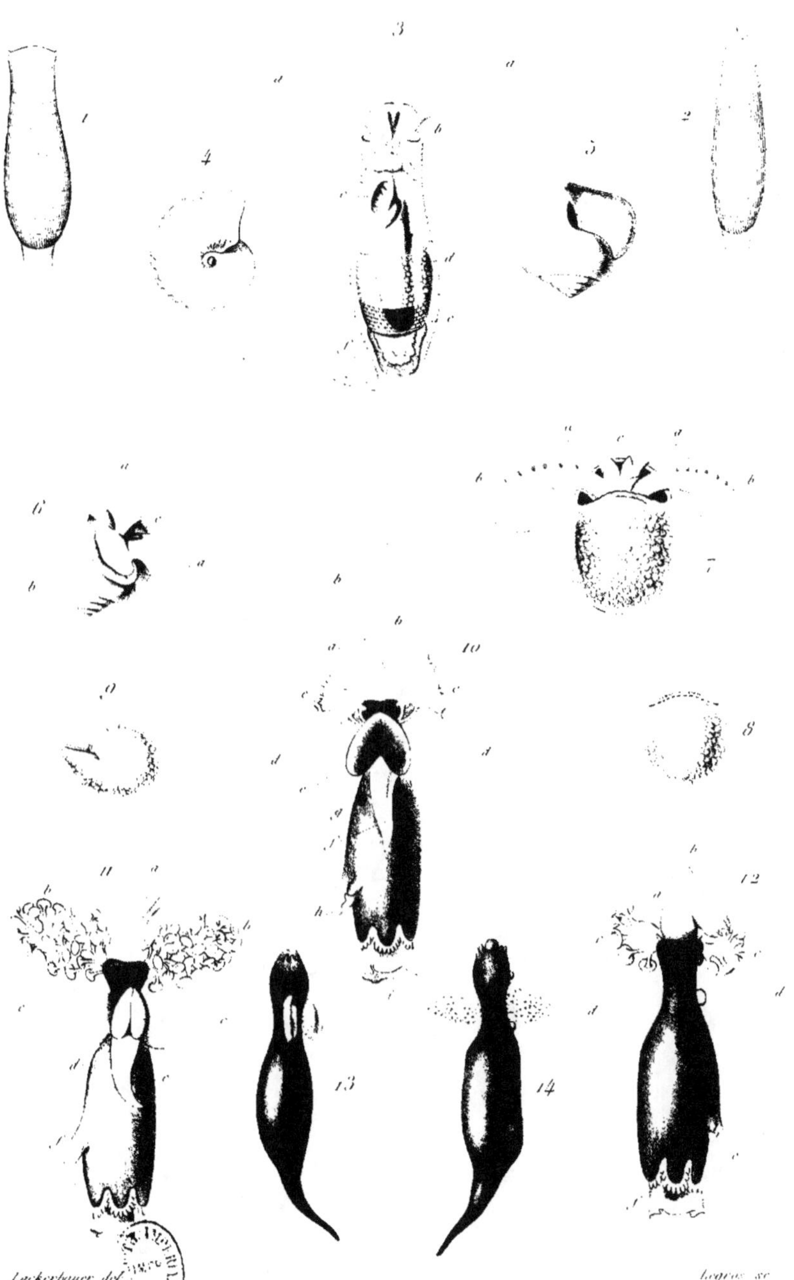

Lackerbauer del.
Joquet sc.
Publié par Victor Masson
N. Remond imp. r. des Noyers Paris

Trait. Élém. de Conchyl.
Publié par Victor Masson
N. Rémond imp. r. des Noyers Paris

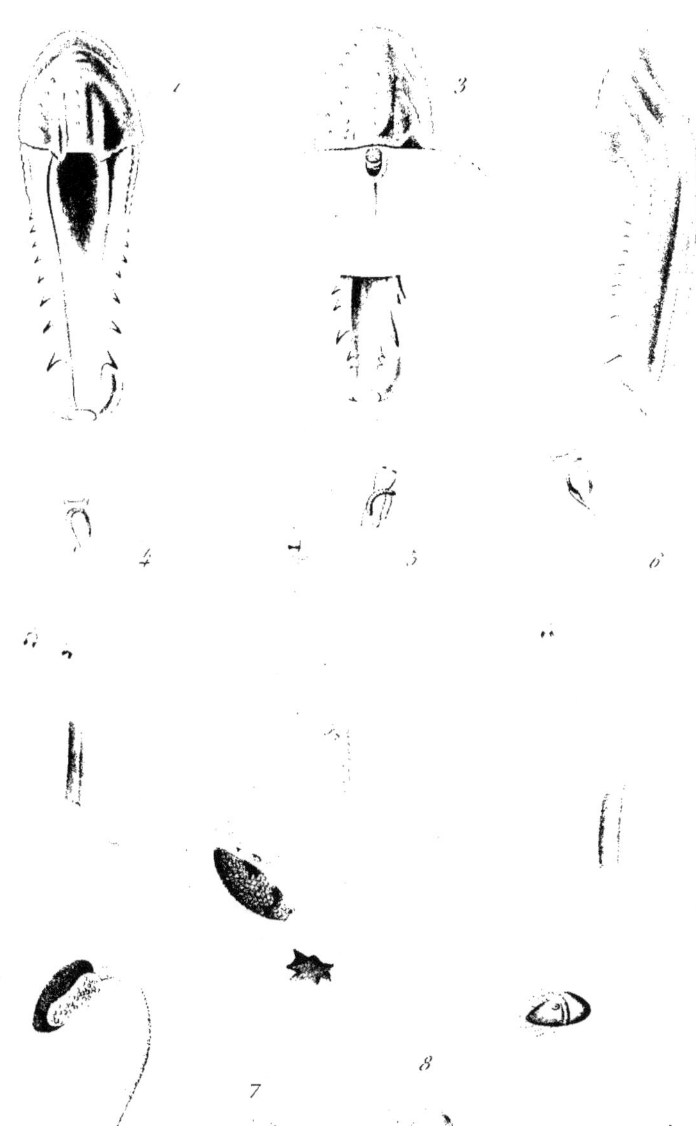

Publié par Victor Masson.

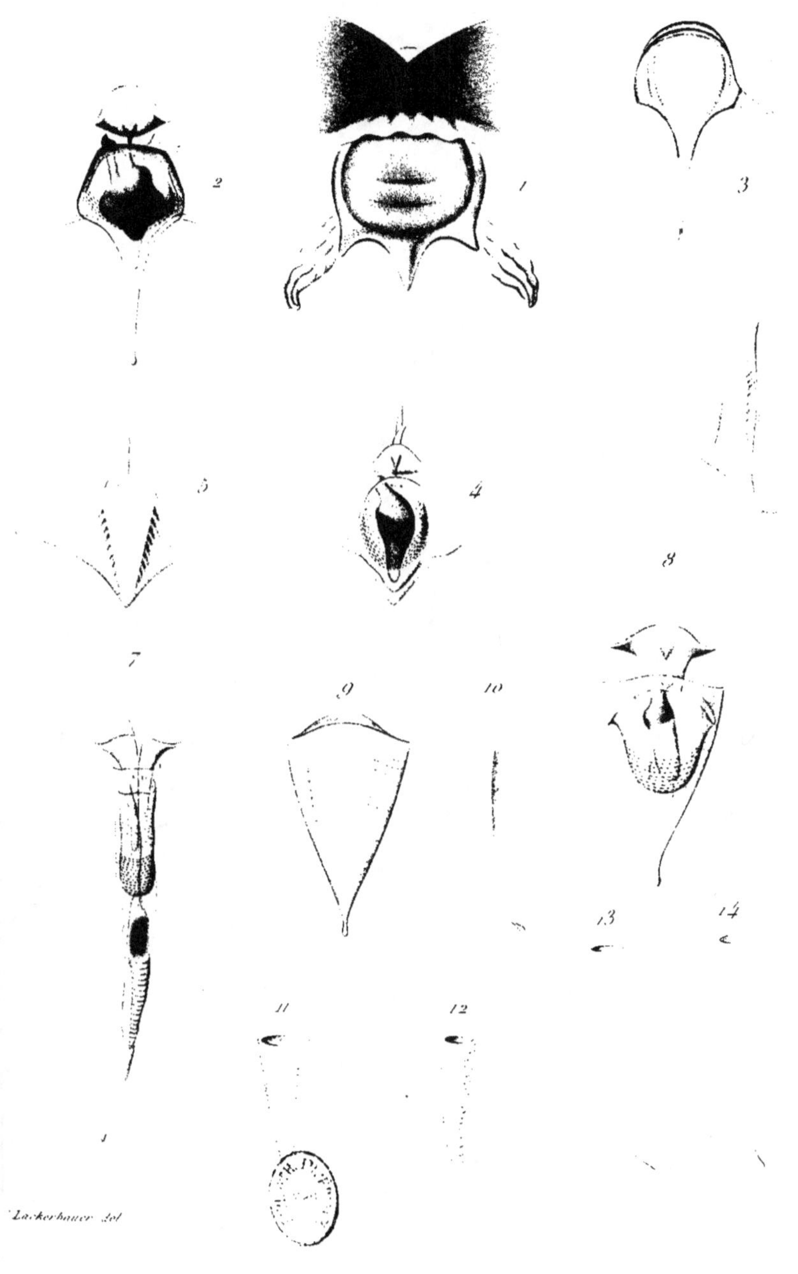

Lackerbauer del.

Publié par Victor Masson

Publié par Victor Masson.

Thiolat pinx. V. Rémond imp Rocourt sc.

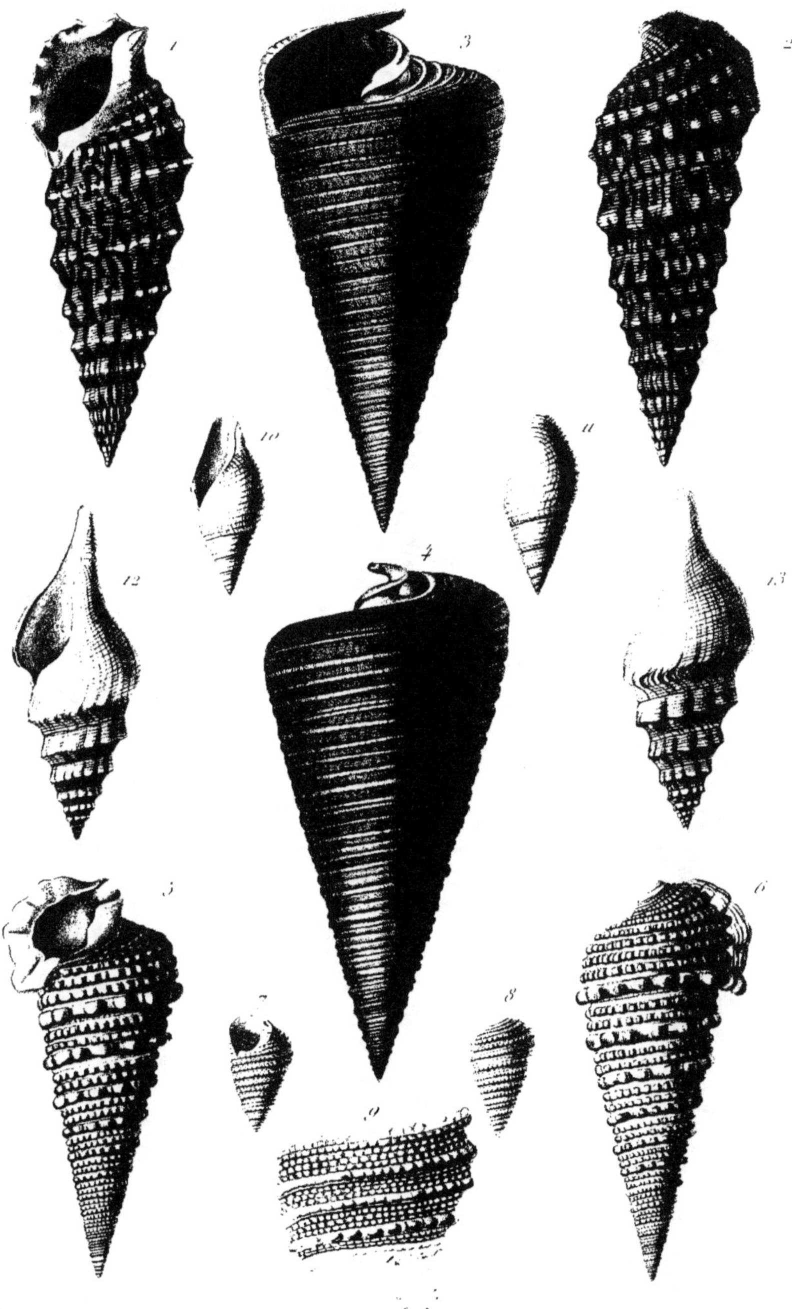

Publié par Victor Masson

Thiolat pinx. N. Remond imp. Bocourt sc.

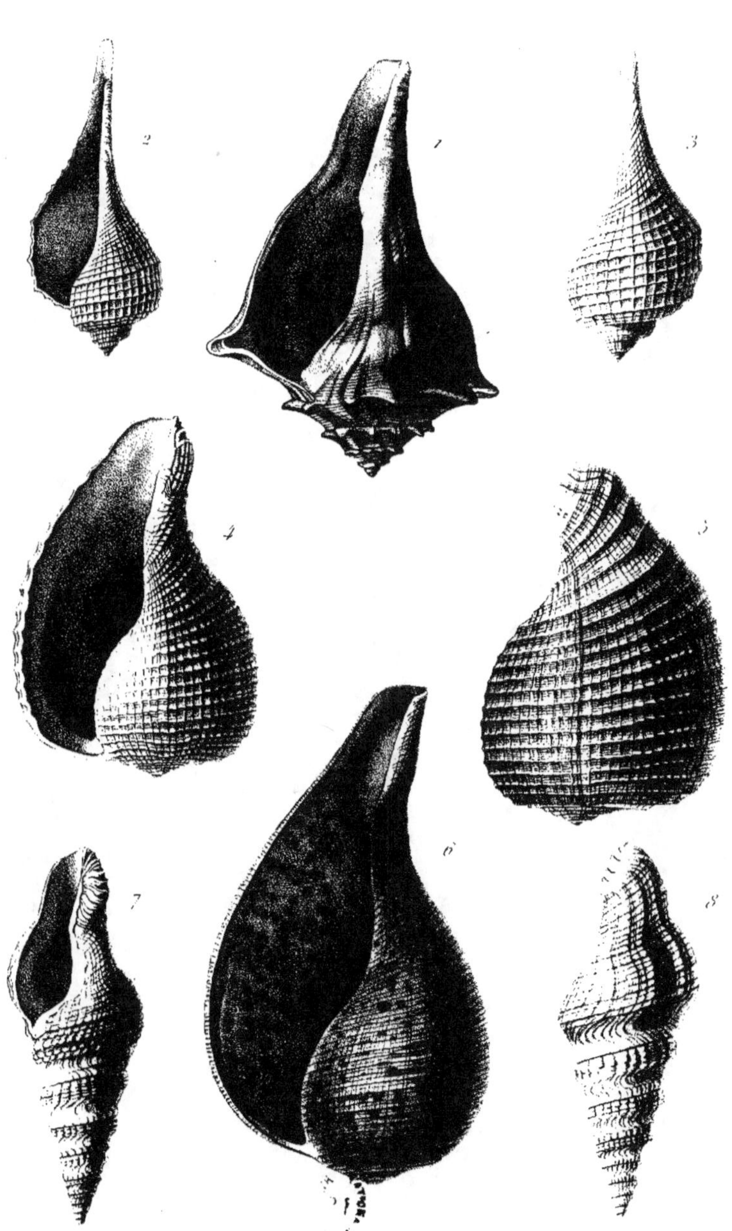

Publié par Victor Masson.

Thiolat pinx. N. Remond imp. Bocourt sc.

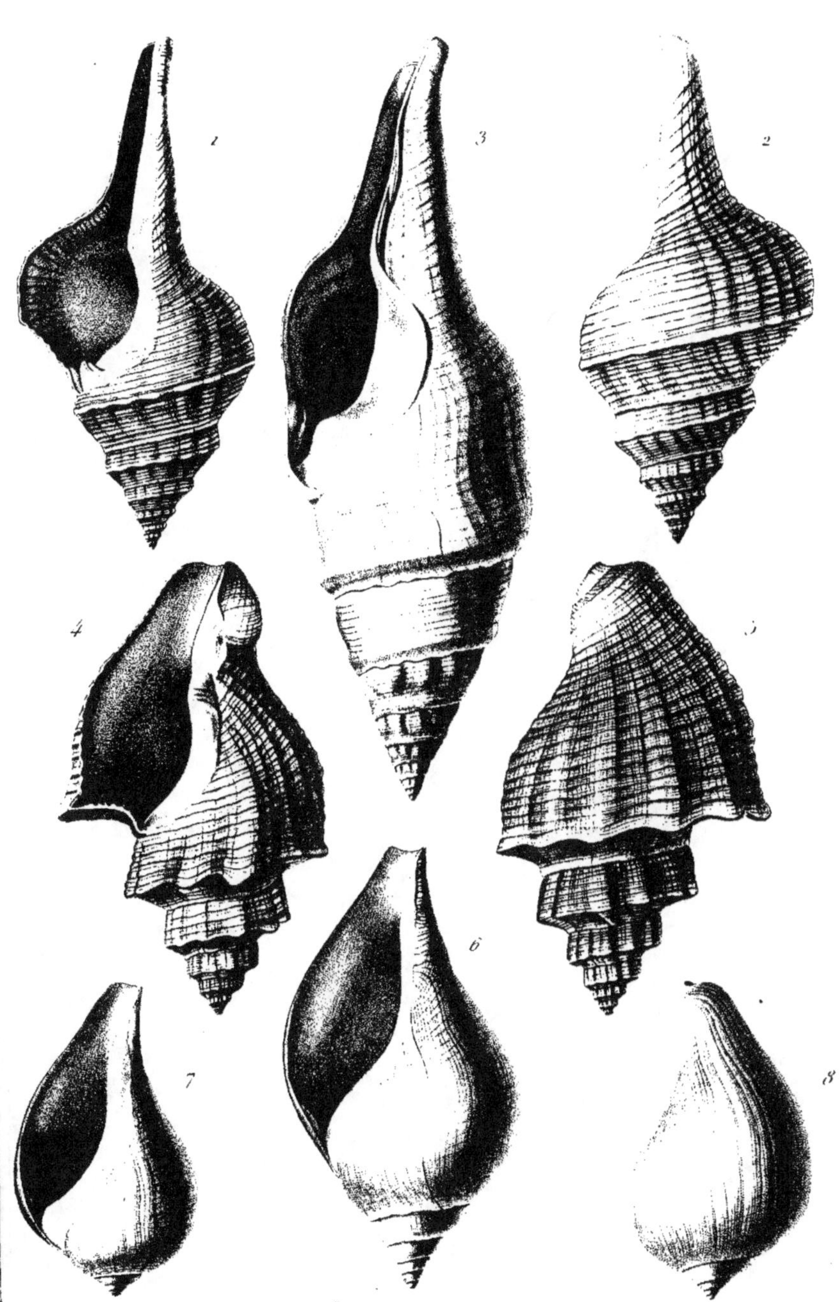

Publié par Victor Masson

Tholat pinx.   N. Rémond imp.   Rocourt sc.

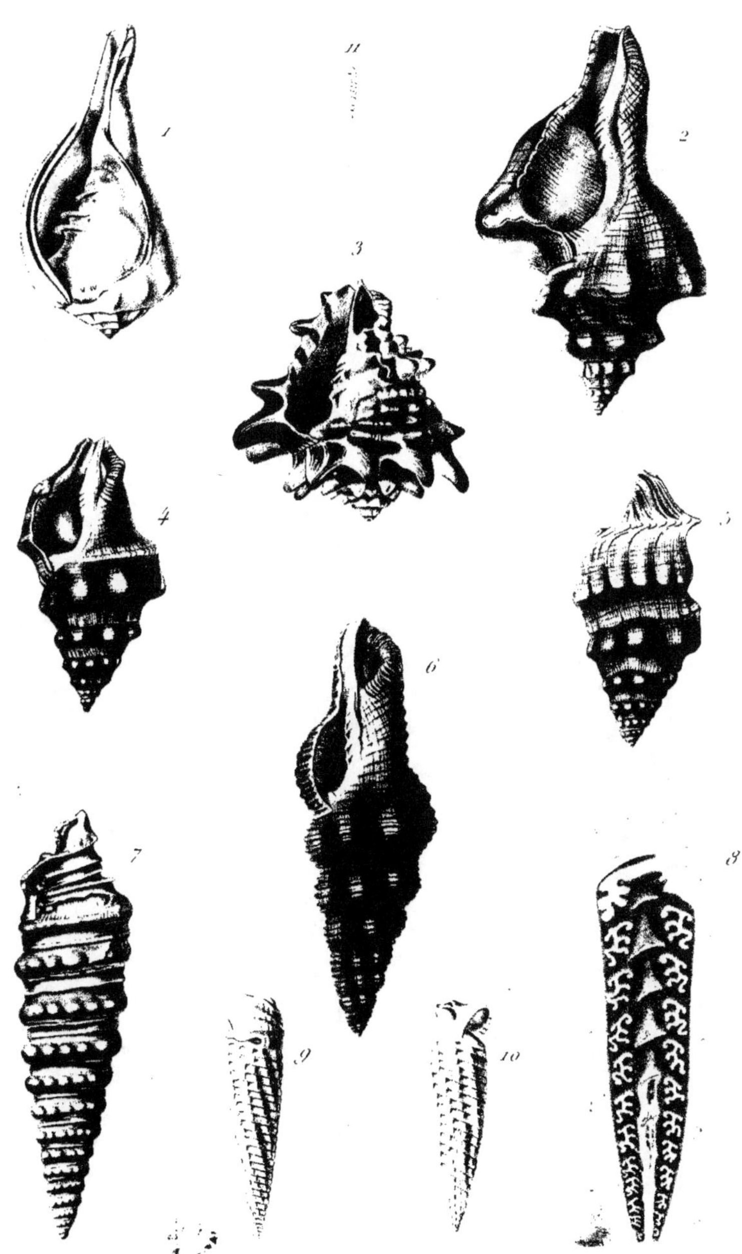

Publié par Victor Masson.

Lackerbauer pinx. N. Remond imp. Annedouche sc.

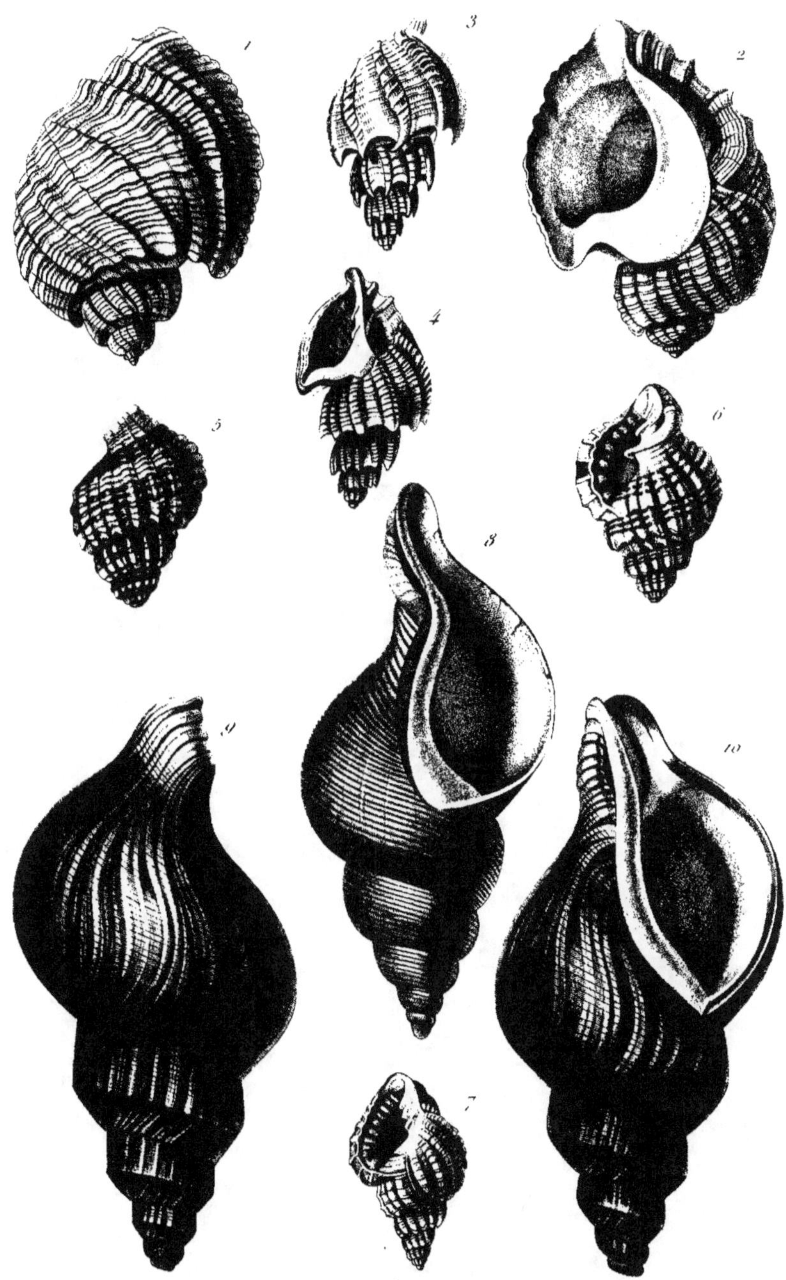

Trait. Élém. de Conchyl.
PL. 109.
1
3
2
4
5
6
8
9
10
7
Publié par Victor Masson
Thiolat pinx.
N. Remond imp.
Bocourt sc.

Publié par Victor Masson.

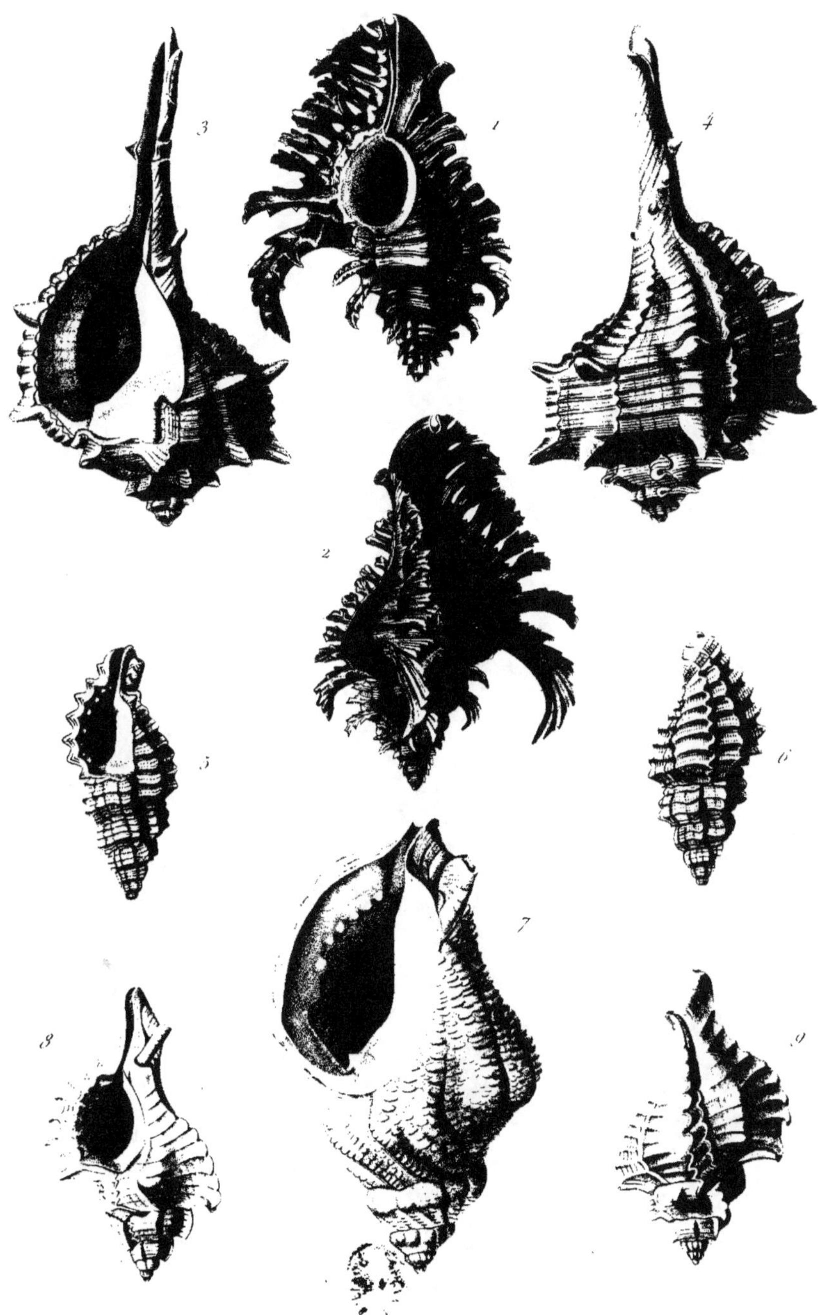

Publié par Victor Masson.

Tholat pinx. X. Remond imp Bacourt sc.

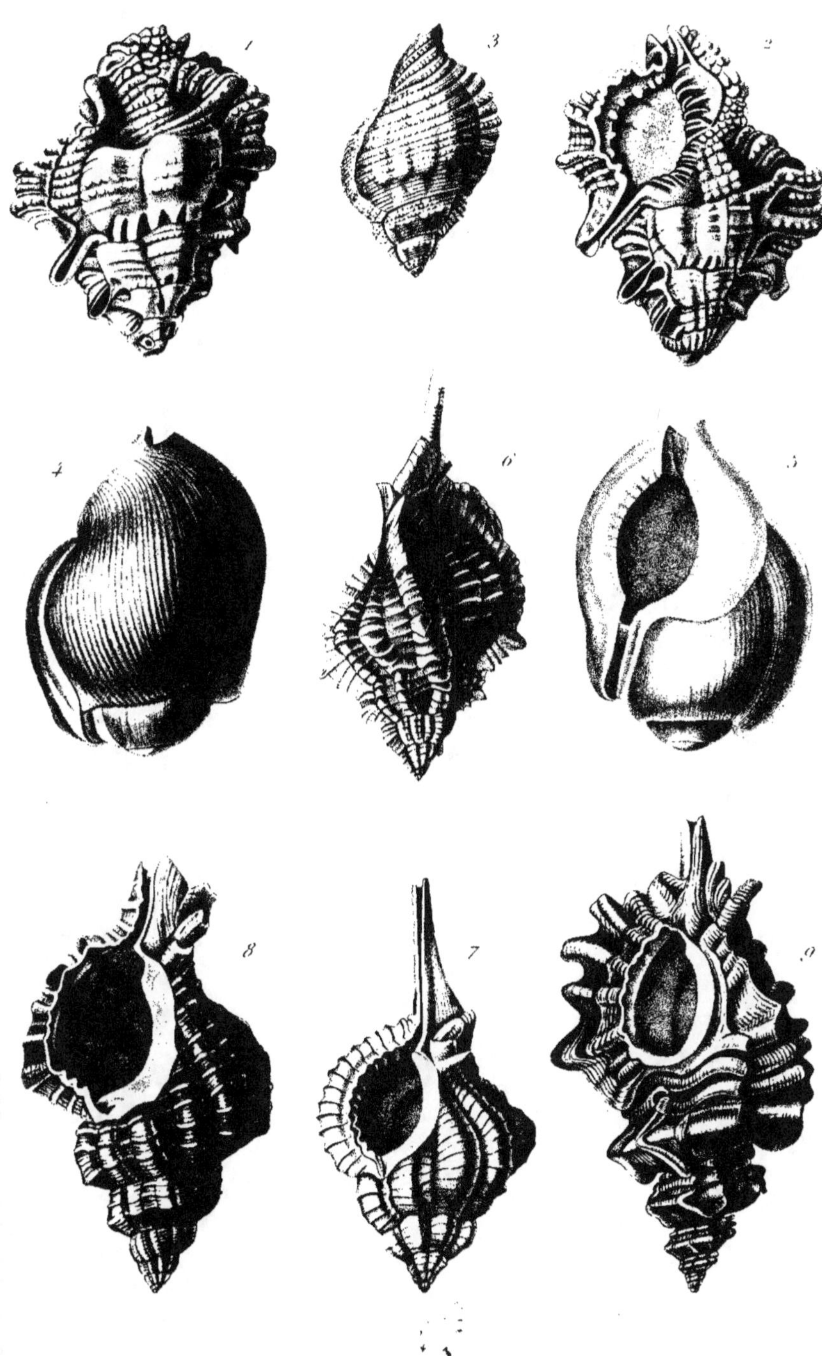

Publié par Victor Masson

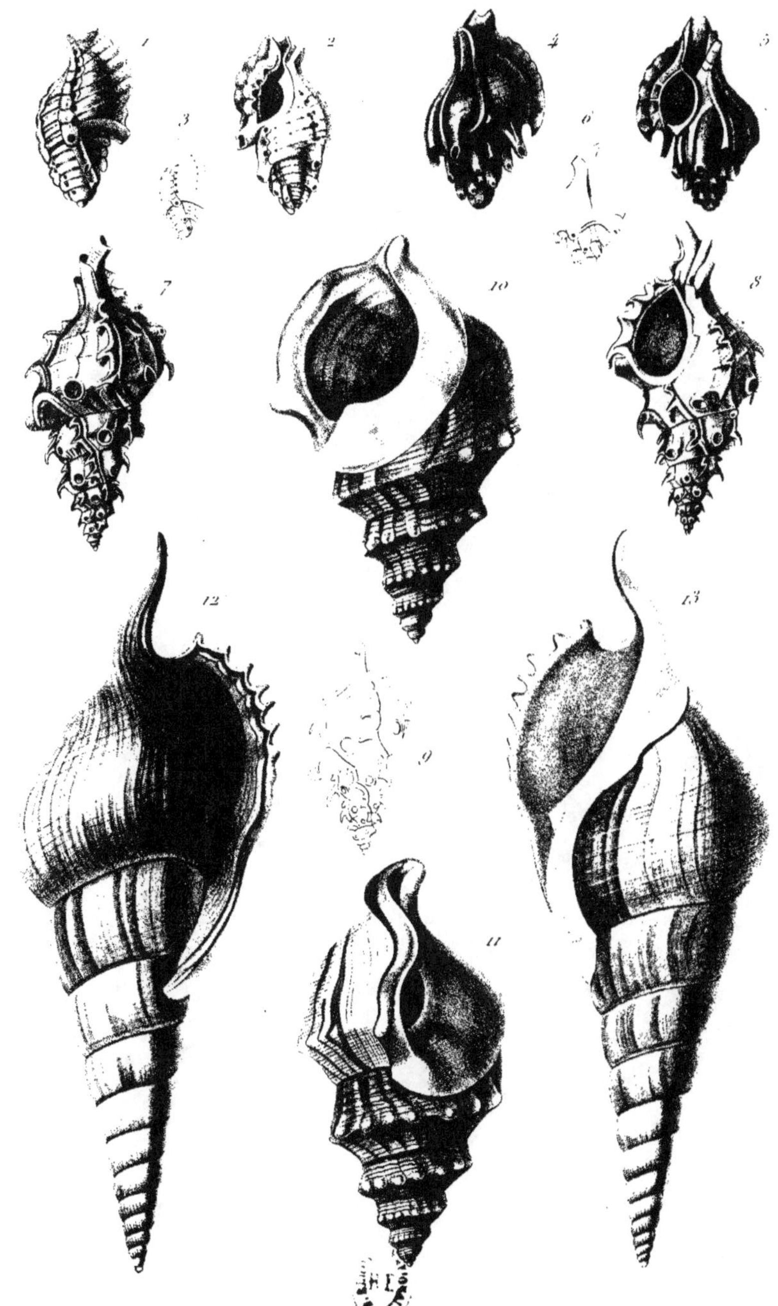

Publié par Victor Masson.

Thiolat pinx.   N. Remond imp.   Bocourt sc.

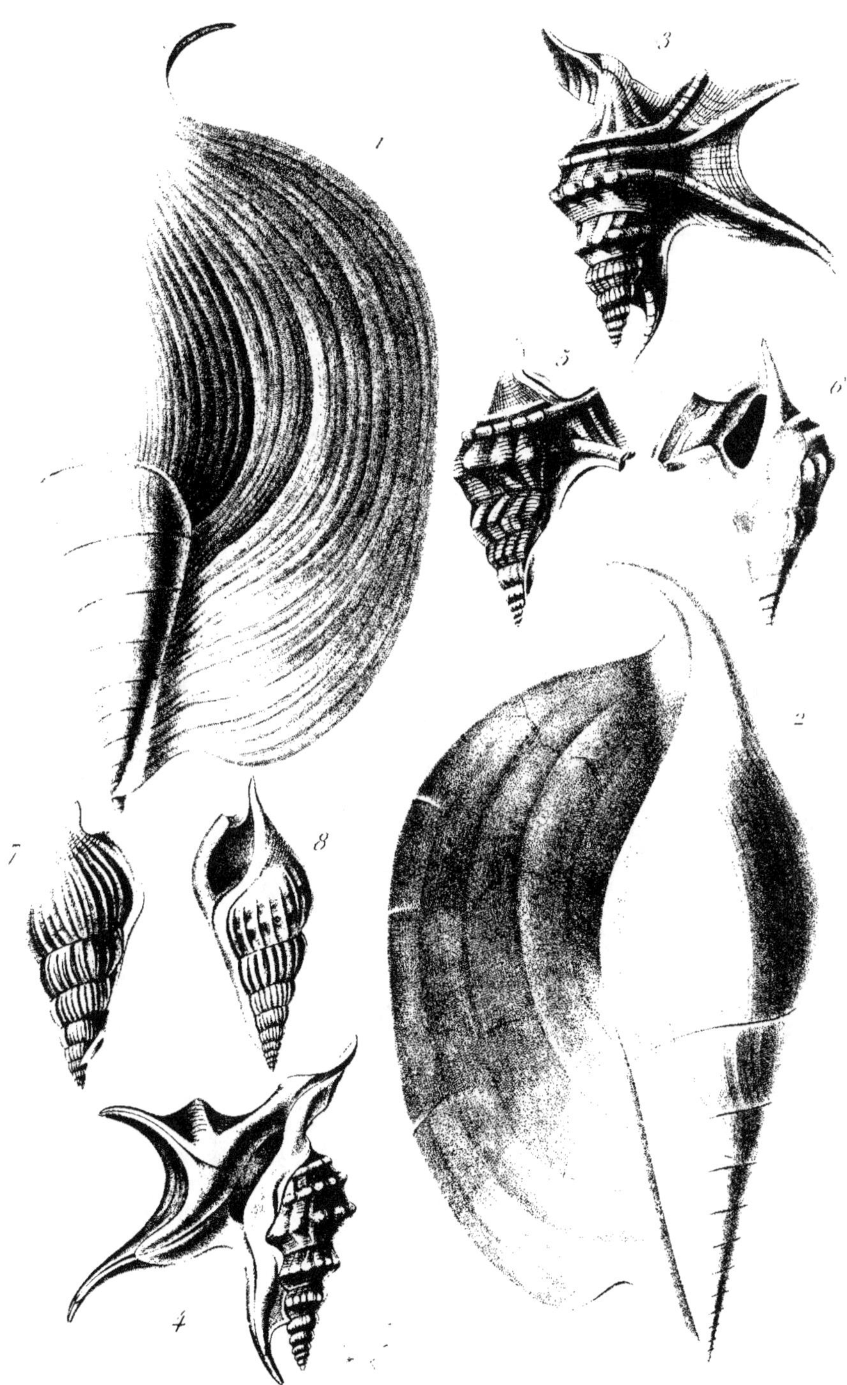
Thiolat del.
Publié par Victor Masson
N. Remond imp
Bocourt s.

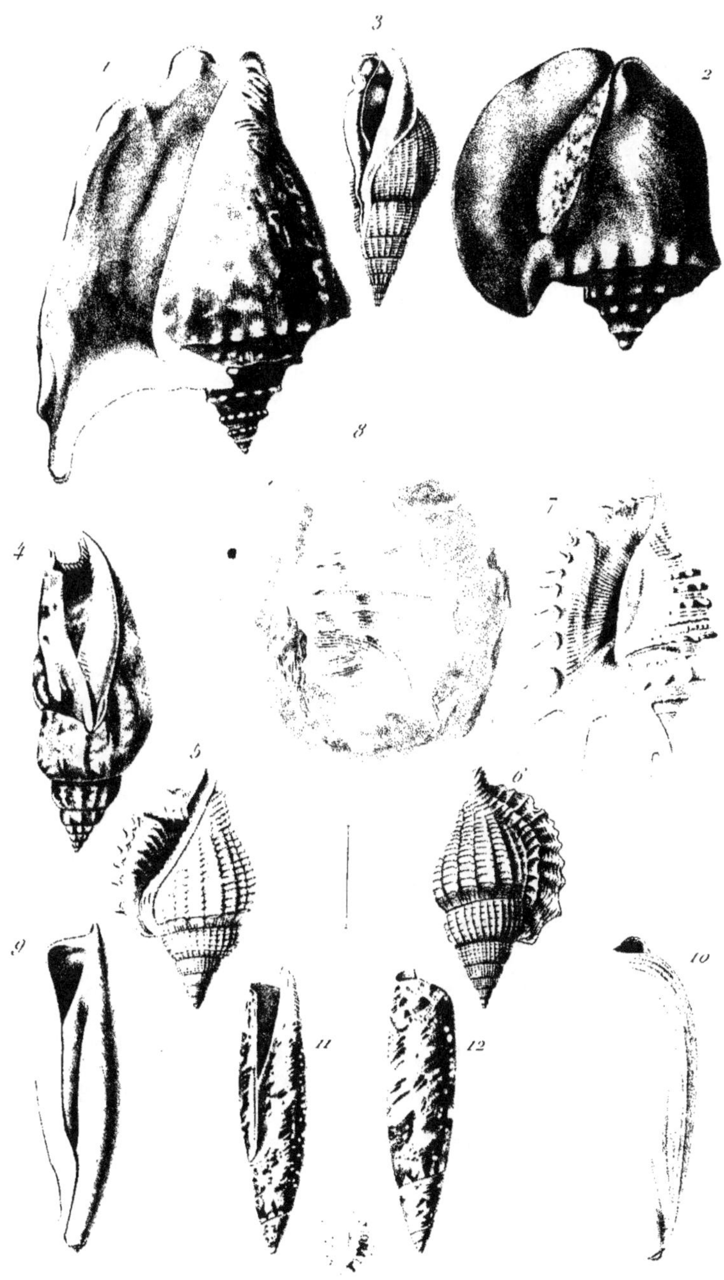

Publié par Victor Masson.

Lackerbauer pinx.   N. Rémond imp.   Annedouche sc.

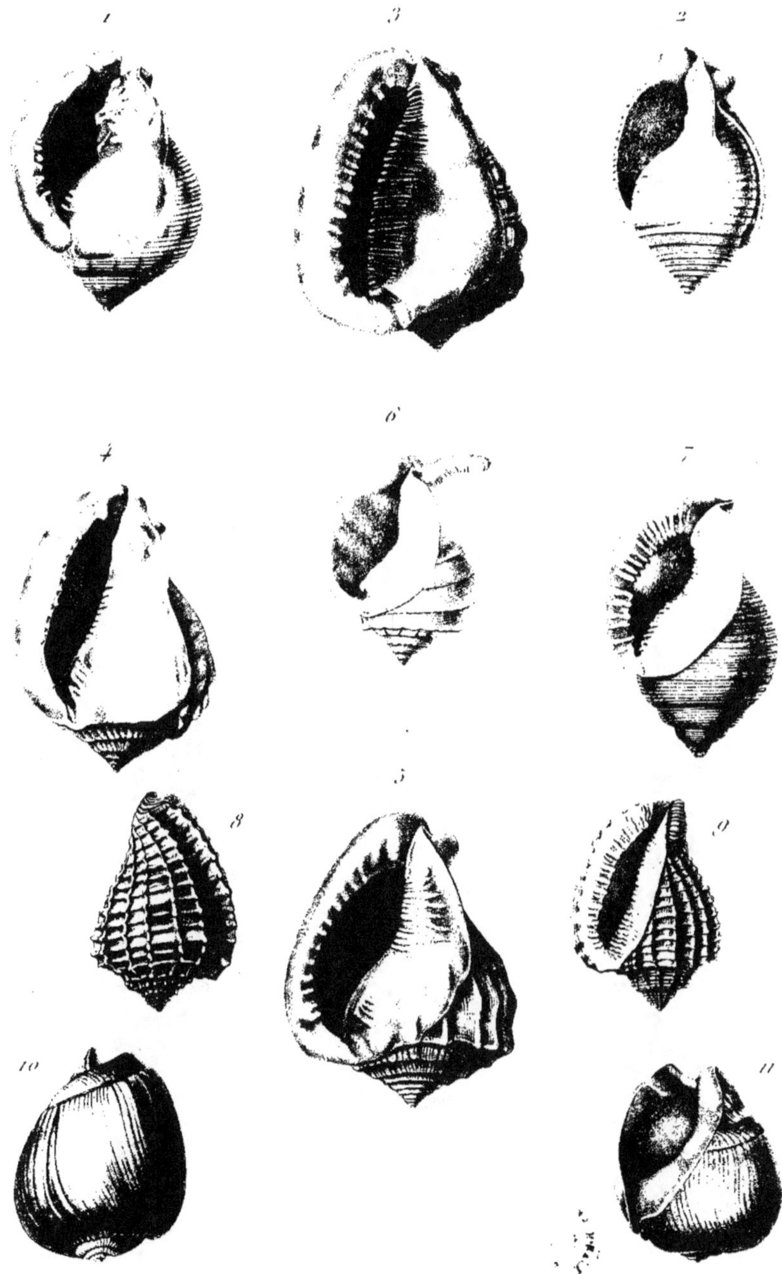
1
3
2
6
4
7
5
8
9
10
11
Publié par Victor Masson.
Lackerbauer pinx.
N. Rémond imp.
Annedouche sc.

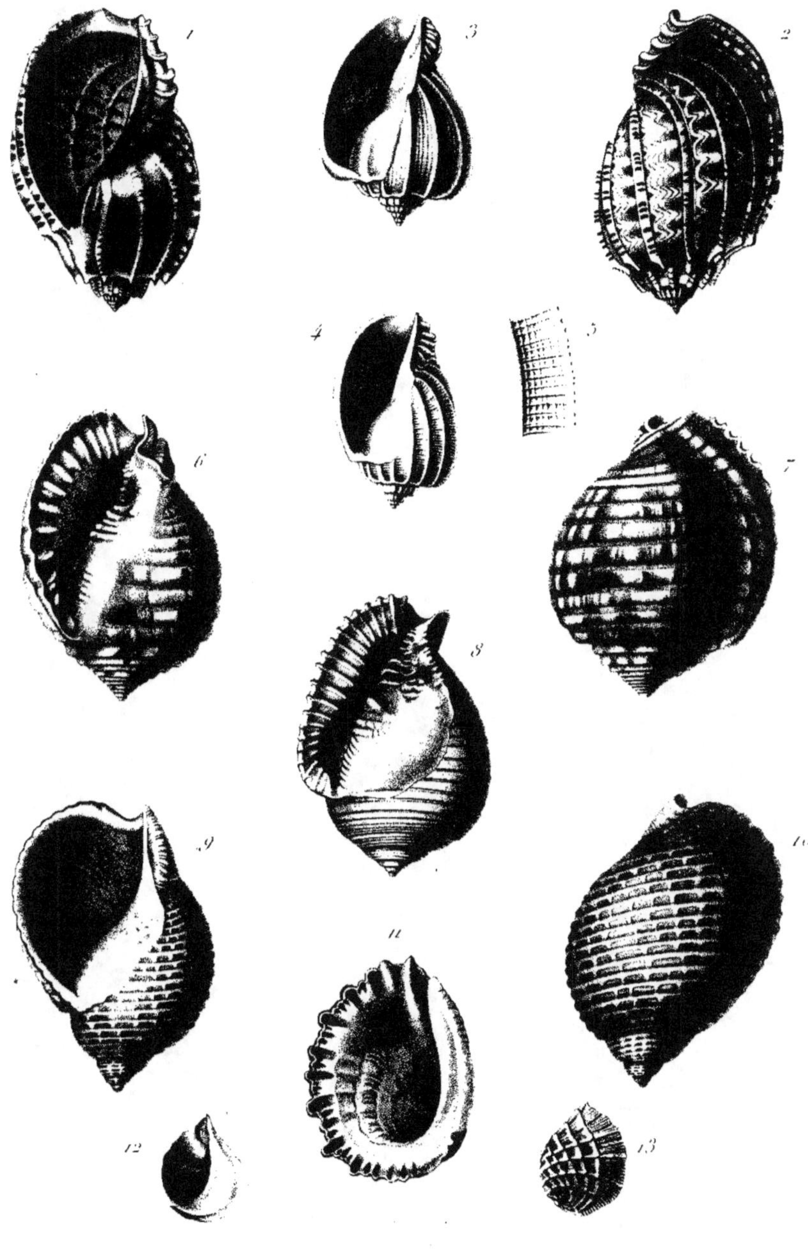

Publié par Victor Masson

Lackerbauer del.   N. Rémond imp.   Schaeltt. sc.

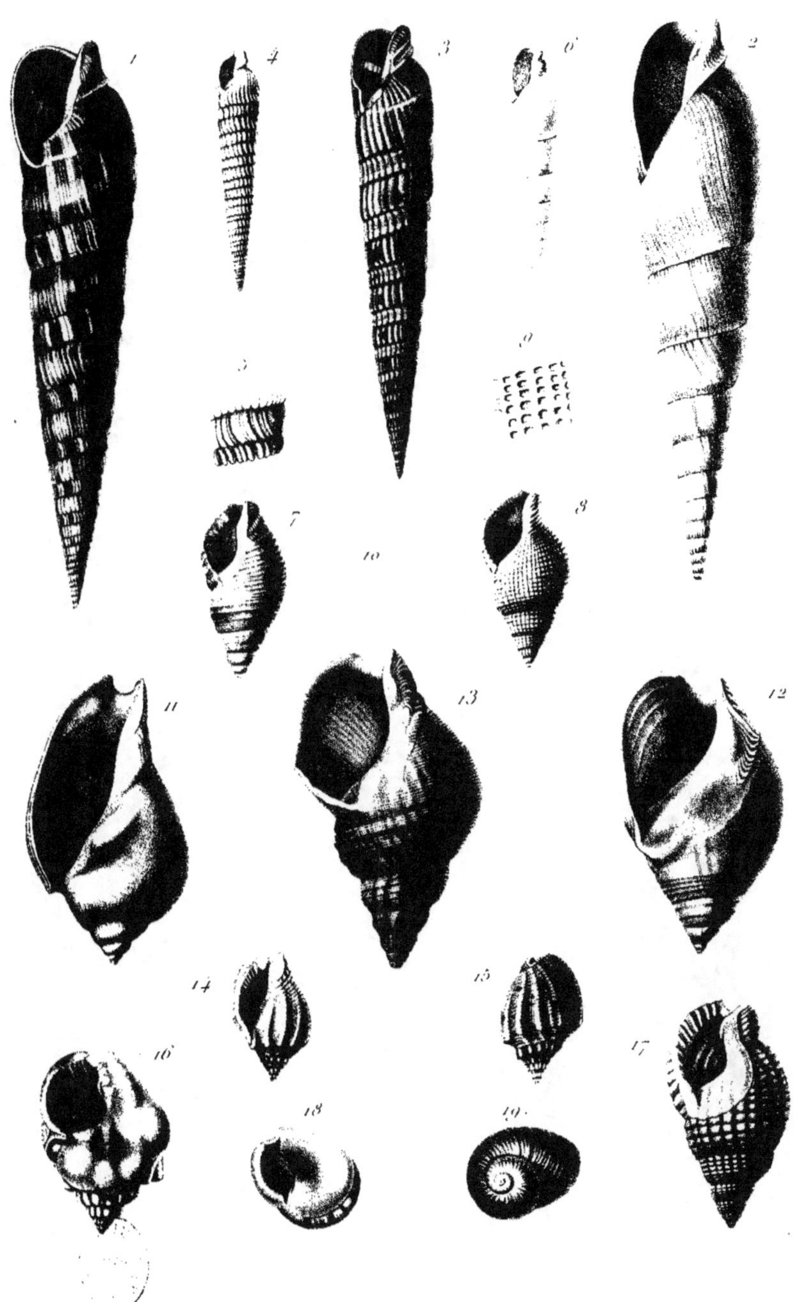

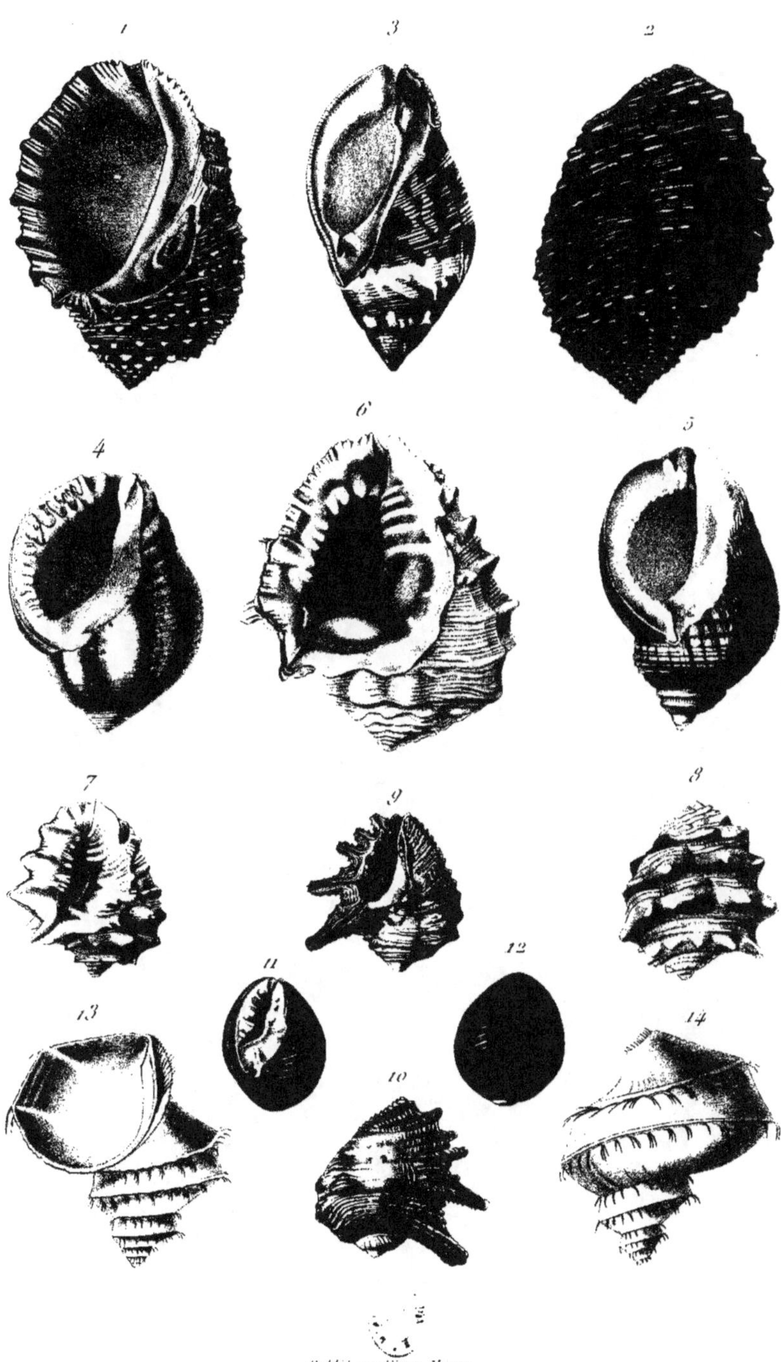

Publié par Victor Masson.

Lackerbauer pinx.

N. Rémond imp.

Annedouche sc.

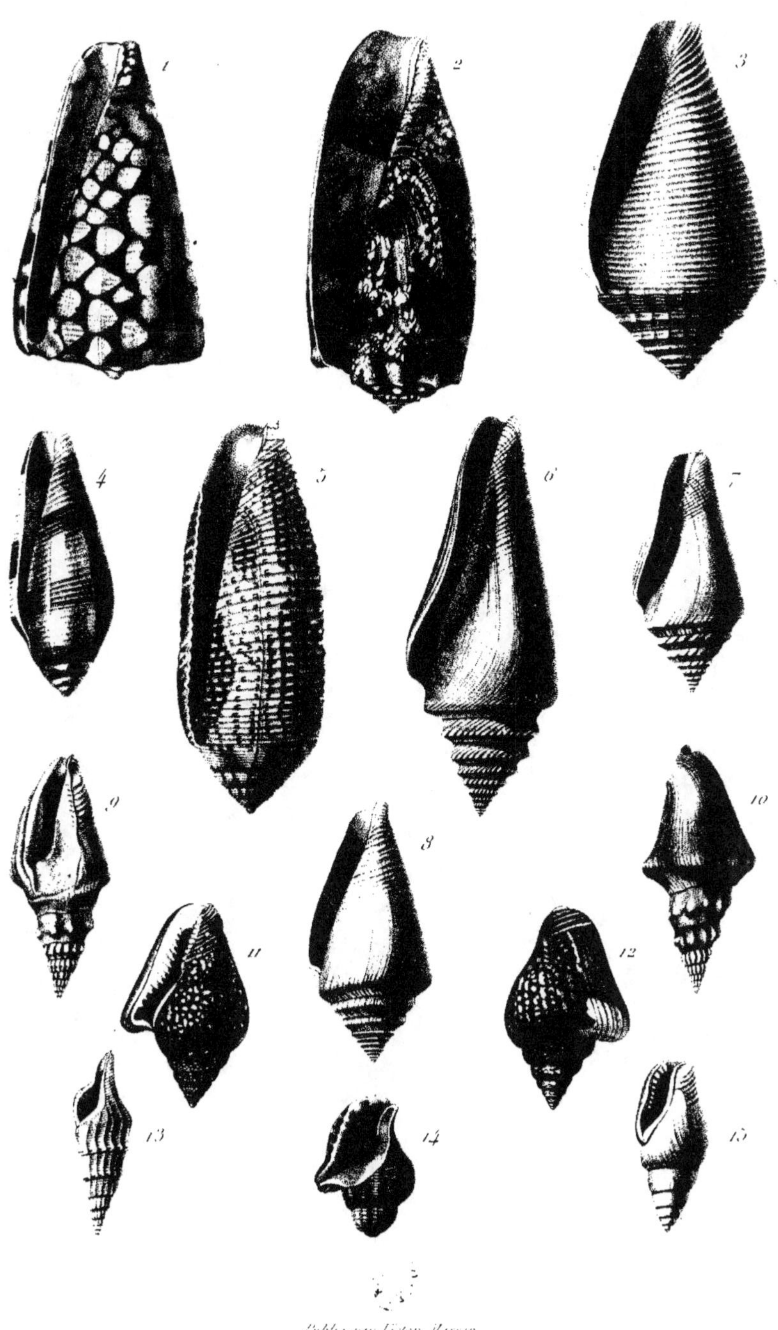

Publié par Victor Masson.

Lackerbauer del. N. Remond imp. Schmeltz sc.

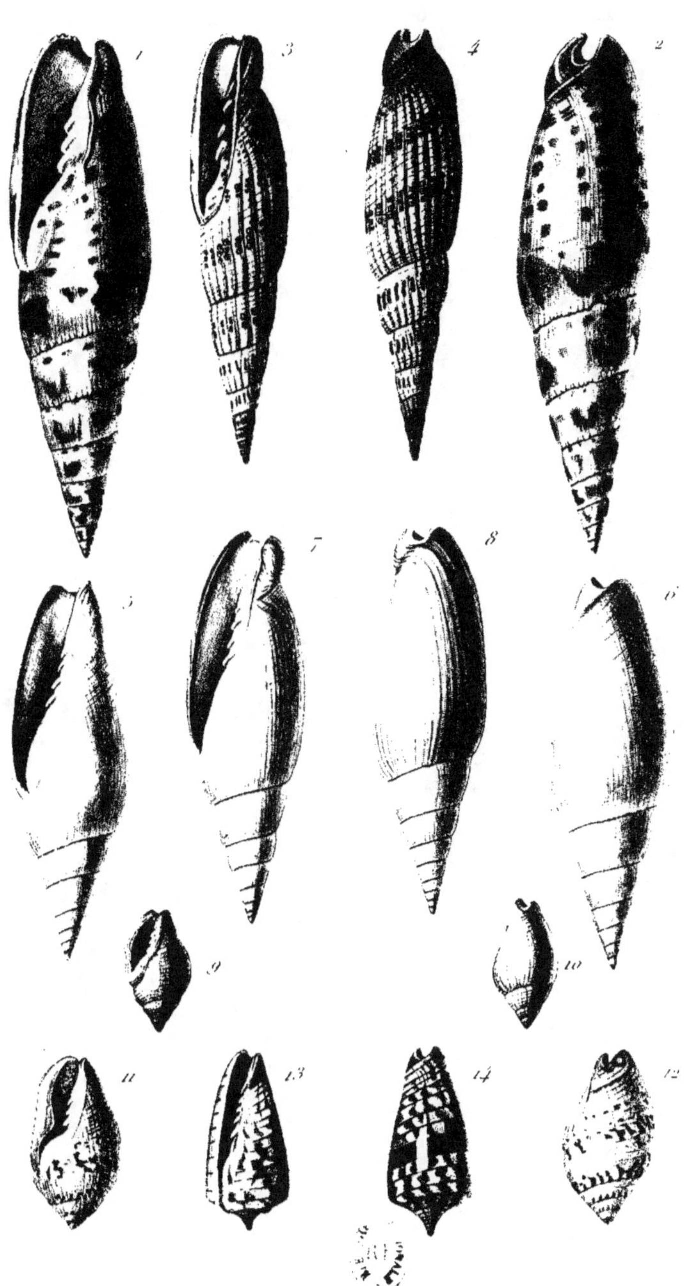

Publié par Victor Masson

Thiolat pinx.　　　　N. Rémond imp.　　　　Bocourt

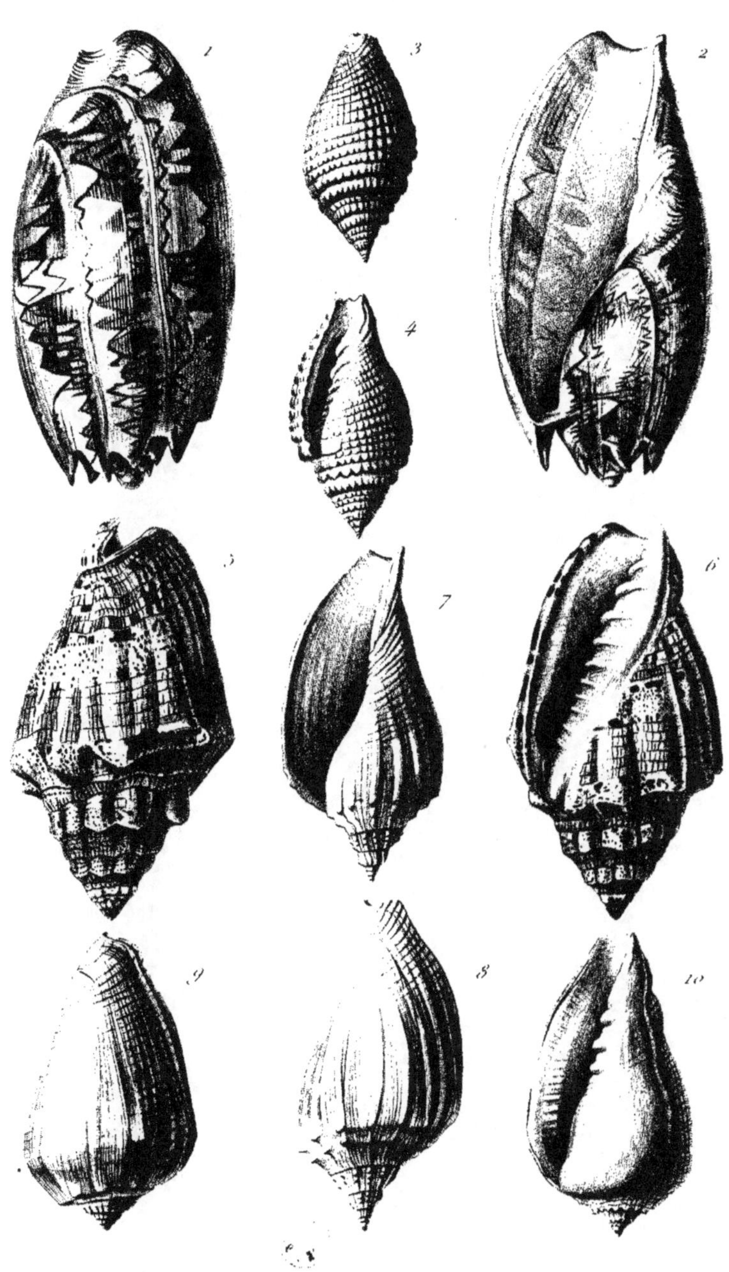

Publié par Victor Masson.

Vialat pinx.   Rémond imp.   Boirat sc.

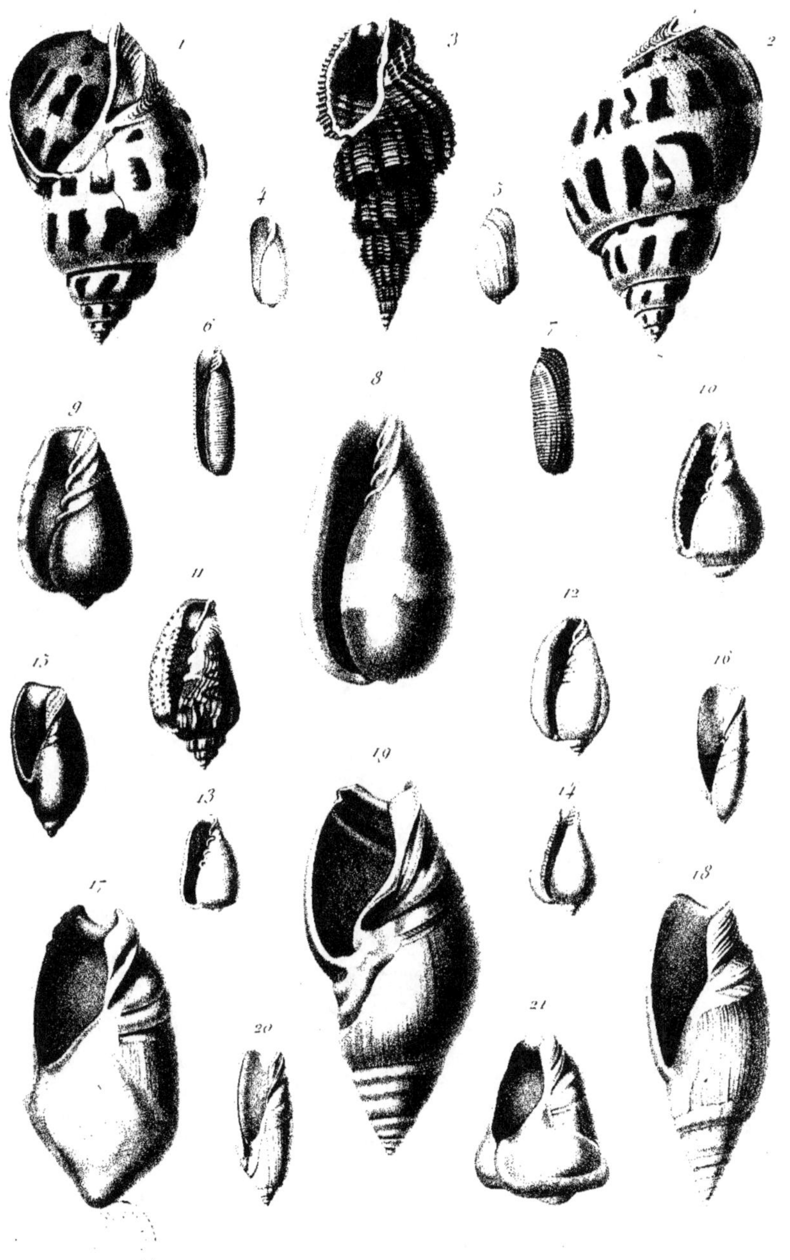

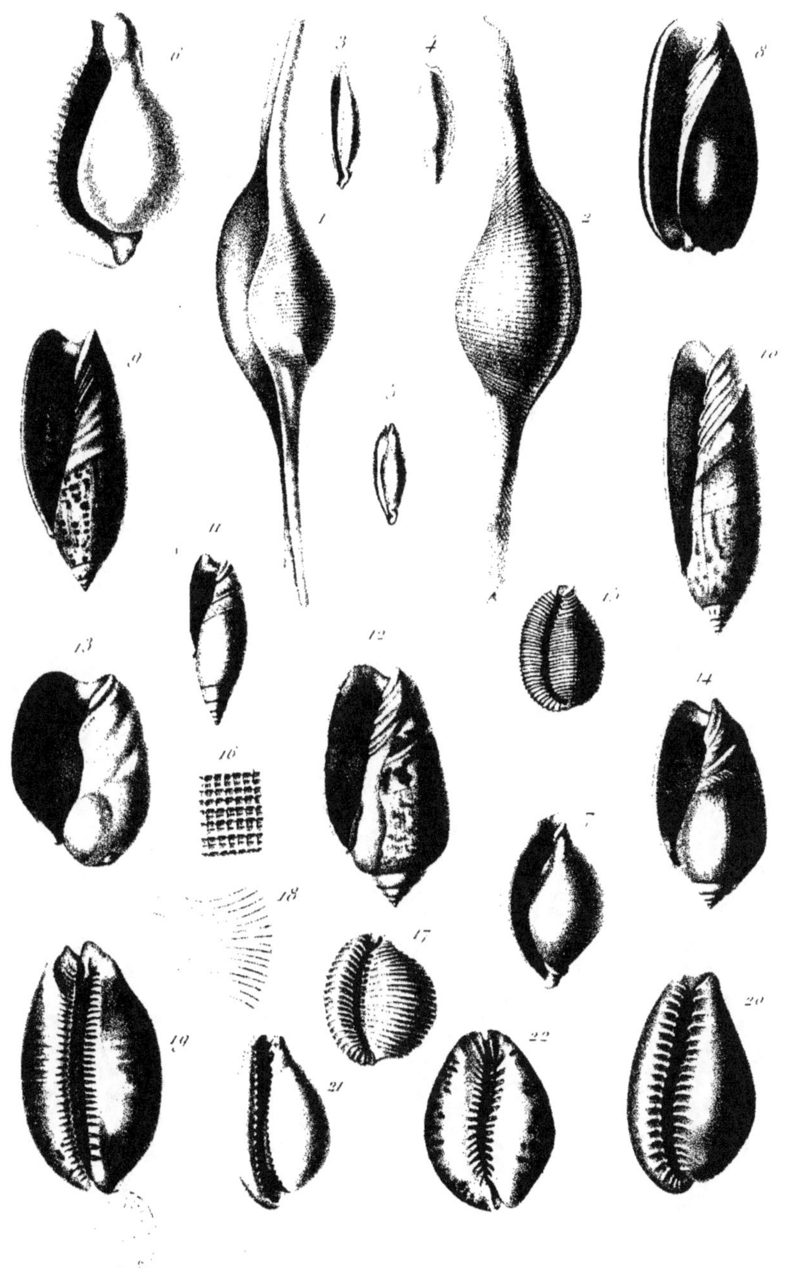

Poëlie par Victor Masson

Lackerbauer del.   N. Remond imp.   Martin sc.

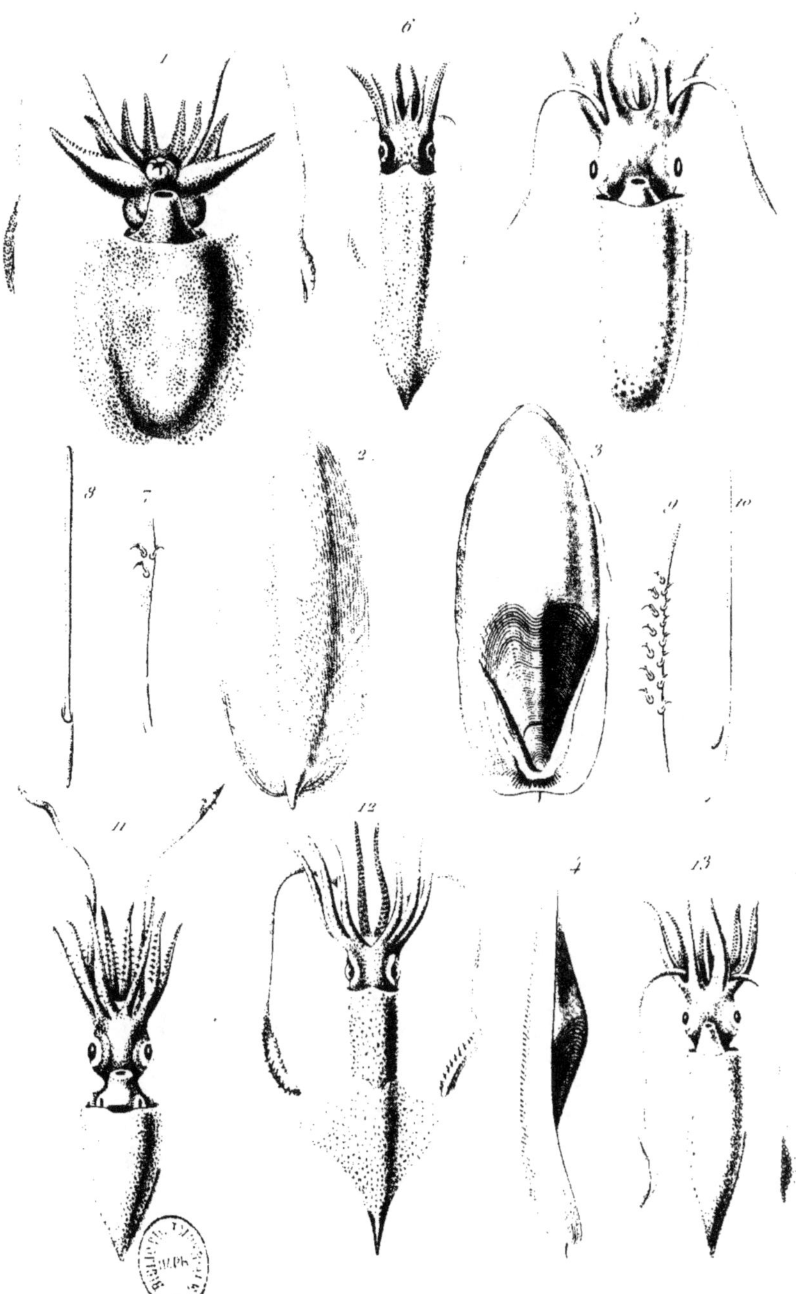

Trait. élém. de Conchyl.
Publié par Victor Masson
N. Remond imp. r. des Noyers 65 Paris

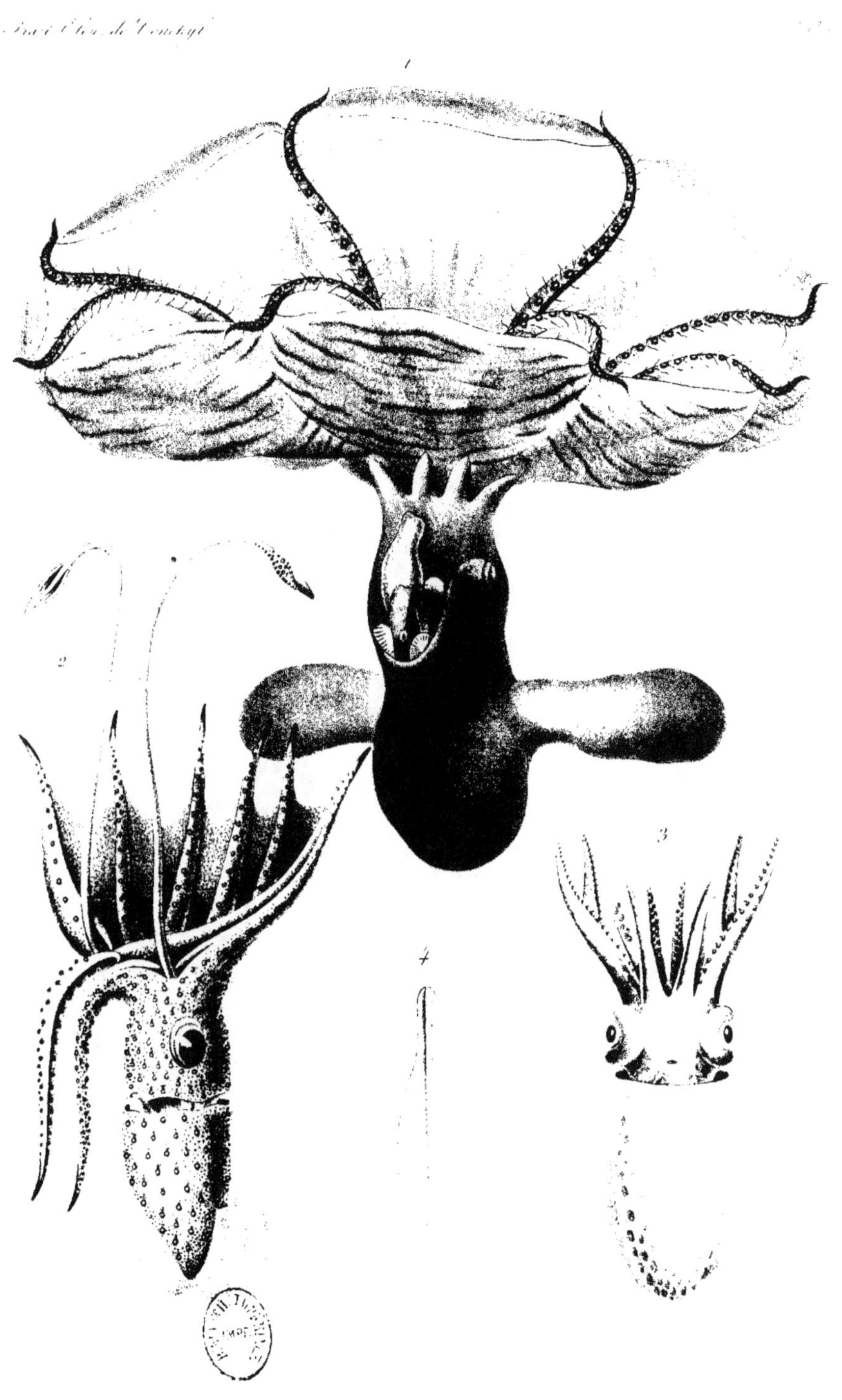

Traité Élém. de Conchyl.
Publié par Victor Masson.
N. Rémond imp. r. des Noyers 63. Paris.

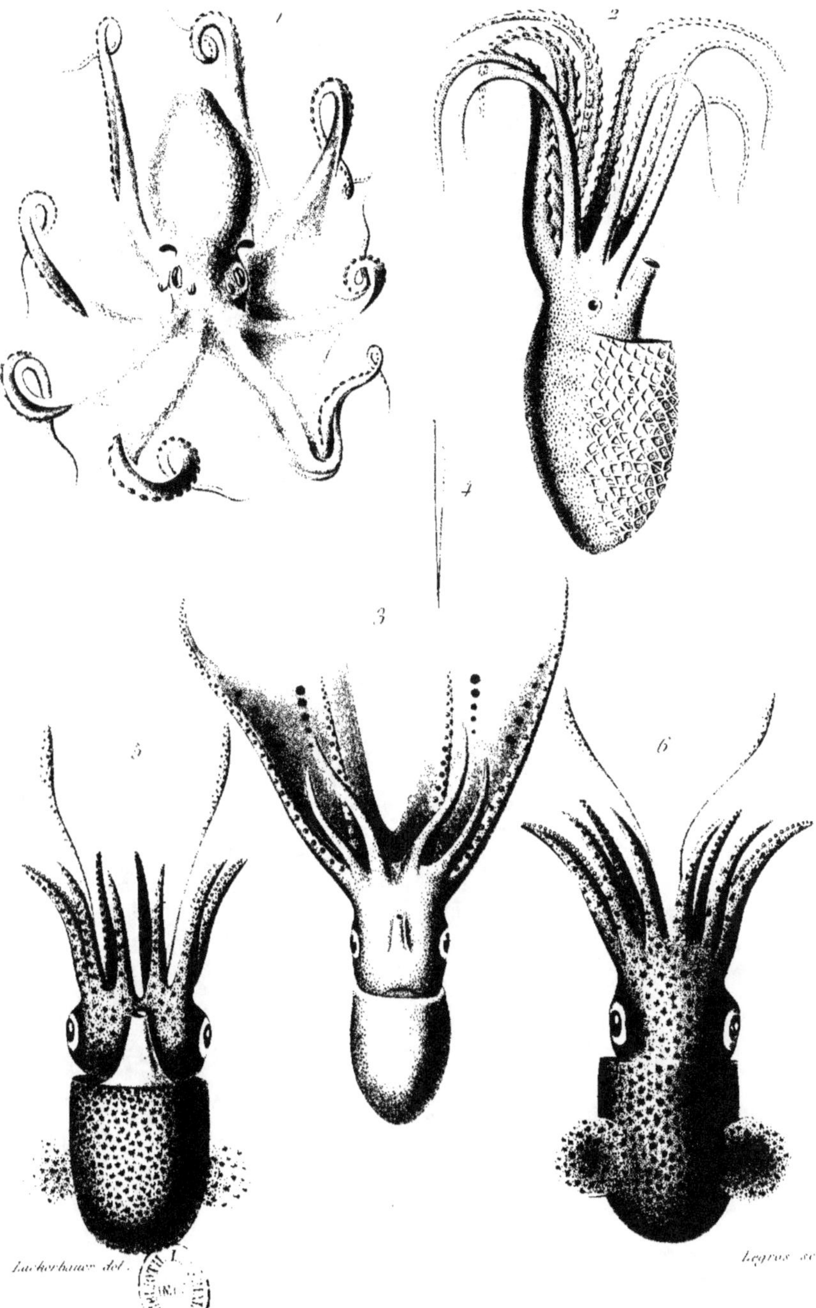

Traité Élém. de Conch.
1
2
3
4
5
6
Lackerbauer del.
Legros sc.
Publié par Victor Masson

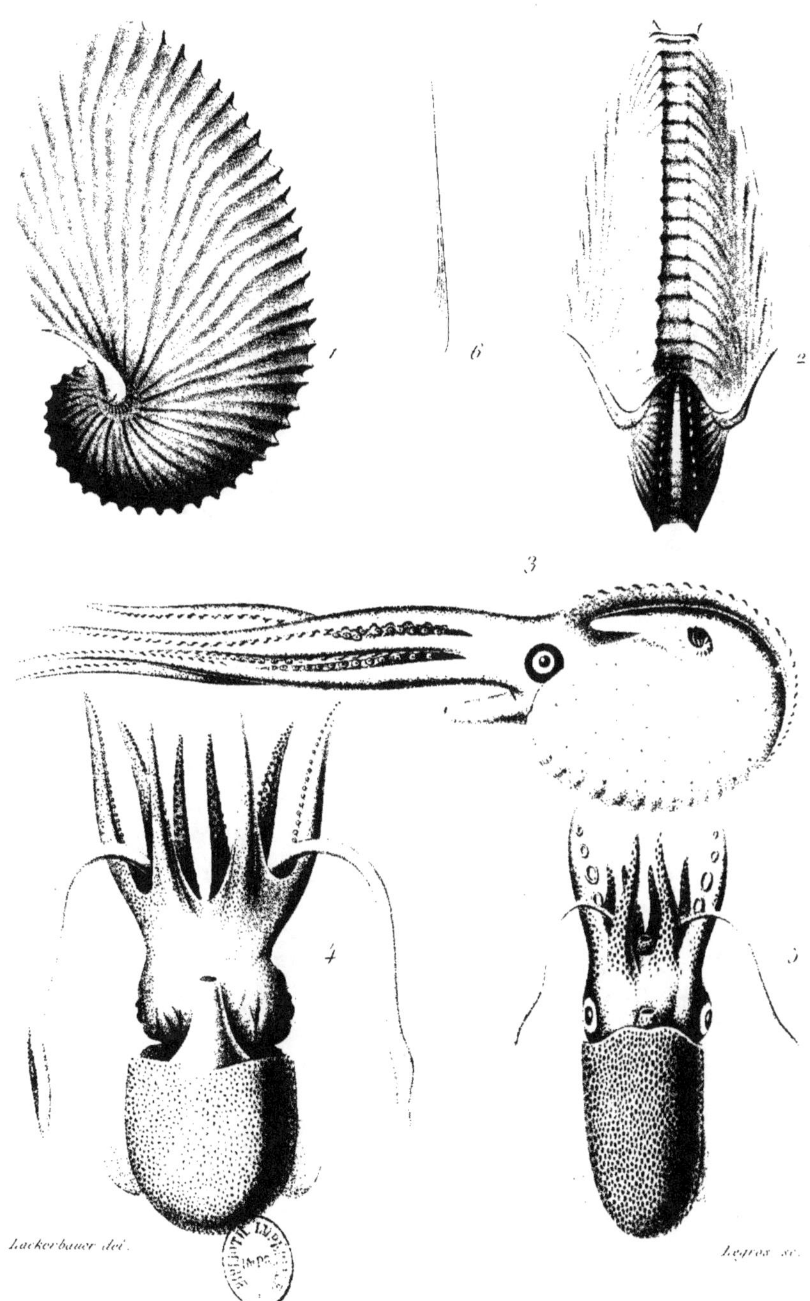
1
6
2
3
4
5

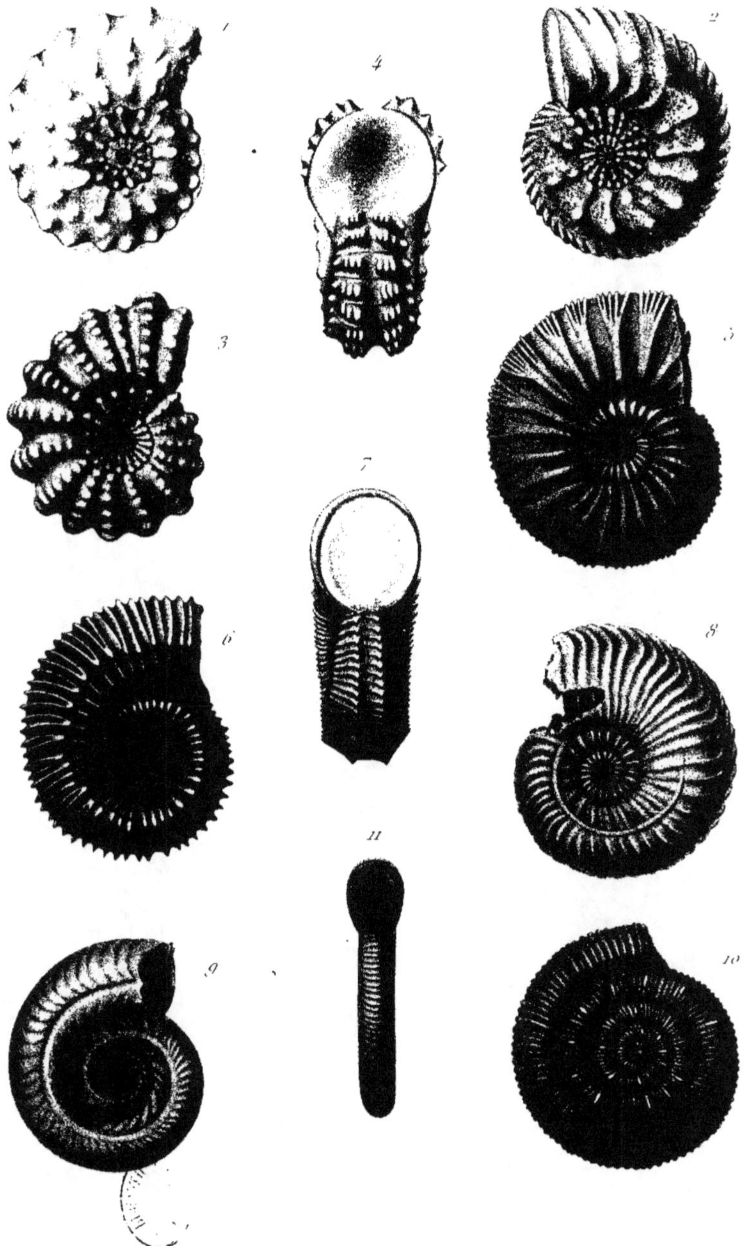

Publié par Victor Masson

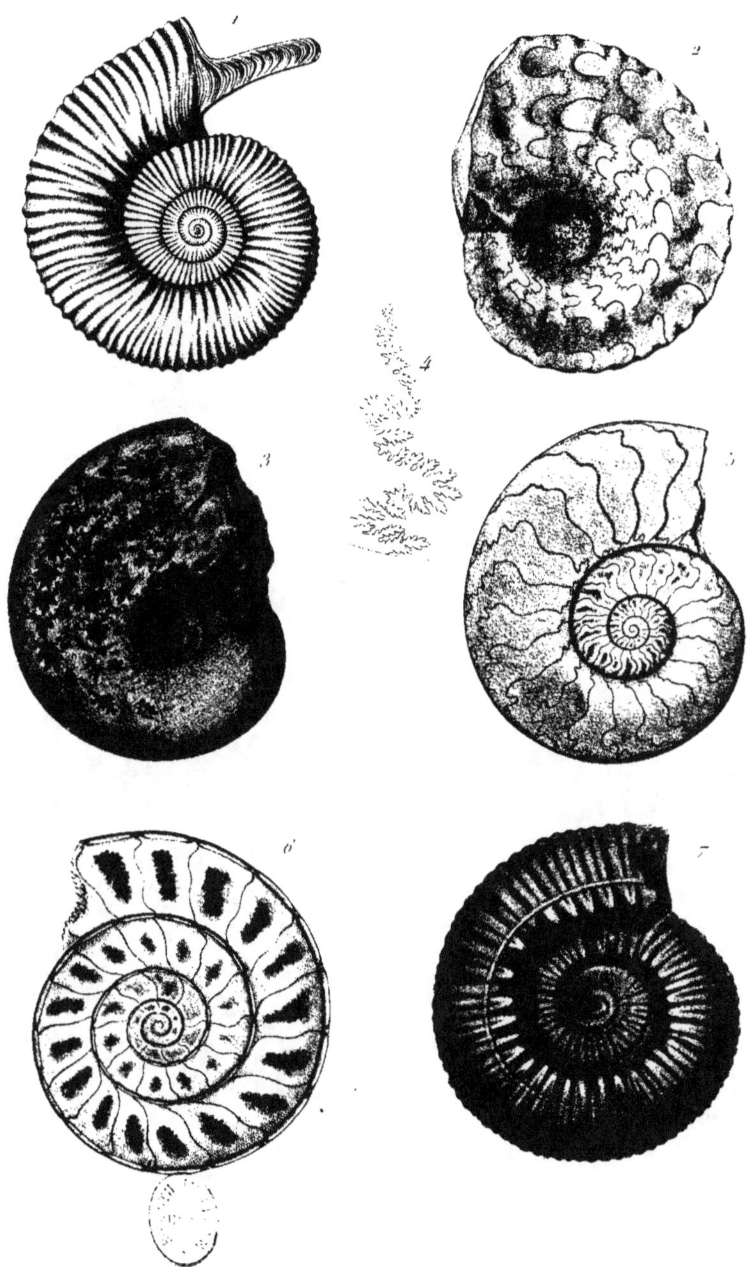

Publié par Victor Masson

Luckerbauer del.   *N. Rémond imp. r des Noyers 65 Paris*   *Martin sc.*